JN109929

Information & Computing － 122

計算理論とオートマトン言語理論 [第2版]

―コンピュータの原理を明かす―

丸岡 章 著

サイエンス社

サイエンス社のホームページのご案内

https://www.saiensu.co.jp

ご意見・ご要望は　rikei@saiensu.co.jp　まで.

改訂にあたって

　長年，情報分野の教育に携わってきた．計算理論は魅惑的なテーマであるのに，難解な分野として敬遠される傾向にあった．最も多く寄せられた感想が，「計算理論を学ぶことの意義がわからない」というものだ．今回の改訂では，この問いに答えることを目指し，全編にわたり書き直し，計算理論誕生の時代背景を掘り下げ，計算理論の成果が意味するところを感覚的にもつかめるようにした．

　計算理論が誕生した 20 世紀前半，アカデミアの世界は混沌としてはいたが，熱気にあふれるものだった．分野を超えて研究者が一堂に会し，"人がものを考える"という現象をルール化して再現することはできるかというような挑戦的で哲学的なテーマで意見を戦わせていた．コンピュータが世に現れるよりも前に，すでに人工知能という問題意識が一部の研究者の間では共有されていたが，人工知能を肯定的に捉える研究者は少数派だった．このような時代背景のもと，人工知能を肯定的に捉えていたチューリングは，後にチューリング機械と呼ばれる計算モデルを導入し，計算理論を誕生させた．今回の改訂では，チューリングをはじめとしてさまざまな計算モデルを提起した巨人たちの熱い思いも伝える．

　計算理論では，いったん計算モデルが定められると，後は数学的な議論が展開されることになる．学びやすくするために，図や例題の他に，たとえ話や思考実験も取り入れる．私自身，この分野の知識や手法をいったん意識的に捨て去り，皆さんと一緒に理論を組み立てるつもりで執筆した．"なるほど，そういうことか"を繰り返し体験して楽しみながら学んでもらいたい．

　この本では，オートマトンと言語理論，計算可能性の理論，計算の複雑さの理論の主要結果をすべて盛り込むことと，証明を含めすべてを初学者でも読み進められるようにすることを目指した．この 2 つを両立させることは難しいが，今回の改訂ではこの両立を狙った．私の知る限り，これらの分野をすべてカバーし，しかも初学者が一から学べる教科書は和書，洋書を問わないように思う．この本の 73 題（すべてに解答付き）の問題をじっくり時間をかけて解いて計算理論を身につけてもらいたい．

2021 年 10 月，仙台にて

丸 岡　　章

初版まえがき

　計算の理論とはどのようなものであろうか．物理学が物理現象を支配する法則を明らかにし，物質文明の繁栄をもたらしたように，計算の理論はコンピュータの中で行われることの原理を明らかにし，コンピュータを意のままに動かす技術の基盤となり，情報化社会を発展させる．ここで言う計算とはコンピュータで行われることすべてを指す用語として用いている．

　コンピュータは，足し算や掛け算のような四則演算はもちろん，天気予報をし，膨大な顧客情報から売れ筋の商品を割り出す．また，IBM 社の *Deep Blue* はチェス名人を打ち負かした．この本では，コンピュータはこれらの計算をどう実行するのか，また，コンピュータの計算の限界は何かについて述べる．コンピュータに実行させる仕事を問題と呼び，入力データと出力データの対応関係と捉える．上に述べた問題のうち，天気予報や売れ筋商品の決定については，入力データが出力を決めるのに不十分の場合もある．その場合は計算に予測や近似の側面も求められるが，この点についてはこの本では割愛する．

　さてここで，計算の手間について説明するために，チェスを取りあげよう．チェスの盤面の駒の配置が与えられたとき，次の最善の一手を決めるには，まず，自分の打つ手として可能性のあるものをすべて列挙し，以下，その一つ一つに対し相手の手として可能性のあるものをすべて列挙するということを勝負がつくまで続ければよい．このように完全に先読みすれば次の最善の一手が求まる．チェスの対戦をするプログラムは，原理的にはこのようなことを実行する訳であるが，コンピュータと言えども勝負がつくまで完全に先読みするには計算時間が掛かり過ぎ無理なので，途中で先読みを止め，適当な判定基準のもとに次の一手を決めている．次の一手の計算にスーパーコンピュータでも 1 万年も掛かるというのでは使いものにならないのである．そのため，適当な時点で先読みを打ち切り，いかにして適切な判断を下すかがチェス名人に勝つプログラムづくりのポイントとなる．

　本書は 4 部構成となっている．第 IV 部では，計算時間を考慮すると現実的に計算できる問題群と現実的には手に負えないとみなされる問題群に分けられることを示し，手に負えない問題の構造や相互関係について述べる．また，問題として与えられ，個々の入力に対して出力が一意に定義されているものであっても，いくら時間を掛けても計算できないという問題もある．第 III 部では，このような原理的に計算不能な問題について述べる．

　第 III 部や第 IV 部の議論を展開するためには，実際のコンピュータの機能を極限まで削ぎ落とし最後に残る働きだけからなるモデルをつくる必要がある．チェスの対戦をするときコンピュータは，人間が紙と鉛筆と消しゴムを使って先読みの手と駒の配置を次々と書き下ろしていくのと，実質的に同じことをしながら計算を進める．しかし，厳密に議論を展開するためには，コンピュータの 1 つのステップで実行できることのセットを，紙と鉛筆と消しゴムの代わりに，もっと簡潔明瞭なものとして表す必要がある．そのように表したものが，計算モデルである．第 III 部でコンピュータの計算モデルとしてチューリング機械を導入するが，第 II 部ではこのチューリング機械にいろいろな制限を加えた他のいくつかの計算のモデルについて述べる．また，第 I 部は，計算の理論への導入と準備である．

　コンピュータは，実行させたいことはどんなことでもプログラムとして表すことができれば，それに従って動くので，計算を支配する法則は元々存在しないようにも思われる．しかし，実際はそうではない．計算の手間も考慮し，現実的な計算時間内に計算できる問題群と，現実的には手に負えない問題群を分けると，その境界に近いところに存在する問題の中に手に負えない問題に固有の構造が潜んでいるのである．一方，計算に時間をいくら掛けたとしても計算できない問題もある．そのような問題には計算を不能とする要因が潜んでいる．このように，厳しい状況をつくり，"計算を追い込む" と，その原理が姿を現すのである．丁度，極めて高速の世界の現象はニュートン力学では説明しきれず，相対性理論が姿を現すように．この本では，原理的に計算するのが難しいものを取りあげたり，計算に使える時間を制限するなどして計算の壁という考え方を取り入れ，極端な状況をつくり，厳しい状況を通して計算のメカニズムや原理を論ずる．

　この本の第 II 部，第 III 部，第 IV 部では，それぞれオートマトンと言語理論，計算可能性の理論，計算量の理論と呼ばれる分野を扱う．この本は，これらの分野から重要な成果を選び，主要な結果を証明まで含めて直観的にも分かるように取りまとめたものである．これらの成果は実に豊かなものであるが，その反面，その面白さを享受できるのは，この分野で研究している一握りの研究者に限られていた．このような現状を少しでも改善するために，この本では，計算の理論の成果を，議論の本筋は省略せず，しかも，初めてこの分野を学ぶ大学生や情報関連の技術者にも分かるように取りまとめる．研究者がその面白さを享受できるのは，成果の背後に横たわるイメージをつかんでいるからである．専門の研究者の間では，よく感覚的な言いまわしでアイデアを交換する．たとえば，"A が B を呼び出し仕事をさせる"，"A は総当りで調べようとする"，"A はそれを証拠として認める" などの言い方を

する．研究者は，イメージを共有しているので，このような言い方でも意味を通じ合える．

これまで，この分野の専門書は研究者の育成を目指したものが多く，著者自身学生時代，"眼光紙背に徹る"程に深く読まないといけないと教えられた．しかし，この分野の成果は今や少数の研究者だけのものではない．そこでこの本では，図や例題を多く用い，教室で講義を進めるように議論を展開し，初めての読者にも感覚的にとらえてもらい，"なるほど，そういうことか"と感じてもらえるように努めて執筆した．しかし，著者の力量の問題もあり当初の目標が達成されているかどうかは読者に判断してもらうしかない．読者には，豊富に盛り込んだ例題や問題を図の説明などを手掛かりに，ぜひ一つ一つたどってほしい．それなくしては，イメージを膨らませようがないからである．この本を読み進み，問題を解くなどの体験を通して，計算を支配する原理が感覚的にもつかめるようになると，現代のコンピュータを，その限界まで含めて深いところから理解できるようになる．

この本を楽しみながら読み進めて，情報化社会を生きるための素養を養ってもらいたい．

2005 年 7 月，仙台にて

丸 岡　章

目　　次

I　計算理論とは

II 有限オートマトン，プッシュダウンオートマトン，そして文脈自由文法

III　計算可能性

IV　計算の複雑さ

第Ⅰ部

計算理論とは

1 すべては計算から始まる

　この章は，この本を読む上での羅針盤となるものである．計算理論誕生からその後の発展の流れを説明し，その流れの中にこの本で取り上げるさまざまなテーマを位置づける．

1.1 計算理論の誕生と展開

　この節は，この本のあらましとして，計算理論を誕生させたチューリングの論文とその当時の時代背景，そして，このチューリングの論文では扱っていない計算の複雑さの理論について説明する．

計算理論の誕生

　人は判断を繰り返しながら日常を送る．すれ違った知り合いに声をかける，ランチメニューを選ぶ，パソコンを開く，閉じる，ネットで買い物をする．飲み会の場所を決め，帰りにコンビニに立ち寄る．ほとんどの行動は判断を伴う．人が判断を下すということはとても身近なことであるにもかかわらず，長い間，判断の仕組み自体を科学が解き明かそうとすることはなかった．

　1936 年チューリング（Alan Turing, 1912 年–1954 年）は科学の歴史に 1 ページを刻む論文を発表した．機械的な手順を**チューリング機械**と呼ばれる計算モデルで定式化した論文である．

　人が判断を下すときは，まずさまざまな状況を察知した後，頭を巡らして，そして答えを出す．チューリングは，答えを出すまでのプロセスが機械的な手順として表される場合に注目した．計算は，機械的な手順に従って動いたときの軌跡と見なすことができる．

　チューリング機械は，プログラムが蓄えられている制御部と記憶装置のテープからなる計算モデルである．テープは，コマに区切られていて，各コマには記号が書き込まれる．テープは右方向に無限に伸びている右半無限のテープで，テープ上には左右に動くヘッドが置かれていて，制御部はこのヘッドを通して各コマの記号を読み書きする．

　このチューリング機械が計算するのは問題の答えである．たとえば，単純な例として，割り切れるかどうかを判定する問題を取り上げ，自然数 m と n が与えられたとする．答えは m が n で割り切れるとき 1 であり，割り切れないとき 0 である．すると，この問題は関数 $f: D \to R$ で表される．ここに，定義域の D はペア (m, n) からなる集合であり，値域の R は $\{0, 1\}$ である．この問題を計算するチューリング機械は $(m, n) \in D$ がインプットされると，$f(m, n) \in R$ をアウトプットする．この本を通して，計算モデルが計算するものを問題と呼び，この例の場合の個別問題 (m, n) をインスタンス（例，instance）と呼ぶ．

　チューリング機械の 1 ステップの動きは非常にシンプルであり，5 項組 (q_i, a, q_j, a', D) で表される．この 5 項組はチューリング機械の命令である．この 5 項組は最初の 2 項組 (q_i, a) から次のステップの動き (q_j, a', D) を指定するもので，制御部の状態が q_i でヘッドが記号 a を見ていたら，a が書かれているコマに a' を上書きし，状態 q_j に遷移し，ヘッドは 1 コマ $D \in \{L, R\}$ 方向に移動する（L は左移動，R は右移動）．遷移した先の状態でも，同じように 5 項組により，さらに次のステップの動作が決まるということが繰り返される．

　チューリング機械の動きをこのような 5 項組のリストとして表す．このリストは，**チューリング機械のプログラム**である．スタートの 5 項組はあらかじめ決められていて，5 項組が次々と適用され，状態とヘッドが見ている記号の対が (q_i, a) となったのに，この対で始まる 5 項組が存在しないとき，そこで計算は停止する．そのとき，テープ上に残っているものが計算結果である．チューリングがチューリング機械で目指したのは，任意の機械的な手順はすべて実行でき，しかもプログラムを極限まで簡単化した計算モデルである．その結果行きついたのがこの 5 項組による表示形式である．

　チューリングが目指したことは次のようにまとめられる．

　　　　機械的な手順で計算できる　　⇔　　チューリング機械で計算できる．

ここに，記号 ⇔ は等価関係を表すもので（2.6 節），この節では大まかに左辺と右辺は同じことを意味するものとして話を進める．これは，あいまいさなく記述されていて，だれが実行しても答えは同じという「機械的な手順で計算できる」という直観的な概念を，右辺のきっちり定義された条件「チューリング機械で計算できる」で定式化しようという提唱である．この提唱は，同じことを主張していたチャーチ（Alonzo Church, 1903 年–1995 年）の名も冠して，**チャーチ・チューリングの提唱**と呼ばれる．この提唱は広く受け入れられている．

以降では，チューリング機械で計算できることとは何かを把握した上で，話を進める必要がある．そこで，チャーチ・チューリングの提唱に基づいて，チューリング機械で計算できることとは機械的な手順で計算できることと見なすことにする．すなわち，日本語であいまいさなく書かれたアルゴリズムで計算できることとして話を進める．そのアルゴリズムは，有限個のステージからなり，入力のデータが与えられると，開始のステージ 1 から始まり，次々とステージが実行され，出力のステージで計算結果が出力され，停止する．各ステージでは計算の結果に依存して任意のステージにジャンプするように記述できるため，ステージ間でジャンプを繰り返し，これが無限に繰り返され，停止しないこともある．アルゴリズムの**計算**は，アルゴリズムが停止する場合の，開始のステージから停止のステージまでの実行の系列と見なす．

チューリングの 1936 年の論文には計算可能性の理論の 2 つの主要結果があり，これらの結果は計算可能性の理論の骨格をつくっている．1 つ目は，万能チューリング機械を構成できるという結果である（7.1 節）．ここで，**万能チューリング機械**とは，他の任意のチューリング機械をシミュレートできるチューリング機械のことである．万能チューリング機械を U で表し，任意のチューリング機械を M と表し，M の入力を系列 w と表すことにする．すると，M に w を入力したときの計算は，M の 5 項組のリストから現在の (q_i, a) と初めの 2 つが一致する (q_i, a, q_j, a', D) を探してこれを適用することの繰り返しとなる．この繰り返しは機械的な手順の実行である．したがって，これを実行する U のプログラムはアルゴリズムとして書くことができる．このように，チャーチ・チューリングの提唱を受け入れることにすると，万能チューリング機械が存在することは言わば当然のことである．しかし，この当然のことを，U のプログラムも M のプログラムも 5 項組 (q_i, a, q_j, a', D) のリストとして表した上で示すことはとても込み入った作業となる（7.1 節）．

一方，チューリングの論文の 2 つ目の結果はチューリング機械の計算能力の限界を示すものである（7.2 節）．具体的には，どんなチューリング機械も停止問題は計算できないという結果である．**停止問題**とは，任意のチューリング機械 M とその入力 w に対して，w を M に入力したとき，いずれは計算は停止するのか，それとも永久に動き続けるのかを判定する問題である．したがって，停止問題は関数 $f : D \to R$ で表すことができる．ここに，定義域 D は，(M, w) の全体であり，値域は $R = \{1, 0\}$ であり，関数 f は

$$f(M, w) = 1 \quad \Leftrightarrow \quad M に w を入力したとき，いずれは停止する$$

と定義される．

　万能チューリング機械 U はどんなチューリング機械をもシミュレートすることができるので，停止問題も解くことができそうである．7.2 節ではこれができないことを導く．停止問題を判定するのが困難となるのは，M が永久に動き続ける場合でも，U はある時点で停止しないと判定しなければならないからである．このように，停止問題は将来予測の問題と解釈することもできる．2 つ目の結果は，どんなチューリング機械でも停止問題は計算できないとまとめることができる．このように，停止問題を判定するチューリング機械が存在しないということは，定義できるということと計算できるということは違うという，深遠な事実を意味している．

　チューリングの 1936 年のこの論文は，科学史における革命とも言える業績と評価されているが [19]，なぜこれほどまでに評価されるのかを当時の研究動向を見ながら振り返ってみよう．1900 年にパリで開催された第 2 回国際数学者会議でヒルベルト（David Hilbert，1862 年–1943 年）はこれからの数学が挑戦すべき問題として 23 個の問題を発表した．ヒルベルトは，当時の数学界をリードしており，数学のゆるぎない堅固な基盤をつくるという立場から，これらの問題は 20 世紀の数学の目標と見なされた．

　その中の第 10 問題は，任意の整数係数の多項式からつくられる方程式が整数解をもつかどうかを判定する手順が存在するかどうかを問う問題である．この問題を関数 $f : D \rightarrow R$ と捉えると，D は整数係数の多項式からつくられる方程式からなり，値域は $R = \{1,0\}$ となる．たとえば，$x^3 + y^3 + z^3 = 29$ には，$(3,1,1)$ という解がある．また，$x^3 + y^3 + z^3 = 30$ に $(-283059965, 2218888517, 2220422932)$ という解があるということがわかったのは 1999 年であり，$x^3 + y^3 + z^3 = 33$ についてはいまだに未解決である [18]．ヒルベルトの第 10 問題は，個々の整数係数の方程式に対して整数解を求める問題ではなく，上に述べた関数 f を計算する機械的な手順があるかないかを問う問題である．結局，この問題は提起されてから 70 年後の 1970 年に否定的に解かれた．すなわち，整数係数の多項式 $P(x_1, x_2, \ldots, x_n)$ からつくられる方程式 $P(x_1, x_2, \ldots, x_n) = 0$ に整数解が存在するかしないかを判定する機械的な手順は存在しないことが証明された．

　この第 10 問題のように，当時の数学界では正確に定義された命題が正しいか正しくないかを判定する機械的な手順が存在するかどうかが大きな関心事であった．その中にあって，さまざまな論理の形式化や手順の機械化を進めることに対し楽観的な立場の研究者（たとえば，哲学者のラッセル（Bertrand Russell，1872 年–1970 年）やヒルベルト）にとって停止問題を判定する機械的な手順は存在しないというチューリングの成果はショッキングなニュースであった．

　数学の基盤をつくるというヒルベルトのもくろみを最初に打ち砕いたのは弱冠 25 歳

のゲーデル (Kurt Gödel, 1906 年–1978 年) である．1931 年の論文で，ゲーデルは形式体系では正しい命題でありながら導出できないものが存在するという**不完全性定理**を証明した．そのゲーデルも，機械的な手順をチューリング機械で定義するというチューリングの発想を，土台となる表現形式に依存しない成果として高く評価した．

ロバスト性

計算モデルが**ロバスト**（頑健，robust）というのは，その計算モデルの定義に多少の変更を加えてもその計算能力は変わらないという性質である．すなわち，変更に対して頑健という性質である．チューリング機械はロバストである．変更の仕方には，テープの本数を 1 本の代わりに任意の本数 k 本に変更するとか，動作を非決定性にするとかいろいろあるが，変更しても計算能力はそのままである．非決定性化というのは，決定性チューリング機械を非決定性チューリング機械へ一般化するということである（6.3 節）．決定性チューリング機械はスタートから停止まで計算は一本道を進むのに対し，非決定性チューリング機械は計算の枝分かれを許す計算モデルである．非決定性チューリング機械が 5 項組のリストで与えられているとする．状態が q でヘッドが記号 a を見ているとするとき，2 つの 5 項組 (q, a, q_1, a_1, D_1) と (q, a, q_2, a_2, D_2) が存在しているとすると，どちらの 5 項組を用いても計算を進めることができるので，ここで計算の枝分かれが起きる．もし枝分かれした先でも，それぞれ枝分かれが起こると，遷移先が初めの枝分かれで 2 通りとなり，次の枝分かれで 4（$= 2^2$）通りとなる．これが繰り返されると，m 回枝分かれすると遷移先は 2^m 通りとなる．

定義の変更に対して頑健ということ以外にも，チューリング機械が頑健な計算モデルということを示す事実がある．当時，チャーチ・チューリングの提唱が伝えられると，競って，チューリング機械の計算能力を超える，全く異なる定式化が試みられた．しかし，いずれの試みでもチューリング機械の計算能力を超える定式化は果せなかった．しかも，どの提案モデルもチューリング機械と計算能力が同じということが証明され（6.3 節），かえって，チャーチ・チューリングの提唱をゆるぎないものとするだけとなった．このような驚くべきことが起こるのは，チューリングが深遠な数理の世界に潜んでいた核心の 1 点とでも言うべき "チューリング機械" を見つけ出したことによると思われる．

形 式 文 法

この本で扱う計算モデルは，チューリング機械から派生するオートマトン系と呼ばれるものと言語習得を説明するために導入された形式文法系と呼ばれるものに分

けられる．この小節では後者について説明し，両者の関係については次の小節で説明する．

　言語の習得は，人間だけに与えられた特殊な能力である．幼児は臨界期と呼ばれる短い期間に家族などとの会話を通して母語を身につける．この特定の短い期間に受け取るデータ量は少ないにもかかわらず，語彙は限られるにしろ，幼児が習得する母語のレベルは極めて高い．言語体験の量と習得した母語のレベル，これら2つの間には非常に大きなギャップがある．チョムスキー（Avram Noam Chomsky, 1928 年–）は，幼児がこのギャップを乗り越えて母語を習得するのは，生まれながらにして言語を操るためのある種の仕組みをもっているからだとする．

　言語獲得について簡単に説明しておく．チョムスキー以前の理論では，幼児は白紙の状態から出発して母語を使う経験を通して母語の言語データを蓄積してスキルを積み上げた結果，母語を聞いたり，話したりできるようになるとした．一方，チョムスキーの理論では，幼児は母語を習得する仕組みを生まれながらにしてもっていて，その仕組みに基づいて習得するとする．その仕組みは，**I-言語**と**普遍文法**（universal grammar）の2つからなる．I-言語は，個別の母語を書き換え規則などとして表したルールであり，普遍文法はI-言語の中から母語として最終的に習得するものを選択するためのものである [15]．このように，チョムスキーの言語獲得の理論は，幼児が経験に基づいて一から母語のすべてを習得するのではなく，生まれつき備わっているさまざまな仕組みを用い，母語の候補の中から実際に記憶している会話データと照らし合わせて取捨選択して習得していくとした．

　形式文法とは，書き換え規則のセットとして与えられる計算モデルである．スタートの記号が1つ**開始記号**として指定されていて，この記号から始めて書き換え規則を繰り返し適用して系列を導出する．

　ここで，イメージをつかんでもらうために，英語の場合を例にとり，書き換え規則の一部を示す．

〈文〉	→	〈名詞句〉〈動詞句〉			
〈動詞句〉	→	〈動詞〉〈名詞句〉	〈名詞句〉	→	〈冠詞〉〈名詞〉
〈冠詞〉	→	a	〈冠詞〉	→	the
〈名詞〉	→	boy	〈名詞〉	→	girl
〈名詞〉	→	window	〈名詞〉	→	bed
〈動詞〉	→	broke	〈動詞〉	→	made

　書き換え規則を，→の左辺を右辺で書き換えるルールと見なす．すると，開始記号

〈文〉から始めて，この書き換えを繰り返すと次のように the boy broke the window という文が生成される．なお，上の書き換え規則にはこの文を生成するのに使われないものも含めている．

$$
\begin{aligned}
\text{〈文〉} &\Rightarrow \text{〈名詞句〉〈動詞句〉} \\
&\Rightarrow \text{〈冠詞〉〈名詞〉〈動詞句〉} \\
&\Rightarrow \text{the〈名詞〉〈動詞句〉} \\
&\Rightarrow \text{the boy〈動詞句〉} \\
&\Rightarrow \text{the boy〈動詞〉〈名詞句〉} \\
&\Rightarrow \text{the boy broke〈名詞句〉} \\
&\Rightarrow \text{the boy broke〈冠詞〉〈名詞〉} \\
&\Rightarrow \text{the boy broke the〈名詞〉} \\
&\Rightarrow \text{the boy broke the window}
\end{aligned}
$$

ところで，英語に対して上のような書き換え規則をいくら集めたとしても英語の正しい文だけをすべて生成させることはできない．意味のことは考慮していないので，たとえば，the window broke the boy というような意味のとれないような文も生成されてしまうからである．

さまざまな計算モデル

表 1.1 に示すように，この本で取り上げる計算モデルには 2 つのタイプがある．まず，表に示すようにオートマトン系にも形式文法系にも 0 から 3 までのレベルの計算モデルがある．レベルが上がると制約が強くなり，それに伴って計算能力は下がる．制約のないチューリング機械と句構造文法は計算能力が最も高い．この表で興味深いのは，オートマトン系と形式文法系で同じレベルの計算モデルは同じ計算能力をもつということである．

表 1.1　オートマトン系と形式文法系の計算モデル

レベル	オートマトン系	形式文法系
0	チューリング機械	句構造文法
1	線形拘束オートマトン	文脈依存文法
2	プッシュダウンオートマトン	文脈自由文法
3	有限オートマトン	正規文法

ここでは，表 1.1 のプッシュダウンオートマトンと文脈自由文法を説明し，他は 4.3 節にまわす．チューリング機械は右半無限のテープへのアクセスには一切制約を

置かない計算モデルである．これに対し，プッシュダウンオートマトンは入力用の
テープの他に，スタックと呼ばれる記憶装置を備えている．スタックはいくらでも
長くなるが，**後入れ先出し**と呼ばれる，後に入れたスタックの先頭のものを先に出
すという制約がついている．

　一方，文脈自由文法は，形式文法の小節で取り上げた例のような文法である．ま
ず，記号には**非終端記号**と**終端記号**の 2 つのタイプがあるが，前の小節の例では前
者は 〈 〉で囲まれた記号であり（〈 〉で囲まれたものを 1 個の記号と見なす），後者
は $\{a, \ldots, z, \sqcup\}$ の記号である（$\sqcup$ は単語の間のスペースを表す記号）．また，文脈自
由文法の書き換え規則は $A \to v_1 v_2 \cdots v_k$ というタイプに限定される．ここで，左
辺は 1 個の非終端記号 A であり，右辺は任意の長さの系列で，$v_1, \ldots, v_k$ は非終端
記号か終端記号である．また，非終端記号が 1 つ**開始記号**として指定される（先の
例では，〈文〉）．文脈自由文法とは，このようなタイプの書き換え規則のセットであ
る．開始記号からスタートして書き換え規則を繰り返し適用し，導出される系列が終
端記号のみからなるとき，文脈自由文法はその系列を**生成**するという．文脈自由文
法が生成する言語とは，その文法が生成する系列からなる集合である．ここで，文
法が生成する言語という用語には，言葉という意味は全くなく，単に，系列の集合
という意味しかない．

　これらレベル 2 の計算モデルは計算能力が同じであることを証明することができ
る（5.2 節）．

計算の複雑さ

　計算可能性の理論は，チューリング機械で計算できる問題とできない問題につい
て解き明かす．しかし，実際には，計算可能でありさえすればよいというものでも
ない．計算に要する時間が，数時間や数週間かならまだしも，数 100 年ともなると
現実的には解けない問題となる．

　計算の複雑さの理論は，計算に要する時間を評価尺度として問題の複雑さを解き明
かす理論である．この理論の未解決問題に P 対 NP 問題と呼ばれる問題がある．こ
の小節では，この問題を中心に説明する．

　$\mathcal{N}$ は，自然数からなる集合を表す．アルゴリズムの計算時間は関数 $g : \mathcal{N} \to \mathcal{N}$
で定義される．と言うのは，計算時間はインスタンスのサイズ n に依存して決まる
からである．ここで，サイズとはインスタンスを記号の系列で表したときの長さで
ある．

　計算時間を表す関数 $g(n)$ を長さ n のインスタンス w を入力したときのステップ

数（計算を開始してから停止するまでのステップ数）と定める．ただし，長さ n の
インスタンスは複数存在するので，ステップ数が最大となる入力で定義する．この
ように，計算時間を関数 $g(n)$ として定義して，n を大きくしていったときの $g(n)$
の増加のスピードに注目する（8.1 節）．

まず，現実的な計算時間を次のように定義する．**現実的な計算時間**とは，計算時
間 $g(n)$ が多項式関数で上から抑えられるような関数のことである．すなわち，多項
式関数 $a_k x^k + \cdots + a_1 x + a_0$ が存在して，任意の n に対して

$$g(n) \leq a_k n^k + \cdots + a_1 n + a_0$$

が成立する関数である．ここに，次数 k や係数 $a_k, \ldots, a_0$ は任意で，とにかく上の
不等式が成立するようなものが存在すればよい．そして，現実的な計算時間で計算
できる問題からなるクラス（集合）を **P** と表す．以降では，現実的な計算時間で計
算できるということを効率よく計算できることと捉えることにする．したがって，こ
のクラス P の問題は**効率よく計算できる問題**とも呼ばれる．このように定義される
クラス P がこれからの議論の土台となる．

問題のクラス NP はクラス P と対をなすクラスで，計算の複雑さの理論で中心的
な役割を果たすものである（8.3 節）．簡単に言うと，NP の問題とは，クロスワー
ドパズルのような問題である．つまり，文字埋めの答えが与えられるとそれが正し
いことは簡単にチェックできるが，初めから埋めようとすると難しい問題である．こ
の場合の正しいかどうかをチェックする問題は P に属する問題であり，白紙の状態
から文字を埋める問題は NP に属する問題である．実際の場面でも NP の問題がし
ばしば現れる．たとえば，アルバイトの希望勤務時間帯からアルバイトのシフト表
を作成する問題や履修届から時間割を作成する問題などである．

NP の問題のイメージをもってもらうために，ハミルトン閉路問題と部分和問題を
取り上げる（10.2 節）．**ハミルトン閉路問題**とは，インスタンスとして都市間を結ぶ
ロードマップが与えられたとき，地図上のすべての都市を一筆書きで通り元に戻れ
るかどうかという問題である．ロードマップ上のこのような経路を**ハミルトン閉路**
と呼ぶ．したがって，この問題は関数 $f : M \to \{1, 0\}$ で表すことができる．ここ
に，M はロードマップの集合である．ロードマップを系列 w で表すとすると，ロー
ドマップ w にハミルトン閉路が存在するとき，$f(w) = 1$ となり，存在しないとき
$f(w) = 0$ となる．一方，部分和問題のインスタンスは，自然数の集合 S と自然数 t
のペア (S, t) として与えられる．**部分和問題**は，S の部分集合 T で，T の自然数の
総和が t と一致するものが存在するか判定する YES/NO 問題である．

どちらの問題も総当たりすれば YES/NO の判定を下すことができる．ハミルトン閉路問題の場合は，ロードマップ上に n 都市あるとして，これらの都市を $\{1, \ldots, n\}$ で表すことにする．すると，$\{1, \ldots, n\}$ の数字の長さ n の系列 $u = u_1 \cdots u_n$ の総数 n^n 個の系列（経路）に対して，ハミルトン閉路となっているかどうかをチェックすればよい．同様に，部分和問題の場合は $S = \{s_1, \ldots, s_n\}$ とするとき，個々の数字 s_i を T に入れるか入れないかを 1 か 0 で表し，0 と 1 の長さ n の系列 $u = u_1 \cdots u_n$ すべてに対して，選ばれた数字の総和が t と一致するものが存在するかしないかで，YES/NO を判定すればよい．このような系列 $u = u_1 \cdots u_n$ の総数は 2^n となる．

このように，ハミルトン閉路問題も部分和問題も総当たりすれば判定することはできるが，チェックすべき場合の数だけでも n^n や 2^n となり，多項式関数で表されるものを超えてしまう．したがって，総当たりの方法では現実的な計算時間で判定を下すことができない．

これら 2 つの問題を用いて，P 対 NP 問題を説明すると，総当たりでチェックするしか YES/NO の判定ができないのか，あるいは，総当たりしないで巧妙なやり方をすると現実的な計算時間で YES/NO を判定できるのかに決着をつけよという問題である．

さまざまな実際の場面で直面する問題を解こうとしても，どうしても効率よく解くことができないということが多いため，効率化を阻んでいる根本的な壁があるのではないかという問題意識から，NP 問題を定式化した上で，計算の複雑さを解き明かす研究がスタートした．

NP の問題を，ロードマップ上のルートとか足し算などの解釈によらず，計算時間に基づいて次のように定義する．問題 $f : D \to \{0, 1\}$ が **NP の問題**と定義されるのは，

$$f(w) = 1 \quad \Leftrightarrow \quad \text{系列 } u \text{ が存在して，} V(w, u) = 1$$

の等価関係が成立するような現実的な計算時間のアルゴリズム V が存在するときである．この等価関係の右辺は，系列 u を総当たりするとインスタンス w の証拠となるものが存在するという条件となっているので，この条件が成立するときインスタンス w は YES と判定されることになる．

問題のクラス P と NP の間には，定義から $P \subseteq NP$ の関係が成立する．したがって，2 つのクラスの間の関係は $P \subsetneq NP$ であるか，$P = NP$ であるかのいずれかである．**P 対 NP 問題**とは，どちらであるかに決着をつける問題である．多くの研究者は $P \subsetneq NP$ を予想しているが，半世紀以上もの間証明できないでいる．

ところで，NPの問題の中にはNP完全と呼ばれる問題がある．NPの問題が**NP完全**となるのは，その問題がNPの任意の問題に代わってYES/NOの判定をしてくれるような問題である．そのため，P＝NPを証明するためには，どんなNP完全な問題でもいいのでひとつ選んで，その問題がPに属することを導けばよい．NPの任意の他の問題のYES/NOはそのNP完全な問題（Pに属する）が代わって答えてくれるからである．このように，NPのすべての問題に対して，その問題がPに属することを導く必要はなくなる．ハミルトン閉路問題も部分和問題もNP完全な問題であることが導かれる（10.2節）ので，これら2つの問題のうちのどちらかがPに属することが証明されれば，P＝NPが証明されたことになる．

ところで，インスタンスwと証拠となる可能性のある系列uが与えられたとき，uがwの証拠となることを現実的な計算時間で判定することを，**証拠の検証**と呼ぶ．これに対して，$f(w) = 1$となるインスタンスwが与えられたとき，wの証拠のひとつを現実的な計算時間で計算し出力することを，**証拠の生成**と呼ぶ．この章では特に断らない限り，検証にしろ，生成にしろ，現実的な計算時間という制約がついているものとする．現実的な計算時間という制約を外すと，証拠が検証できれば証拠は生成することができる．総当たりでチェックすればよいからである．系列uを総当たりでチェックすれば，$f(w) = 1$のときは少なくとも1つのuに対してYESと検証されるので，そのuを証拠として出力すればよい．このように計算時間を度外視すれば，原理的に検証できる証拠は生成もできる．P対NP問題は，このことが現実的な計算時間という制約の下でも成立するかを問う問題でもある．

P対NP問題とクリエイティブな活動

ひらめきや創造性が求められるクリエイティブな活動は，機械的な手順の対極にあると考えられる．この小節では，俳句の創作と定理の証明を例にとり，P対NP問題とクリエイティブな活動との関係を説明する．もしP＝NPが成立すると，これまで人間のひらめきによりつくられていたものも，機械的なアルゴリズムで打ち出すことができる．一方，P $\subsetneq$ NPが成立すると，人間のひらめきでつくられたものを，アルゴリズムが人間に代わってつくることはできない．

話を簡単にするために俳句をひらがなの長さ17の系列と見なし，**俳句問題**を，与えられた季語や状況の下で秀句が存在するかどうかを問う判定問題と捉える．インスタンスの系列wは季語や状況などの俳句に関する条件を表す記述とする．たとえば，wが特定の2つの季語を含まなければならないという条件とすると，季重なりのため，問題の関数fは$f(w) = 0$と指定される．漢字，濁音，破裂音などはない

ものとする．ひらがなは 50 音からなるとすると，長さ 17 の系列の総数は 50^{17} 個となる．この 50^{17} 個の系列が，証拠となる可能性のある u で表される系列に対応する．そして，50^{17} 個のうちの秀句が証拠である．

俳句の場合は，証拠の検証を機械的に実行することは簡単ではないので，俳句の現場で実際に行われていることで説明する．

秀句の検証を行う俳句の先生の実例がある（NHK 総合，"夏井いつき 俳句の種をまく"，2019 年）．俳句のカリスマ先生のもとには，全国から応募作品が集まる．スタッフが郵便局から応募作品をトートバッグに詰めて運んできて，はがきの枚数を数える代わりに重さを測り，今日は 5.2 キログラムだから 3 時間で上がるなどと予定を立てる．先生は集められたはがきを 1 枚につき 1 秒くらいで選定していく．もちろん，最後に入選作を選定するときはもう少し時間がかかるはずだ．

総当たりで総数 50^{17} の中から秀句を選ぶときの手間を単純化した上で計算してみると，想像を絶するものとなる．大きすぎて感覚的に捉えることが難しい．仮に世界の総人口 77 億人がすべて俳句の先生として，全員に地球の誕生以来の期間に当たる 46 億年の間，毎日 24 時間ぶっ続けで毎秒 1 句をチェックし続けてもらって，ようやく 50^{17} 個のチェックが完了するということになる．

次に，P＝NP が成立すると仮定すると，秀句が検証できれば秀句を生成できることになることを導く．ポイントは，秀句を現実的な計算時間で検証するアルゴリズムを繰り返し実行することである．

まず，"X" で始まる秀句は存在するかという問題を考える．この X を "あ" から "ん" まで次々と動かすと，これらの問題に対する YES/NO の判定が下される．その中で YES と判定されたものを 1 つ選ぶ．選ばれたものが "ふ" であったとする．同様に，"ふ X" で始まる秀句は存在するかを判定して "る" を見つけ，"ふる X" で始まるものを判定してということを繰り返すと，「ふるいけや かわすとひこむ みすのおと」という秀句が生成される．ただし，芭蕉の「古池や蛙飛びこむ水の音」の読みの濁音を清音としている．この場合のいろいろの条件は，インスタンス w として記述すればよい．

俳句についてのこれまでの議論は，そのまま一般化できる．すなわち，P＝NP が成立すると仮定すると，NP に属する問題，すなわち，現実的な計算時間で証拠の検証ができる問題であれば，現実的な計算時間で証拠を生成できることになる（問題 8.6）．なお，俳句問題を計算理論の問題として扱うためには，俳句の長さ 17 を任意の長さに一般化しなければならない．

これまで俳句について説明してきたことは，定理の証明についてもそのまま言え

る．実際，長い間未解決だった定理が証明された場合，それが正しいことをチェックするのは人間だ．また，P＝NP が成立すると仮定すると，俳句の場合秀句を生成できたのと同じ理由で，定理の証明を生成できる．ただ，この方法だと証拠となり得る系列 u の個数が巨大すぎて，すべての系列を数学者にチェックしてもらうのは，仮定の話だとしても考えにくい．しかし，定理の証明の場合は，形式体系（formal system）と呼ばれるものがあり，原理的にはこれを用いて定理の証明が検証できることを導くことができる．ただ，形式体系はこの本の範囲を超えるので，ごく簡単に触れるだけにする．

　形式体系は，**公理**のセットと**推論規則**のセットからなる．ここでは，これらのセットの内容には触れない．大事なことは，形式体系は，ルールに基づいて機械的に証明を生成するシステムということである．まず，形式体系では数学的な命題を表す**論理式**と呼ばれるものが導入される（この場合の論理式は，この本で扱う論理式よりはるかに表現能力が高いものである）．公理のセットとして，いくつかの論理式が指定されている．推論規則は，既存の論理式（公理の論理式，あるいは，すでに推論規則を適用して導かれた論理式）から新しい論理式を導くルールである．すると，公理の論理式からスタートして，推論規則を次々と適用して論理式が導かれる．**定理**は，このようにして導かれた論理式である．定理を導いたときの論理式の系列がその定理の**証明**である．

　定理の証明を生成するのに，公理のセットに含まれる論理式の選択とか，適用する推論規則の選択に任意性がある．そこで，可能性のあるものを総当たりで試すことにすれば，正しい定理の証明はいずれは導かれる．

　証明問題とは，論理式を表すインスタンス w が定理となり得るかどうかを判定する問題，すなわち，論理式 w を導く証明が存在するかどうかを問う判定問題である．この証明問題は，NP に属する問題である．このことは次のようにしてわかる．長さ n の論理式 w と n の多項式関数で与えられる長さの証明（論理式の系列）が与えられているとする．証明に現れる各論理式がそれ以前の論理式に推論規則を適用すると導かれることをチェックすることにより，正しい証明であることを検証できる．実際，大部分の形式体系に対してこのチェックは現実的な計算時間で実行できることが知られているので [5]，証明問題は NP に属する問題である．なお，ゲーデルが証明した不完全性定理とは，正しい論理式 w をすべて導出し，かつ，正しいものだけを導出するような形式体系は存在しないという命題である．

　証明問題は NP の問題なので，P＝NP が成立すると仮定すると，証明問題は P の問題となる．したがって，イスタンスの論理式 w が与えられると，この論理式が

証明できるかどうかは現実的な時間で判定できる．この判定を繰り返し使うと，イ
ンスタンス w が正しいとき，現実的な計算時間でその証明を打ち出すことができる
ことは，俳句問題の場合と同様に導くことができる．

　P 対 NP 問題はクック（Stephen Cook，1937 年–）とレービン（Leonid Levin，
1948 年–）によりそれぞれ 1970 年代初めて定式化された [25][26]．しかし，この発
表より，4 半世紀も前にすでにこの問題に気づいていた研究者がいた．不完全性定理
を証明した巨人ゲーデルである．このことは，ゲーデルがフォン・ノイマンに 1956 年
に宛てた手紙で明らかとなった [23][24]．フォン・ノイマン（John von Neumann，
1903 年–1957 年）は，数学，コンピュータサイエンス，経済学の分野で一級の仕事
をした知の巨人である．ゲーデルの手紙には，証明問題が現実的な計算時間で計算
できるとなると，数学者の仕事は機械に取って代わられるということも書かれてあ
る．ゲーデルは，尊敬しているフォン・ノイマンが癌に侵されているということは
知ってはいたが，問い合わさずにはおれないほど重大な問題ということを直観的に
感じていたのかもしれない．しかし，フォン・ノイマンからの返事が届くことはな
かった．巨人が巨人に宛てたこの手紙は 1989 年まで公表されることがなかったた
め，"Gödel's lost letter" として知られている．

　P 対 NP 問題は現代科学の最大の未解決問題のひとつと言われているが，この問
題がなぜこれほどまでに大きい問題なのだろうか．この問題は 1970 年代初めに発表
されて以来，半世紀にもわたって世界の才能の挑戦を退け続け，いまだに未解決の
ままである．米国クレイ数学研究所は数学が取り組むべき 7 つの未解決問題を発表
し，ミレニアム問題と銘打って 100 万ドルの賞金がかけられた．P 対 NP 問題はそ
のひとつの問題として選ばれている．これら 7 つの問題の公表時期として 1900 年か
ら 100 年後の 2000 年を選び，1900 年のヒルベルトの 23 問題の発表に敬意を表し
ている．このように，計算理論の分野で提起された問題が並みいる数学の難問と肩
を並べることとなった．

　ところで，7 つの問題のうち 1 つ（「ポアンカレ予想」）は解決されたので，現時
点で残っているのは 6 問題である．この分野の大方の研究者は P $\subsetneq$ NP を予想して
いるが，P ＝ NP が証明されて決着したときの衝撃は大きい．まず，インターネッ
トショッピングやインターネットバンキングは使えなくなる．と言うのは，これらは
P $\subsetneq$ NP が成立するという前提の下で，その安全性が保障されているからである．

　さらに俳句の創作や定理の証明の例で見たように，P ＝ NP が証明されると，人
間のクリエイティブな活動が機械的な手順によって置き換えられてしまう．ジョー
クとは思われるが，P 対 NP 問題を P ＝ NP を証明して解決して，600 万ドルを

ゲットしようとも言われている [14]. と言うのは，P = NP を証明すると，ミレニアム問題の未解決の残りの 5 題も証明できるので，合わせると 6 題すべてを解いたことになるからである.

　この節では，この本で扱う重要なテーマを取り上げ，議論の流れをつかんでもらうため，その背景や位置づけについて説明した. いずれのテーマも，人間が行う情報の処理にかかわる根本問題である. 最大公約数を求めるユークリッド互除法は紀元前から知られており，ハミルトン閉路問題は 1 世紀以上にわたり人々を魅了し続けたパズルである. 問題を解くアルゴリズムは，計算理論が誕生する前から人間が追い求めてきたテーマである. 臨界期という限定された期間に数年間で母語を習得するというのも，人間の特異で不思議な能力である. P 対 NP 問題が問いかけている，クリエイティブな活動か，機械的な手順の実行かという問題は，人間の聖域と思われてきた活動が人工知能で代替可能かという現代的なテーマにもつながる奥深い問題である. 計算理論が導入したさまざまな計算モデルがロバストでゆるぎないのは，これらの計算モデルが人間に固有の情報の処理に根ざしているということとも関連があるように思われる.

1.2　この本の学び方

　この本は，計算理論を高校数学をマスターした人なら予備知識なしに一から学べるようにまとめたものである. 大学の学部の 2 単位の講義の場合は，1 章のあらまし，2 章の数学的な準備，3 章の有限オートマトンは学ぶ必要はあるが，これら 3 章に続くものは講義の目標に応じて，II，III，IV 部から選択して組み立てることができる. 各章の終わりの問題の難易度はやさしいものから難しいものへ，無印，†，†† で表している. なお，正誤表などはウェッブサイト https://www.saiensu.co.jp を参考にしてもらいたい.

2 計算理論のための概念や用語

この本で必要となる数学的概念や用語について簡単に説明する.

2.1 集　　合

集合とは "もの" の集まりである. "もの" は**要素**と呼ばれ, 一つひとつ識別できるものであれば何でもいい. 自然数, 実数, 記号, 記号の系列などはその例である. 有限個の要素からなる集合を**有限集合**といい, 無限個の要素からなる集合を**無限集合**という. 有限集合は, たとえば $\{2, 3, 5, 7, 11\}$ のようにその要素を並べ, 中カッコで囲んで表す. 有限集合 A の要素の個数を $|A|$ で表す. $|A| = 0$ となる集合 A を**空集合**といい, $\emptyset$ と表す. a が集合 A の要素であることを $a \in A$ と表し, 要素ではないことを $a \notin A$ と表す.

A と B を集合とする. A の任意の要素が B の要素でもあるとき, A は B の**部分集合**である, あるいは, A は B **に含まれる**といい, $A \subseteq B$ と表す. 特に, A と B が等しいときも $A \subseteq B$ となる. $A \subseteq B$ でかつ $A \neq B$ のとき, A は B の**真の部分集合**といい, $A \subsetneqq B$ と表す.

集合 A, B に対して, A の要素と B の要素を集めて 1 つの集合としたものを A と B の**和集合**といい, $A \cup B$ と表す. また, 集合 A と B のどちらにも属する要素からなる集合を A と B の**積集合**または**共通集合**といい, $A \cap B$ と表す. A に属すが, B には属さない要素からなる集合を A から B を引いた**差集合**といい, $A - B$ と表す. 上で説明したことを, 図 2.1 に示す. 集合 A が集合 U の部分集合であるとき, U から A を引いた差集合を U における A の**補集合**という. 特に, 前提とされる U が明らかなときは, これを $\bar{A}$ と表し, 単に A の補集合と呼ぶ.

集合 A のすべての部分集合からなる集合を A の**冪集合**といい, $\mathcal{P}(A)$ と表す. たとえば, $A = \{1, 2, 3\}$ の場合,

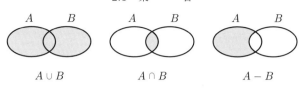

図 2.1　和集合，積集合，差集合

$$\mathcal{P}(\{1,2,3\}) = \{\emptyset, \{1\}, \{2\}, \{3\}, \{1,2\}, \{2,3\}, \{1,3\}, \{1,2,3\}\}$$

となる.

　これまであげた例のように，具体的に集合を表すには，その要素をすべて並べるのがひとつの方法である. しかし，要素をすべて羅列しなくても集合を表すことができる. $P(x)$ を x に関する条件を表すとして，条件 $P(x)$ を満たす x をすべて集めた集合を

$$\{x \mid P(x)\}$$

と表す. たとえば，$P(n)$ として「n は 2 で割り切れる自然数である」をとったとしよう. すると，$\{n \mid n$ は 2 で割り切れる自然数である $\}$ は $\{2, 4, 6, \ldots\}$ を表す. なお，一般に，要素 x は集合 D から選ばれる場合は，$\{x \in D \mid P(x)\}$ というように表すこともある. たとえば，上に述べた例は，$\mathcal{N}$ で自然数の集合を表すとすると，$\{n \in \mathcal{N} \mid n$ は 2 で割り切れる $\}$ と表される. この表し方を使うと，冪集合 $\mathcal{P}(A)$ は

$$\mathcal{P}(A) = \{B \mid B \subseteq A\}$$

と表すことができる. この式で，A は左辺と右辺で固定されているが，右辺の B は $B \subseteq A$ を満たすすべての集合にわたって動く.

　条件を用いて集合を表す記法に従って，直積と呼ばれる集合を定める. 集合 A と B の**直積**とは，$\{(a,b) \mid a \in A, b \in B\}$ と表されるペア (a,b) の集合で，$A \times B$ と表される. A から要素をひとつ選び，B からひとつ選びペアをつくるが，その選び方をすべて尽くす. たとえば，$A = \{x, y\}$，$B = \{1, 2, 3\}$ の場合，$A \times B$ は

$$\{(x, 1), (x, 2), (x, 3), (y, 1), (y, 2), (y, 3)\}$$

を表す. ペアの選び方は，図 2.2 のようなものを考えるとはっきりしてくる.

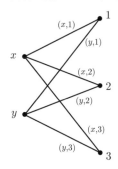

図 2.2　直積 $\{x, y\} \times \{1, 2, 3\}$

A からの 1 点と B からの 1 点の選び方をすべて尽くし，選ばれた 2 点を辺で結ぶ．直積は，一般化して任意の個数の集合に対して定義できる．たとえば，$A \times B \times C = \{(a, b, c) \mid a \in A,\ b \in B,\ c \in C\}$ となる．同じ集合 A の k 個の直積 $A \times A \times \cdots \times A$ を A^k とも表す．

2.2　系列と言語

　系列とは記号を並べたものである．有限個の記号からなる集合を定めておき，系列をつくる記号はこの集合から選ばれるものとする．この集合のことをアルファベットと呼び，Σ や Γ などで表す．系列 w に現れる記号の個数を w の**長さ**といい，$|w|$ と表す．**アルファベット Σ 上の系列**とは，Σ から選ばれた記号の系列である．この本で扱う系列は，特に指定しない限り，すべての系列の長さは有限とする．長さ 0 の系列を**空系列**といい，ε と表す．この系列は少し考えにくいところもあるが，たとえば，例 3.10 などのような実際の使われ方からしっかりとイメージできるようにしておこう．

　系列に対する基本的な演算に 2 つの系列をつなぐ，連接と呼ばれるものがある．長さ m の系列 $u_1 u_2 \cdots u_m$ と長さ n の系列 $v_1 v_2 \cdots v_n$ を**連接**すると，長さ $m + n$ の系列 $u_1 u_2 \cdots u_m v_1 v_2 \cdots v_n$ となる．単に系列をつなげるだけなのであるが，これを連接という演算として捉える．連接の演算は "$\cdot$" で表し，$u_1 \cdots u_m \cdot v_1 \cdots v_n$ は $u_1 \cdots u_m v_1 \cdots v_n$ を表す．また，系列 $u_1 \cdots u_n$ の連続する一部を抜き出した $u_i u_{i+1} \cdots u_j$ $(i \leq j)$ を元の系列の**部分系列**と呼ぶ．特に，空系列 ε は任意の系列に対してその部分系列となる．

　言語とは，あるアルファベットの上の系列からなる集合である．ここで，言語には，言葉という意味はなく，単に系列の集合という意味しかない．アルファベット

を Σ と表すとき，Σ 上のすべての系列の集合を Σ^* と表す．たとえば，$\Sigma = \{0, 1\}$ のときは

$$\Sigma^* = \{\varepsilon, 0, 1, 00, 01, 10, 11, 000, \ldots\}$$

となる．Σ 上の言語とは Σ^* の部分集合のことである．このように，$*$ の記号には，Σ から繰り返し記号を取り出すという意味をもたせる．

2.3 関数と問題

関数は，集合の要素と要素の間の対応づけを指定するものである．集合 A の要素を B の要素に対応づける関数 f を，$f : A \to B$ と表し，A の要素 a に対応づけられる B の要素を $f(a)$ と表す．関数が $f : A \to B$ と表されるとき，A を f の**定義域**といい，B を**値域**という．関数 $f : A \to B$ が $a \neq a'$ となる任意の $a, a' \in A$ に対して $f(a) \neq f(a')$ となるとき，**1対1**関数という．また，B の任意の要素 b に対して，$f(a) = b$ となる A の要素 a が存在するとき，$f : A \to B$ を B の**上への**関数という．

関数の例として，自然数の足し算を表す関数 $f_{add} : \mathcal{N} \times \mathcal{N} \to \mathcal{N}$ と掛け算を表す関数 $f_{mult} : \mathcal{N} \times \mathcal{N} \to \mathcal{N}$ を取り上げる．これらの関数は，それぞれ $f_{add}(m, n) = m+n$ と $f_{mult}(m, n) = m \times n$ と定義される．ここに，$\mathcal{N}$ は自然数の集合を表す．これらの関数を表として表すと，表 2.3 や表 2.4 のようになる．

表 2.3 $f_{add}(m, n)$

m \ n	1	2	3	4	$\cdots$
1	2	3	4	5	
2	3	4	5	6	
3	4	5	6	7	$\cdots$
4	5	6	7	8	
$\vdots$			$\vdots$		

表 2.4 $f_{mult}(m, n)$

m \ n	1	2	3	4	$\cdots$
1	1	2	3	4	
2	2	4	6	8	
3	3	6	9	12	$\cdots$
4	4	8	12	16	
$\vdots$			$\vdots$		

計算理論では，計算の目標を関数と捉え，これを**問題**と呼ぶ．一般に，関数は，何らかのアルファベット Σ，Γ に対して $f : \Sigma^* \to \Gamma^*$ と表され，入力 $w \in \Sigma^*$ に対して出力 $f(w) \in \Gamma^*$ を求めることが計算の目標となる．ただし，この本で扱う関数は大部分が値域が $\{0, 1\}$ となる関数 $f : \Sigma^* \to \{0, 1\}$ である．値域の 1 と 0 は，真と偽，YES と NO，あるいは受理と非受理などに対応させるが，いずれも意味するこ

とは同じとする.

　この本を通して, 計算の目標を問題や言語として表し, 両者は実質的に同じこと
を表す. 言語 L から対応する関数 $f_L : \Sigma^* \to \{0, 1\}$ は,

$$f_L(w) = \begin{cases} 1 & w \in L \text{ のとき} \\ 0 & w \notin L \text{ のとき} \end{cases}$$

と定められる.

2.4　グ ラ フ

　一般に, **グラフ**とは**点集合**と**辺集合**のペアで表されるものである. 図 2.5 にグラ
フの例を与える. この例の場合, 点集合 V と辺集合 E はそれぞれ

$$V = \{v_1, v_2, v_3, v_4, v_5, v_6\},$$
$$E = \{(v_1, v_2), (v_1, v_3), (v_2, v_3), (v_2, v_4), (v_2, v_5),$$
$$(v_3, v_4), (v_3, v_5), (v_4, v_5), (v_4, v_6), (v_5, v_6)\}$$

と与えられる. グラフの点の系列で, 隣り合う点は辺で結ばれているようなものを**パ
ス**と呼ぶ. **シンプルなパス**とは, 同じ点が 2 回以上現れることはないパスである. **サ
イクル**とは, 最初の点と最後の点が同じ点となるパスである. **シンプルなサイクル**
とは, 少なくとも 3 点を含むサイクルで, 同じ点が 2 回以上現れることはないもの
である. どの 2 点の間もパスでつながっているグラフは**連結**していると呼ばれる. グ
ラフの点の**次数**とは, その点から出る辺の本数である. たとえば, 図 2.5 のグラフ
の場合, 点 v_1 の次数は 2 で, 点 v_2 の次数は 4 である.

　グラフに制約をつけて, 対象とするグラフを絞ることもある. そのような制約し
たグラフに木と呼ばれるグラフがある. **木**とは, サイクルを含まない, 連結したグ
ラフである. 図 2.6 に木のひとつの例を与える. 木では, **根**と呼ばれる点をひとつ指
定しておく. 根以外の点で次数が 1 のものを**葉**と呼ぶ. 図 2.6 の木で根として v_1 を
指定すると, 葉は v_4, v_5, v_7, v_8, v_9 となる. この図のように, 根を上方に, 葉
を下方に置くことが多い. このグラフを上下逆転して置くと, 空に向かって葉を広
げる木の様子を表していると見なすことができる.

　これまでは, 辺は向きをもたないとしてきた. これに対し, 辺は向きをもつとし
てグラフを定義することもある. 向きをもった辺を**枝**と呼ぶことにする. また, 向
きのないグラフを**無向グラフ**と呼び, 向きのあるグラフを**有向グラフ**と呼ぶ. 有向

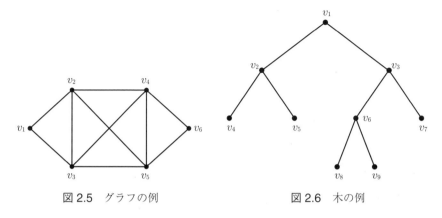

図 2.5　グラフの例　　　　　　　　図 2.6　木の例

グラフの場合，枝 (u, v) を $u \to v$ と表したり，パスを $v_1 \to v_2 \to v_3 \to \cdots \to v_m$ などと表すこともある.

2.5　論理演算とド・モルガンの法則

　命題論理は日常の会話や文書における論理の基本となるところを抜き出し，数学的体系としてまとめたものである. また，これはコンピュータのハードウェアの組み立ての基本となる体系でもある. この節では命題論理で使われる論理演算の基本とド・モルガンの法則について説明する.

命題と論理演算　　値 1 で「成立する」ことや「真である」ことを意味し，値 0 で「成立しない」ことや「偽である」ことを意味することとする. これらの 1 や 0 の値を**真理値**と呼ぶ. 真理値の 1 と 0 はそれぞれ T（True）と F（False）と表されることもある. 真理値を値としてもつ変数を**論理変数**と呼ぶ. 真理値に対して**論理和**，**論理積**，**否定**と呼ばれる論理演算を導入する. 論理和は "∨" で表され，論理積は "∧" で表され，否定は "¯" や "¬" で表される.

　表 2.7 は，論理変数 x と y のとる真理値のペアに対して，論理演算を施した結果を表として表したものである. このような表は**真理値表**と呼ばれる. この表からわかるように，$x \lor y$ は，x と y のどちらかが 1 のとき演算結果は 1 となり，$x \land y$ はどちらも 1 のとき演算結果が 1 となる. このことより，論理和は「または」と解釈され，論理積は「かつ」と解釈される. また，否定は真理値を反転すると解釈される.

　論理式とは，論理変数に論理演算を何回か適用して得られる式である. たとえば，表 2.8 に示すように，論理式 $(x \land y) \lor (y \land z) \lor (x \land z)$ は，論理変数 x，y，

表 2.7　論理演算 ∨, ∧, ‾ の真理値表

x	y	$x \vee y$	$x \wedge y$
1	1	1	1
1	0	1	0
0	1	1	0
0	0	0	0

x	$\overline{x}$
1	0
0	1

表 2.8　$(x \wedge y) \vee (y \wedge z) \vee (x \wedge z)$ の真理値表

x	y	z	$x \wedge y$	$y \wedge z$	$x \wedge z$	$(x \wedge y) \vee (y \wedge z) \vee (x \wedge z)$
0	0	0	0	0	0	0
0	0	1	0	0	0	0
0	1	0	0	0	0	0
0	1	1	0	1	0	1
1	0	0	0	0	0	0
1	0	1	0	0	1	1
1	1	0	1	0	0	1
1	1	1	1	1	1	1

z のうち 2 個以上の変数が値 1 をとるとき，真理値 1 の値をとる．確かに，2 個以上の変数の値が 1 であれば，$x \wedge y$，$y \wedge z$，$x \wedge z$ の少なくともひとつは値 1 をとり，したがって，この論理式は 1 となる．一方，値 1 をとる変数の個数が高々 1 個であれば，$x \wedge y$，$y \wedge z$，$x \wedge z$ のどれもが 0 となって，全体も 0 となる．

　命題とは，何らかの主張で，真偽がはっきりしているものである．「あるものがある条件を満たす」というのが典型的な形である．たとえば，「明日は晴れる」，「7 は素数である」，「111 は 11 で割り切れる」はすべてこの形をとる．初めの例は，「明日」になってみないとこの主張の真偽はわからない．次の例は真の命題であり，最後の例は偽の命題である．このように，命題とは何かの言明であり，真偽が決まるものである．命題を P，Q，R などで表すことにする．すると，$P \vee Q$ や $P \wedge Q$ はそれぞれ新しく定義される命題を表す．前者は「P と Q の少なくともどちらかは真である」という命題で，後者は「P と Q は共に真である」という命題である．このように，$P \vee Q$ や $P \wedge Q$ は命題を表すが，P や Q を論理変数と見なせば，表 2.7 の論理変数 x と y をそれぞれ P と Q に置き換えることにより，$P \vee Q$ や $P \wedge Q$ の真理値表をつくることができる．x，y と P，Q との相違は，これらの記号を変数と見るか命題と見るかの違いだけである．

ド・モルガンの法則　命題に論理演算を適用すると新しい命題がつくられるが，このようにしてつくられる命題の間に次のような等式が成立することがわかる．これがド・モルガンの法則と呼ばれる等式である．

$$\overline{P \wedge Q} = \overline{P} \vee \overline{Q} \tag{1}$$

$$\overline{P \vee Q} = \overline{P} \wedge \overline{Q} \tag{2}$$

表 2.7 に示す論理演算 $\vee$，$\wedge$，$^{-}$ の真理値表を適用すると，(1) と (2) の等式を導くことができる．そのことを表 2.9 と表 2.10 に示しておく．

　ド・モルガンの法則は，わたし達が日常の論理でも使っていることを次に説明する．イメージしてもらうために，命題 P と Q として次のような具体的なものを取り上げる．

$$P : 「和夫はフランス語を話せる．」$$

$$Q : 「和夫はドイツ語を話せる．」$$

すると，命題 $\overline{P \wedge Q}$ は「『和夫はフランス語もドイツ語も話せる』というわけではない」となる．この命題 $\overline{P \wedge Q}$ は，日常の論理で，「和夫はフランス語を話せないか，ドイツ語を話せないかのいずれかである」と言い換えることができる．この言い換えたことを命題として表すと，$\overline{P} \vee \overline{Q}$ となる．まとめると，$\overline{P \wedge Q}$ は $\overline{P} \vee \overline{Q}$ に書き換えられる．これは (1) の等式に他ならない．等式 (2) についても同様である．$\overline{P \vee Q}$ は「『和夫はフランス語かドイツ語のどちらかは話せる』というわけではない」ということになり，これは「和夫はフランス語は話せないし，ドイツ語も

表 2.9　$\overline{P \wedge Q} = \overline{P} \vee \overline{Q}$ を導く真理値表

P	Q	$P \wedge Q$	$\overline{P \wedge Q}$	$\overline{P}$	$\overline{Q}$	$\overline{P} \vee \overline{Q}$
1	1	1	0	0	0	0
1	0	0	1	0	1	1
0	1	0	1	1	0	1
0	0	0	1	1	1	1

表 2.10　$\overline{P \vee Q} = \overline{P} \wedge \overline{Q}$ を導く真理値表

P	Q	$P \vee Q$	$\overline{P \vee Q}$	$\overline{P}$	$\overline{Q}$	$\overline{P} \wedge \overline{Q}$
1	1	1	0	0	0	0
1	0	1	0	0	1	0
0	1	1	0	1	0	0
0	0	0	1	1	1	1

話せない」と言い換えられる．これは $\overline{P} \wedge \overline{Q}$ に他ならない．このように，ド・モルガンの法則は日常の論理のレベルで用いられる法則である．

　表 2.9，2.10 では真理値表によりド・モルガンの法則を導出している．ド・モルガンの法則については高校の数学ですでに学んでいる方が多いと思う．論理ではなく，次のように集合に基づいて学んでいるかもしれない．ド・モルガンの法則の (1) と (2) で，P と Q を集合と捉え，$\vee$，$\wedge$，$\overline{}$ をそれぞれ集合に対する演算，$\cup$，$\cap$，$\overline{}$ で置き換えると，$\overline{P \cap Q} = \overline{P} \cup \overline{Q}$ と $\overline{P \cup Q} = \overline{P} \cap \overline{Q}$ の等式が得られる．ここで，$\overline{}$ は補集合をとる演算である．集合 P と Q をそれぞれ命題 P と Q が成立する事例の集合と捉えると，これらはそのまま (1) と (2) のド・モルガンの法則に対応する．これらの集合に関する 2 つの等式がなぜ成立するかは，図 2.11 のベン図を使うと，表 2.9，2.10 の真理値表を使って (1) と (2) を説明したのと同じように説明できる．

2.6　定理と証明

　数学的な内容の命題で重要なものは定理として扱われ，証明の対象となる．しかし，世の中には，たとえば，リーマン予想のように数学者が 150 年ほどもの間，血のにじむような努力を重ねても証明できないものもある．このような難問に限らず，証明を見つける一般的な方法はない．しかし，証明の筋立てにはいろいろな形があり，それを理解すると，論理の流れがくっきり浮かび上がり，証明をしっかりと理解することができる．この節では，この本の証明で用いられる 2 つの証明のタイプ，背理法と数学的帰納法について説明する．最初の背理法は，定理となる命題が $P \Rightarrow Q$ という構造になっていることと密接に関係してくるので，まずその構造について説明した後に，背理法の説明に入る．

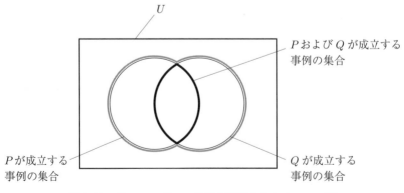

図 2.11　ド・モルガンの法則を説明するためのベン図

含意と等価（同値）　「ならば」という言葉は日常しばしば使われる．はじめに，「ならば」と解釈される $\Rightarrow$ や，等価の関係 $\Leftrightarrow$ についてイメージをつかむことにする．

例 2.1　3つの命題 $C_2(n)$，$C_3(n)$，$C_6(n)$ をそれぞれ次のように定める．

$$C_2(n): \quad \text{自然数 } n \text{ は } 2 \text{ で割り切れる．}$$
$$C_3(n): \quad \text{自然数 } n \text{ は } 3 \text{ で割り切れる．}$$
$$C_6(n): \quad \text{自然数 } n \text{ は } 6 \text{ で割り切れる．}$$

このように，$C_m(n)$ は「自然数 n が m で割り切れる」という命題である．$C_m(n)$ は C_m とも表される．$\Rightarrow$ を「ならば」と解釈し，$\Leftrightarrow$ を等価な条件と解釈すれば，これらの命題の条件から

$$C_6 \quad \Rightarrow \quad C_2,$$
$$C_6 \quad \Rightarrow \quad C_3,$$
$$C_6 \quad \Leftrightarrow \quad C_2 \wedge C_3$$

が成立する． ■

　C_2 の命題の条件を満たす自然数の集合を $D(C_2)$ と表す．同じように $D(C_3)$ と $D(C_6)$ を定義する．すると，これらの集合の間の関係は図2.12のように表される．この図のように，集合を円で表し，さまざまな集合の間の包含関係を図として表したものを**ベン図**（Venn diagram）という．背景の長方形は対象とするすべてのものからなる集合を表し，この例の場合は自然数の集合 $\mathcal{N}$ である．

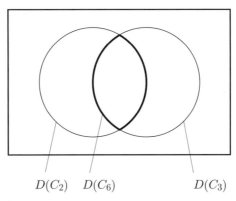

$$D(C_2) \quad D(C_6) \qquad\qquad D(C_3)$$

図 2.12　$D(C_2)$，$D(C_3)$，$D(C_6)$ の間の関係を表すベン図

　ここで，条件 C_i に関する $\Rightarrow$ や $\Leftrightarrow$ の関係を，条件 C_i を満たす自然数の集合 $D(C_i)$ の包含関係として定義する．$C_6 \Rightarrow C_2$ は，$D(C_6) \subseteq D(C_2)$ となることと定義する．同様に，$C_6 \Rightarrow C_3$ は，$D(C_6) \subseteq D(C_3)$ となることと定義する．また，$C_6 \Leftrightarrow C_2 \wedge C_3$ は，$C_6 \Rightarrow C_2 \wedge C_3$ かつ $C_6 \Leftarrow C_2 \wedge C_3$ となることと定義する．このように定義すると，$C_6 \Leftrightarrow C_2 \wedge C_3$ と $D(C_6) = D(C_2 \wedge C_3)$ とは等価な条件となる．

　この例のように，一般に，条件を抽象的なものとして捉えるのではなく，その条件を満たす要素の集合と見なすと，条件の間の関係がはっきりイメージできるようになる．その上で，等価な関係を表す $\Leftrightarrow$ はこれからもしばしば使うので，

$$6 \text{ で割り切れる} \quad \Leftrightarrow \quad 2 \text{ で割り切れ，かつ，} 3 \text{ で割り切れる}$$

のような具体的な例で，感覚的につかんでおこう．

　これらの $\Rightarrow$ や $\Leftrightarrow$ を論理演算と見なすと，P と Q から新しい命題 $P \vee Q$ や $P \wedge Q$ をつくったように，新しい命題 $P \Rightarrow Q$ や $P \Leftrightarrow Q$ をつくることができる．命題 P，Q の真偽を決める要素の集合を D で表す．これは上の例 $C_m(n)$ の場合の自然数の集合 $\mathcal{N}$ に相当する．D の要素で P が成立するものの集合を $D(P)$ と表し，Q が成立するものの集合を $D(Q)$ と表す．「$P \Rightarrow Q$ が成立する」とは，$D(P) \subseteq D(Q)$ となることと定義する．なお，論理演算と見なしたとき $\Rightarrow$ は**含意**と呼ばれる．また，「$P \Leftrightarrow Q$ が成立する」とは，「$P \Rightarrow Q$ が成立し，かつ，$P \Leftarrow Q$ が成立する」ことと定義する．ここで，$P \Leftarrow Q$ とは $Q \Rightarrow P$ のことである．$P \Leftrightarrow Q$ が成立するとき，P と Q は**同値**，または，**等価**という．$P \Leftrightarrow Q$ と $D(P) = D(Q)$ は等価である．一方，条件 P，Q に対して，$P \Rightarrow Q$ が成立するとき，条件 Q は条件 P の**必要条件**といい，条件 P は条件 Q の**十分条件**という．また，$P \Rightarrow Q$ かつ $P \Leftarrow Q$ のとき，すなわち，$P \Leftrightarrow Q$ のとき，一方の条件が他方の条件の**必要十分条件**という．

　図 2.13 には，$P \Rightarrow Q$ が成立するときの $D(P)$ と $D(Q)$ の関係を表している．この図の (a) には，$D(P) \subseteq D(Q)$ の関係をベン図で表している．(b) と (c) の 2 本の縦のラインでは，命題 P が要素 x で成立する（$P(x) = 1$）ときはグレーで表し，成立しない（$P(x) = 0$）ときは白で表している．$Q(x)$ に関しても同様である．これらのラインには，U の要素 x を同じ順序で並べて，$P(x)$ と $Q(x)$ の成立/不成立の関係が図で示されている．

　ポイントは，$P \Rightarrow Q$ が成立しているときは，$(P(x), Q(x))$ として可能性のあるのは，$(1,1)$，$(0,1)$，$(0,0)$ だけで，$(1,0)$ となることはないということである．このことをはっきりと表しているのが (c) の図である．(c) の図は，命題 $P \Rightarrow Q$ が成

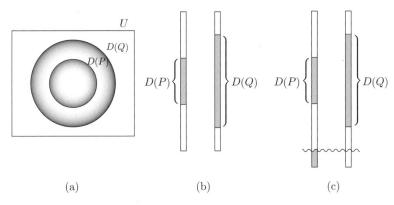

図 2.13　$P \Rightarrow Q$ が成立するときの $D(P)$ と $D(Q)$ の関係

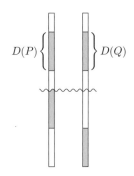

図 2.14　$P \Leftrightarrow Q$ が成立するときの $D(P)$ と $D(Q)$ の関係

立するということは，$(P(x), Q(x))$ の真理値のペアとして $(1, 0)$ は除外される（波線より下の領域）ということを表している．

　また，$P \Leftrightarrow Q$ が成立するときは定義より $D(P) = D(Q)$ となり，$(P(x), Q(x))$ が $(1, 0)$ や $(0, 1)$ となることはない．図 2.14 は，$P \Leftrightarrow Q$ のときの $(P(x), Q(x))$ の真理値のペアを表している．図 2.13 の (c) の場合と同様，波線より下の領域は除外される．

　ところで，図 2.13 から $P \Rightarrow Q$ と $\overline{Q} \Rightarrow \overline{P}$ は等価となることは明らかであろう．すなわち，

$$(P \Rightarrow Q) \quad \Leftrightarrow \quad (\overline{Q} \Rightarrow \overline{P}).$$

この $\overline{Q} \Rightarrow \overline{P}$ を $P \Rightarrow Q$ の**対偶**と呼ぶ．これらの命題は等価なので，$P \Rightarrow Q$ を証明する代わりに，$\overline{Q} \Rightarrow \overline{P}$ を証明してもよい．

例 2.2　クラスで先生が明日晴れたら遠足に行く，と約束したとする．P を「明日は晴れる」とし，Q を「明日遠足に行く」としたとき，$P \Rightarrow Q$ の約束である．こう約束したにもかかわらず，好天なのに遠足に行かなかった（$(P(x), Q(x)) = (1,0)$ に相当）とすると，先生は約束を破ったことになる．しかし，常識が疑われるかもしれないが，図 2.13 からわかるように，どしゃ降りの中遠足を決行した（$(P(x), Q(x)) = (0,1)$ に相当）としても約束違反にはならないのだ．このように，日常の論理と $P \Rightarrow Q$ の定義に基づいた論理の間には解釈にときとしてズレがあることに注意する必要がある．　　　　　　　　　　　　　　　　　　　　　　　　　　　■

背理法　　背理法はこの本でもしばしば用いられる証明法である．原理はシンプルであるが，腑に落ちないという感覚の残る論法でもある．しかし，この論法を身につけると，背理法による証明が感覚的にも受け入れられるようになる．

　背理法について，まず $P \Rightarrow Q$ というタイプの命題を証明する場合について説明する．この場合，**背理法**では，$(P, Q) = (1,0)$ を仮定すると矛盾が導かれることを示すことにより，$(P, Q) = (1,0)$ というケースはない，すなわち，$P \Rightarrow Q$ が成立すると結論づける論法である．実際，$(P, Q) = (1,0)$ というケースはあり得ないということは，(P, Q) の真理値のペアとして，$(1,1)$，$(0,1)$，$(0,0)$ の可能性しかなくなるからである．

　この背理法による証明を背理法によらない通常の証明と比べてみよう．たとえば，$C_6 \Rightarrow C_2$ の証明は次のように進む．$C_6(n) = 1$（n は 6 で割り切れる）とすると，適当な自然数 m をとると n は $n = 6m$ と表され，この n は $2 \times 3m$ と表されるので，$C_2(n) = 1$（n は 2 で割り切れる）が導かれる．この証明はあり得ないことを仮定しているわけではなく，すっきりと受け入れられる．

　ところで，次の例のように日常生活でもわたし達は背理法の論理を無意識のうちに使っている．

例 2.3　キノコ狩りが趣味の和夫さんは採ったキノコを奥さんの恵子さんに調理してもらうのをいつも楽しみにしていた．キノコ狩りに出かけたその日も採ってきたキノコを調理してもらい，大満足の夕食となった．しかし，その後少し気になって食用キノコ図鑑でくまなく調べたが食べたキノコは載っておらず，心配しながらの一週間が過ぎた．こんなときの恵子さんの一言「大丈夫よ」は背理法によっているのだ．P を「体調良好」，Q を「食べたのは毒キノコではない」とする．このとき，恵子さんは $P \Rightarrow Q$ が成立すると確信している．この確信の根拠は，$(P, Q) = (1,0)$ と仮定し，$P = 1$（「体調良好」）かつ $Q = 0$（「食べたのは毒キノコである」）とする

と，矛盾することからくる．背理法により，この矛盾から $P \Rightarrow Q$ が導かれたことになる．この例の場合，「体調良好」はキノコを食べた後の状態なので，「$P = 1$」が原因で「$Q = 1$」の結果が生じたという説明はできない．この点が上で説明した「$C_6 \Rightarrow C_2$」の証明のように，C_6 の条件から C_2 の条件を導ける場合とは違うところである． ◼

次に，背理法による $P \Rightarrow Q$ のタイプの命題の証明の例をあげる．

例 2.4 x, y, z を実数とし，P と Q の命題を次のように定めるとする．

$$P : \quad x + y + z \geq 0.$$

$$Q : \quad x, \ y, \ z \text{の少なくともひとつは} 0 \text{以上である.}$$

このとき，命題 $P \Rightarrow Q$ は背理法により次のように導かれる．

【証明】 $(P, Q) = (1, 0)$ と仮定する．$\overline{Q}$ は「x, y, z はすべて 0 より小さい」となるので，これは P に矛盾する．なぜならば，$x < 0$，かつ，$y < 0$，かつ，$z < 0$ ならば，$x + y + z < 0$ となるからである． □

背理法を感覚的につかむためには，このような簡単な問題を証明してみるのがいい． ◼

これまでは，$P \Rightarrow Q$ と表される命題を背理法で証明することについて説明した．この背理法の論法は証明したい命題が単に P と表される場合にも適用できる．証明したい命題を P と表す．これを背理法で証明するには，$\overline{P}$ を仮定して矛盾を導けばよい．矛盾が導かれれば，$\overline{P}$（すなわち，$P = 0$）という場合はないことになり，「P が成立する（$P = 1$）」ことが証明される．

例 2.5 P を次のような命題とし，これを背理法で証明する．

$$P : \quad \text{素数は無限個存在する.}$$

【証明】 $\overline{P}$，すなわち，「素数の個数は有限個である」ことを仮定する．そこで，これらの素数を $p_1, p_2, \ldots, p_m$ とおく．すると，自然数 $p_1 p_2 \cdots p_m + 1$ はどの素数 $p_1, p_2, \ldots, p_m$ でも割り切れない（割ると余りが 1 となる）．したがって，自然数 $p_1 p_2 \cdots p_m + 1$ は素数であり，$p_1, p_2, \ldots, p_m$ がすべての素数を尽くしているということに矛盾する． □

背理法によりいろいろな定理を証明すると，背理法が身についてくる． ◼

表 2.15　論理演算 $\Rightarrow$ と $\Leftrightarrow$ の真理値表

P	Q	$P \Rightarrow Q$	$P \Leftrightarrow Q$
1	1	1	1
1	0	0	0
0	1	1	0
0	0	1	1

　最後に，$P \Rightarrow Q$，$P \Leftrightarrow Q$，P のタイプの命題の背理法による証明法をまとめておく．表 2.15 は $\Rightarrow$ や $\Leftrightarrow$ を論理演算と捉え，P，Q の真理値から決まる $P \Rightarrow Q$，$P \Leftrightarrow Q$ の真理値を真理値表として取りまとめたものである．ところで，「$P \Rightarrow Q$ が成立する」ということは，

$$\text{「}P \Rightarrow Q \text{ が成立する」} \quad \Leftrightarrow \quad \begin{array}{l}\text{「表 2.15 の真理値表の 2 行目に}\\\text{相当するケースは起り得ない」}\end{array}$$

の右辺の条件で言い換えることができる．背理法とは「あるケースが起こり得ないこと」を，そのケース（この場合は，$(\mathrm{P}, \mathrm{Q}) = (1, 0)$ となるケース）が起こり得ると仮定して矛盾を導くことにより証明する方法である．証明したい命題が $P \Leftrightarrow Q$ の場合は，「起り得ないケース」は，表 2.15 の 2 行目と 3 行目であるし，証明したい命題が P の場合は，$P = 0$ の場合である．

数学的帰納法　　数学的帰納法とは，命題がある無限集合のすべての要素に対して成立することを証明するときに使われる証明法である．ここでは，無限集合が自然数からなる集合の場合について説明する．

　「命題 $P(n)$ がすべての自然数 n に対して成立する」ことを導くことが証明の目標とする．この証明法を直観的に捉えるためには，$P(1), P(2), \ldots$ をドミノのコマの無限の並びと見なし，ドミノ倒しを対応させるとよい．「コマ $P(n)$ が倒れる」ことを，「命題 $P(n)$ が成立する」ことに対応させることにする．この対応のもとで，「すべてのコマ $P(1), P(2), \ldots$ が倒れる」ことを導くことができれば，目標とする「すべての命題 $P(1), P(2), \ldots$ が成立する」ことが証明されたことになる．一方，ドミノ倒しで，「$P(1)$ が倒れる」ことと，「任意の自然数 n に対して，$P(n)$ が倒れれば，$P(n+1)$ も倒れる」ことの 2 つが保障されれば，直観的には，すべてのコマ $P(1), P(2), \ldots$ が倒れると結論づけていい．このように，命題をドミノと対比させて考えるとわかりやすい．

　数学的帰納法とは，次のように**ベース**と**帰納ステップ**を証明することにより，「任意の自然数 n に対して，$P(n)$ が成立する」ことを導く証明法である．

> **数学的帰納法による証明**
> **ベース**：$P(1)$ が成立する.
> **帰納ステップ**：任意の自然数 n に対して, $P(n)$ が成立すれば,
> 　　　　　　　　$P(n+1)$ も成立する.

この本では, 厳密な数学的帰納法による証明よりもわかりやすさを優先させ, 数学的帰納法による証明は省略することが多い.

例 2.6　命題 $P(n)$ を「$n^3 - n$ は 3 で割り切れる」ことを表すものとして, すべての自然数 n に対して $P(n)$ が成立することをベースと帰納ステップに分けて数学的帰納法で証明する.
ベース：$n = 1$ のとき, $n^3 - n = 1^3 - 1 = 0$ となり, これは 3 で割り切れる. すなわち, $P(1)$ が成立する.
帰納ステップ：任意の自然数 n に対して, $P(n)$ が成立することを仮定して, $P(n+1)$ が成立することを導く. ところで,

$$(n+1)^3 - (n+1) = (n^3 + 3n^2 + 3n + 1) - (n+1)$$
$$= (n^3 - n) + 3n^2 + 3n$$

なので, $n^3 - n$ が 3 で割り切れる（すなわち, $P(n)$ が成立する）ならば, $(n+1)^3 - (n+1)$ は 3 で割り切れる（すなわち, $P(n+1)$ が成立する）.　　　■

2.7　再　　　　帰

　再帰的定義は, ロシアのマトリョーシカ人形のような入れ子構造をもったものを定義するのに使われる定義法である. 再帰的定義は, 数学的帰納法とも密接な関連がある.

　マトリョーシカは, 胴体のところで 2 つに分かれ, 中に一回り小さい人形が入っていて, さらにその人形の中にそれより一回り小さい人形が入っているということが繰り返し起こるような入れ子構造の人形である. 数学的帰納法のベースと帰納ステップによりマトリョーシカを定義すると次のようになる.

　ベース：1 層の人形はマトリョーシカである.
　帰納ステップ：1 層のマトリョーシカに 1 回り小さいマトリョーシカを
　　　　　　　　　組み込んだものは, マトリョーシカである.

再帰的定義を使って正しいカッコの系列を定義する例を取り上げよう. 右カッコと左

カッコからなる系列（すなわち，$\{(,)\}^*$ の系列）の中で，正しいカッコの系列を正確に日本語で記述しようとすると，そんなに簡単ではないことがわかる．しかし，数学的帰納法のベースと帰納ステップに分けて表すと，次のようにすっきりと記述することができる．

　ベース：( ) は正しいカッコの系列である．

　帰納ステップ：w と w' が正しいカッコの系列であれば，

　　　　　　　　　(w) と ww' は正しいカッコの系列である．

再帰的定義はこの本で繰り返し用いる．そこで，次のようにまとめておく．

再帰的定義のまとめ

ベース：前提なしに定義する．

帰納ステップ：これまで定義したものを用いて，新しいものを定義する．

　ところで，再帰的定義の解釈には，ボトムアップの解釈とトップダウンの解釈の2つのタイプがある．正しいカッコの系列を例にとり，2つの解釈について説明する．ボトムアップは，上に向けて昇っていくという解釈で，上の例でいうと，( ) を定義して，これから (( )) や ( )( ) を定義して，定義するものを追加していくという解釈である．一方，トップダウンの解釈では，初めに，正しいカッコの系列とは (w) の形か ww' の形のどちらかであると宣言し，さらに w や w' 系列に対しても同じように宣言を繰り返して，系列全体の構造を掘り下げていく．

　さて，再帰的定義の定型的な例としてアルゴリズムの記述がある．再帰的アルゴリズムと呼ばれるものはその例である．その簡単な例として，有限集合を分割する例を取り上げる．集合の**分割**とは，集合をブロックと呼ばれるグループに分けることである．ちょうどピザをピザカッターで切り分けるイメージである．各ブロックが1つの要素からなる分割，すなわち，一つひとつをバラバラにする分割を**最小分割**と呼ぶことにする．すると，集合を「最小分割する」ことを再帰的に定義すると次のようになる．「集合を最小分割するとは，可能ならば，2つに分け，それぞれを最小分割することである．」この定義文では，最小分割を定義している文の中に最小分割という言葉が現れていて日本語としては意味がとれない．再帰的定義では，文中の最小分割は，定義文全体を適用して解釈する．このように，定義文そのものに再び帰ることから再帰的と呼ばれる．このように解釈して，定義文を適用すると，「2つに分ける」ことが繰り返されてバラバラになり，最後は2つに分けることができなくなるので，定義文の適用はそこで終わる．このように，再帰的定義に基づいたアルゴリズムの記述では，必ずしもベースと帰納ステップに分けて書かれている

わけではない．そのため，通常の解釈では意味がとれず，再帰的アルゴリズムの解釈を難しくしている．

　次に，ハノイの塔問題を解くアルゴリズムについて説明する．3本のポール X，Y，Z と中心に穴の開いた n 枚の大きさが異なるディスクが用意されている．初めポール X に図2.16の (a) のように n 枚のディスクが重ねられている．図では，$n = 5$ としている．**ハノイの塔問題**とは，(a) の初期状態から始めて，(b) の最終状態にするための手順を求めよというものである．この手順で許される操作は，1つのポールの一番上のディスク1枚を他のポールの一番上に移動することである．ただし，この移動には制約があって，移動先でディスクの大きさの逆転が起らないことが条件となる．すなわち，移動するディスクは移動先の一番上のディスクより小さくなければならない．ただし，移動先のポールにディスクが存在しない場合は，無条件に移動できる．次に，ハノイの塔問題を解くディスク移動の手順を説明する．図2.17は，その一連のディスク移動の過程の4つのスナップショットを示したものである．(a) は初期状態で，(d) は最終状態である．(b) は，初期状態からスタートしてポール Z を補助ポールとして用い，(a) の $\{1, \ldots, n-1\}$ のディスクをポール Y に移動した直後の状態である．この過程で，底の n のディスクは動いていない．つまり，(a) から (b) へ遷移する過程で，ディスクのセットが $\{1, \ldots, n-1\}$ のハノイの塔問題を解く手順を実行する必要がある．(b) から (c) への遷移は単純で，底のディスク n をポール X からポール Z に移動すればよい．この後は，ポール Z のディスク n は度外視してポール X を補助ポールとしてディスクのセット $\{1, \ldots, n-1\}$ をポール Y から Z に移動するハノイの塔問題を解く手順を実行すればよい．

　上で説明したことは，

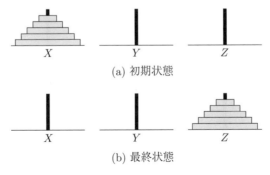

(a) 初期状態

(b) 最終状態

図2.16　$n = 5$ のハノイの塔問題

$$(P(n)) \rightarrow \left(\begin{array}{c} P(n-1) \\ \text{ディスクの移動} \\ P(n-1) \end{array} \right) \qquad (1)$$

と表すことができる．ここで，$P(n)$ や $P(n-1)$ は最終的にはディスクの枚数がそれ
ぞれ n と $n-1$ の場合のハノイの塔問題を解く手順が代入されるものである．$P(n)$
や $P(n-1)$ は，手順が代入される変数と見なすことにする．この式は，$P(n)$ で実
行すべきことを，$P(n-1)$ の実行，その後のディスク 1 枚の移動，最後の $P(n-1)$
の実行に帰着されるということを意味している．ここでポイントは，(1) で生じた 2
つの $P(n-1)$ に対して，(1) で $n \leftarrow n-1$ と代入した式を適用して，それぞれさ
らに 2 つずつの $P(n-2)$ に帰着するということである．このように帰着の連鎖が起
こり，最後は $P(1)$ に帰着される．$P(1)$ はディスク 1 枚の移動なので，これは簡単
に実行できる．

　ところで，(1) ではポールやディスクは書かれていないので，これらをはっきり
と書いて

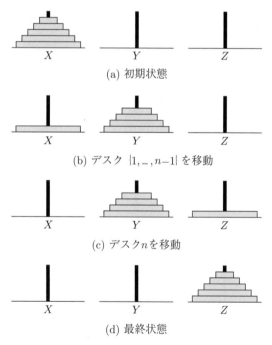

(a) 初期状態

(b) デスク $\{1, \dots, n-1\}$ を移動

(c) デスク n を移動

(d) 最終状態

図 2.17　$n = 5$ のときのハノイの塔問題を解く手順

$$\left(\{1,\dots,n\}:X\underset{Y}{\rightarrow}Z\right) \rightarrow \begin{pmatrix} \{1,\dots,n-1\}:X\underset{Z}{\rightarrow}Y \\ n \qquad\quad :X\rightarrow Z \\ \{1,\dots,n-1\}:Y\underset{X}{\rightarrow}Z \end{pmatrix} \qquad (2)$$

と表すことにする．ここで，たとえば，$\left(\{1,\dots,n\}:X\underset{Y}{\rightarrow}Z\right)$ は，Y を補助ポールとして使いながら，ポール X にあった $\{1,\dots,n\}$ をすべてポール Z に移動することと解釈する．また，$n:X\rightarrow Z$ は，ポール X にあったディスク n をポール Z へ移動することを意味し，補助ポールは使う必要がないので，Y は書かれていない．(2)

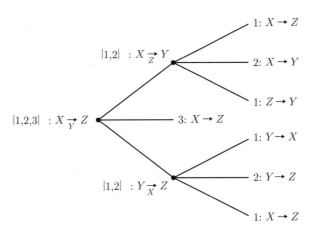

図 2.18　$n=3$ のときの構文木

ディスクの配置

時刻	X	Y	Z	3ステージに分解	命令
0	$\frac{1}{\frac{2}{3}}$	—	—		
1	$\frac{2}{3}$	—	1		$1: X\rightarrow Z$
2	3	2	—	$\{1,2\}:X\underset{Z}{\rightarrow}Y$	$2: X\rightarrow Y$
3	3	$\frac{1}{2}$	—		$1: Z\rightarrow Y$
4	—	$\frac{1}{2}$	3	$3: X\rightarrow Z$	$3: X\rightarrow Z$
5	1	2	3		$1: Y\rightarrow X$
6	1	—	$\frac{2}{3}$	$\{1,2\}:Y\underset{X}{\rightarrow}Z$	$2: Y\rightarrow Z$
7	—	—	$\frac{1}{\frac{2}{3}}$		$1: X\rightarrow Z$

図 2.19　$n=3$ のときの実行

の右辺の $\{1,\ldots,n-1\}:X\underset{Z}{\longrightarrow}Y$ や $\{1,\ldots,n-1\}:Y\underset{X}{\longrightarrow}Z$ に，（2）自身を適用すること（ポール名やディスクの枚数は適当に変更して）を繰り返すと，最終的に最初の $\left(\{1,\ldots,n\}:X\underset{Y}{\longrightarrow}Z\right)$ を実行するディスク移動の手順が得られる．図 2.18 に，$n=3$ の場合に最後まで展開した様子を示している．さらに，図 2.19 にこのようにして得られた手順によりディスクの配置の変化の様子を表している．ただし，ディスクは小さいほうから順に 1，2，3 の数字で表している．

2.8　アルゴリズムの記述

　アルゴリズムとは，問題を解くための機械的に実行可能な手順のことである．この節ではアルゴリズムをどう記述するかを例を用いて説明する．

例 2.7　1 と 0 からなる長さが n の系列 $w=w_1\cdots w_n$ が与えられたとき，w に現れる 1 の個数と 0 の個数が等しいかどうかを判定する問題を取り上げる．系列は配列 A として与えられるとする．ここに，**配列**とは複数のデータを入れるもので，サフィックス（添え字）i により i 番目を $A[i]$ と指定できるようになっている．$A[i]$ は通常の変数のように扱われる．この例では，系列 $w_1\cdots w_n$ を 1 から n のサフィックスを使って，$A[1]=w_1,\ldots,A[n]=w_n$ と表す．系列のデータは $A[1]$ から $A[n]$ までで終わることが識別できるように，$A[n+1]=\#$ と指定しておくとする．

　この問題を解くアルゴリズムの動きは単純である．まず，0 に初期設定した変数 d を用意し，それまでに読み込んだ系列に現れる 1 の個数から 0 の個数を引いた値を変数 d に代入する．系列の記号 $A[1],\ldots,A[n]$ を 1 記号ずつ読み込んでいき，記号をひとつ読み込むごとにその記号が 1 か 0 かに応じて変数 d の値を更新する．系列をすべて読み込んだかどうかは，そのときの配列の要素 $A[i]$ が $\#$ かどうかで判断し，すべて読み込んだら，$d=0$ のときは YES を出力し，そうではないときは NO を出力する．

　図 2.20 は，上に述べたアルゴリズムの動きを図として表したものである．この図は，**フローチャート**（流れ図ともいう）と呼ばれ，さまざまな形のボックスが向きのあるラインで結ばれている．各ボックスの形は，ボックスの働きを表すようになっていて，処理や条件判定が指定される．アルゴリズムは各ボックスの中に書かれていることを実行しながら，ボックスの間をラインの向きに沿って動く．変数 i は，新しく読み込む記号を指すサフィックスの値をとる．フローチャートの 4 つのボックス A，B，C，D で実行されることは次の通りである．A で変数 d と i の初期設定を行い，B で読み込んだ記号 $A[i]$ の値が 1 か 0 かに応じて変数 d の値を更新し，変

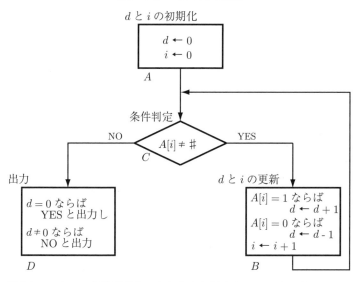

d と *i* の初期化

$d \leftarrow 0$
$i \leftarrow 0$

A

条件判定

NO $A[i] \neq \#$ YES

C

出力

$d = 0$ ならば
　YES と出力し
$d \neq 0$ ならば
　NO と出力

D

d と *i* の更新

$A[i] = 1$ ならば
　　　$d \leftarrow d + 1$
$A[i] = 0$ ならば
　　　$d \leftarrow d - 1$
$i \leftarrow i + 1$

B

図 2.20 系列中の 1 と 0 の個数が等しいかどうかを判定するアルゴリズムのフローチャート

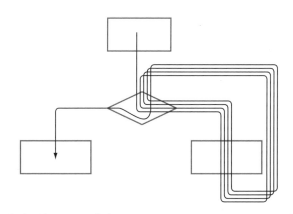

図 2.21 系列の長さが 4 のときの，図 2.20 のフローチャート上の実行の流れ

数 i の値も更新する．一般に，$x \leftarrow y$ は代入で，変数 x に変数 y の値を代入することを表す．したがって，$i \leftarrow i + 1$ の代入で変数 i の値が 1 だけ大きくなる．ひし形の C は**条件判定**を表しており，$A[i] \neq \#$ が成立するときは右側の YES のラインに沿って更新のボックス B に進み，$A[i] \neq \#$ が成立しない（$A[i] = \#$）ときは左側の NO のラインに沿って出力のボックス D に進む．出力の D では，$d = 0$（系列

中の 1 の個数と 0 の個数が等しい）のときは YES を出力し，そうでないときは NO を出力する．たとえば，系列の長さが 4 のときは，その実行の流れは図 2.21 に示すようになる．　　　　　　　　　　　　　　　　　　　　　　　　　　　■

　このフローチャートをアルゴリズムとして表すと，次のようになる．

アルゴリズム *SameNumberofTimes*：
　入力：2 進系列 $A[1] \cdots A[n]$,
　　　　ただし，$A[n] = \#$.

1. | $d \leftarrow 0$,
　　　| $i \leftarrow 0$.
2. | $A[i] \neq \#$ である間，次を実行する．
　　　| 　| $A[i] = 1$ ならば，$d \leftarrow d + 1$,
　　　| 　| $A[i] = 0$ ならば，$d \leftarrow d - 1$,
　　　| 　| $i \leftarrow i + 1$.
3. | $d = 0$ ならば，　YES を出力し，
　　　| $d \neq 0$ ならば，　NO を出力する．

　①
　　　②

　まず，アルゴリズムの記述の形式は，アルゴリズムの名前として *SameNumberof-Times* があり，次に入力形式について書かれていて，最後に**ステージ**と呼ばれる部分に分けられたアルゴリズムの本体がくる．この例の場合，3 つのステージからなり，それぞれ番号 **1**，**2**，**3** がつけられている．

　アルゴリズム *SameNumberofTimes* が図 2.20 のフローチャートと同じ動作をすることを見ていこう．ステージ **1** はボックス A に対応し，ステージ **2** は条件判定 C とボックス B に対応し，ステージ **3** はボックス D に対応する．ステージ **2** の最初の行は条件判定 C に対応し，残りの 3 行はボックス B に対応する．ここで注意したいのは，初めの行の「次を実行する」の “次” が残りの 3 行を指すのはなぜかということである．これは，各行の始まりの位置をずらす，**段下げ**（字下げ，indent）と呼ばれる書き方による．段下げにはレベルがあり，この例の場合は ① と ② の 2 つのレベルがある．ステージ **2** の初めの行はレベル ① で，残りの 3 行はレベル ② となっている．すると，レベル ① の 1 行より，レベル ② の 3 行は 1 段下のレベルと見なされ，これら 3 行はまとめられて 1 つのかたまりとして扱われる．また，もし

レベル ② でさらに何行か分をまとめたいというときは，それらの行をレベル ③ としてさらに段下げすればよい．なお，このアルゴリズムの ① と ② のレベル表示は説明のためのもので，実際のアルゴリズムの記述では，各行の始まりの位置をレベルに応じてずらすだけで，① や ② やレベルのラインは現れない．

　ここで取り上げた例でこの本に出てくるアルゴリズムの記述がすべて説明し尽くされているわけではない．詳しいことは個々の記述の例で説明していく．

問　　題

2.1 2つの集合 A と B が一致することと等価な条件を $\subseteq$ を用いて表し，この条件が $A = B$ と等価であることを $\Leftrightarrow$ を用いて表せ．

2.2† 和夫さんが所属しているパズル研究会の部屋で雑談していると，5 人の部員全員の血液型が O 型であることがわかった．5 人の部員の血液型が一致する確率は 0 ではないので，こういうことも起り得ないわけではないと一件落着となったところでサークルの先輩が妙なことを言い出した．血液型が一致するという命題は数学的帰納法で証明できるというのだ．証明は次の通り．「集団の人数 n に関する帰納法で証明する．$n = 1$ とすると，命題は成立する．n 人の集団まで命題は成立すると仮定（帰納法の仮定）して，$n + 1$ 人のときも成立することは，次のように導かれる．$n + 1$ 人の集団の中から 1 人を除き，n 人からなる集団 S をつくる．同様に，別の 1 人を除き n 人からなる別の集団 S' をつくる．帰納法の仮定から S も S' も同じ血液型の集団なので，それらを合わせた $S \cup S'$ も同じ血液型の $n + 1$ 人の集団となる．」この証明が正しいとすると，この論法で全人類の血液型も一致してしまうのでどこかに誤りがある．その誤りを指摘せよ．

2.3 n 点からなる有向グラフ G で，点 s から点 t へ長さ n 以上のパスが存在するとき，点 s から点 t へ長さ $n - 1$ 以下のパスが存在することを示せ．

2.4 次の命題を証明せよ．

　　任意の整数 m と n に対して「$12m + 8n = 38$」が成立することはない．

　　（ヒント：成立すると仮定し，両辺を 4 で割り，背理法で証明せよ）．

2.5 階乗 $F(n) = 1 \times 2 \times \cdots \times n$ の再帰的定義をベースと帰納ステップに分けて与えよ．ただし，$n \geq 1$ とする．

2.6 長さ n の系列 $w = w_1 w_2 \cdots w_n$ に対して，$w^R = w_n \cdots w_2 w_1$ で系列の左右を逆転する演算 R を定義する．ただし，系列の記号は a と b とする．また，系列 w が回文であるとは，$w = w^R$ が成立することと定義する．ベースと帰納ステップからなる回文の再帰的な定義を与えよ．

2.7† n 枚のディスクのハノイの塔問題を解く手順で，ディスクを移動する動作の回数 $T(n)$ を求めよ．

2.8[†] 正方形の白紙にペンで線を引き，線同士がぶつからないように，しかもペン先を紙から離さないで白紙を塗りつぶすことができるか．この問に対して，ヒルベルトはこのような線（**ヒルベルトカーブ**と呼ばれる）の引き方を考案した．この問題はヒルベルトカーブの再帰的定義を求めるものである．ヒルベルトカーブには次数がついていて，n 次のヒルベルトカーブを H_n と表す．下図に次数が 1，2，3 のヒルベルトカーブを示す．このように H_n の次数 n を大きくしていくと，いずれは塗りつぶされてしまう（ただし，線幅は仮定する）．

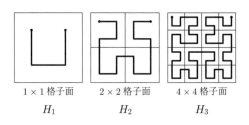

1×1 格子面　　　　2×2 格子面　　　　4×4 格子面
　　H_1　　　　　　　　　H_2　　　　　　　　　H_3

(1)　H_2 と H_3 の間の関係を見ると，回転させたりした H_2 を 4 個つないで H_3 が構成されていることがわかる．その構成の仕方と同様，4 つの H_3 を基にして H_4 をつくり，下の格子面に描け．

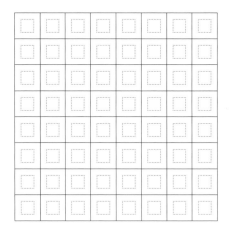

(2)　(1) の構成法を一般化して，4 つの H_n から H_{n+1} を組み立てるルールを 2.7 節の (1) のような形式で与えよ．ただし，その組み立ての際に次の操作を用いよ．

( )[L]　：　反時計回りに $90°$ 回転する．
( )[R]　：　時計回りに $90°$ 回転する．
( )[C]　：　全体が 1 本の折れ線となるようにヒルベルトカーブの間をつなぐ．
1/2( )　：　長さが 1/2 となるように縮小する．

ヒルベルトカーブは，⊔，⊐，⊓，⊏ の基本図形から構成されるが，たとえば，⊔^{L} =⊐，⊓^{R} =⊏ となる．また，( )^C は 4 つのヒルベルトカーブを下図のように結ぶ．

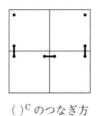

( )^C のつなぎ方

最後の $1/2( )$ の縮小の操作は H_2 から H_3 をつくる操作を考えれば明らかであろう．

第 II 部

有限オートマトン，
プッシュダウンオートマトン，
そして文脈自由文法

3 有限オートマトン

計算モデルは，記号の系列が外部からインプットされたとき，その判定結果をアウトプットするものとして定式化される．判定結果を計算する仕組みの違いにより，さまざまな計算モデルが定義されるが，有限オートマトンはその中で最も単純な計算モデルである．最も単純ではあるが，有限オートマトンは，すべての計算モデルに中核部分として組み込まれるため，この本を読み進める上で必須のものである．

3.1 有限オートマトンの導入

有限オートマトンを定義する前に 2 つの例を通して，まずそのイメージをつかんでおこう．

例 3.1 図 3.1 は**状態遷移図**と呼ばれるもので，車のドアの施錠と解錠の様子に焦点を合わせて，車のエンジンをかけて走行した後，停車するまでの過程を表したものである．この車の操作の手順は状態の遷移という考え方を使うとすっきりと表すことができる．この図の 4 つの円を状態と呼び，それぞれ q_0，q_1，q_2，q_3 で表す．円内にはそれぞれの状態の説明を書き込んである．$q_0 \xrightarrow{\text{ドアボタン}} q_1$ は「ドアボタンを押す」という操作で，施錠の状態 q_0 から解錠の状態 q_1 に状態遷移することを表す．さらに，$q_1 \xrightarrow{\text{エンジンボタン}} q_2 \xrightarrow{\text{アクセル}} q_3$ は，状態 q_1 から「エンジンボタンを押す」でエンジンを始動し，状態 q_2 を経由して，「アクセルを踏む」で走行の状態 q_3 に状態遷移する．なお，エンジンボタンを押すのと同時に，オートマチック車ならブレーキペダルを，マニュアル車ならクラッチペダルを踏みこむ必要があるが，これは省略している．以前は車がある一定のスピードを超えるとドアはガチャッという音と共に自動ロックされていた．最近は，安全性に対する考え方が変わり，解錠のままの車種が多いので，この図のように，q_1，q_2，q_3 は解錠の状態としている．このように操作をモデル化したものは時代と共に変遷していく．　■

有限オートマトンを定義する前にもうひとつの例をあげる．

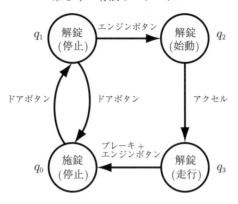

図 3.1　自動車のドアの施錠・解錠を表す状態遷移図

例 3.2　図 3.2 の状態遷移図では，状態は q_0 と q_1 からなり，q_0 は**開始状態**と指定され，q_1 は**受理状態**と指定される．

　図のように，開始状態は矢印で，受理状態は 2 重丸で表す．入力は記号 a や b を並べた系列 w である．この状態遷移図は，系列 w が入力されると，それを受理するか，受理しないかの判定を下す．開始状態 q_0 からスタートして，w の各記号で状態遷移を繰り返し，w を読み切り停止する．そのときの状態が受理状態であれば，入力の w を受理し，そうでないときは受理しない．このように，入力 w の受理/非受理を判定する．この状態遷移図は，w に現れる "a" の個数が奇数のとき受理し，偶数のとき受理しない．この状態遷移図を少し変更して，w に現れる "a" の個数が偶数のとき受理し，奇数のとき受理しない状態遷移図をつくることができる（問題 3.1）．

　状態遷移図の受理/非受理の判定は，アルゴリズムとして表すこともできる．この判定のアルゴリズムを与えるため，入力の長さ n の系列 $w_1 w_2 \cdots w_n \in \{a, b\}^*$ を配列 A を使って，$A[1] = w_1$, ..., $A[n] = w_n$ と表す．ここに，$1 \le |i| \le n$ に対して，$A[i]$ は a, または，b である．また，$A[n+1] = \#$ としておく．これは入

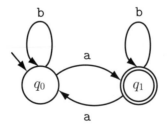

図 3.2　"a" が奇数個含まれる系列を受理する状態遷移図

力の終わりを表すためである．図 3.2 の状態遷移図と同じ受理/非受理の判定を下す
アルゴリズム *PARITY* は，次のように与えられる．

アルゴリズム *PARITY* ：
入力：2 進系列 $A[1] \cdots A[n]$，また，$A[n+1] = \#$.
 1. $i \leftarrow 0$.
 2. $i \leftarrow i+1$,
   $A[i] = $ b ならば，**2** にジャンプし，
   $A[i] = $ a ならば，**3** にジャンプし，
   $A[i] = \#$ ならば，NO を出力する．
 3. $i \leftarrow i+1$,
   $A[i] = $ b ならば，**3** にジャンプし，
   $A[i] = $ a ならば，**2** にジャンプし，
   $A[i] = \#$ ならば，YES を出力する．

　ステージ **1** で，系列中のポジションを表すサフィックス i を 0 に設定し，ステージ
2 や **3** では，$i \leftarrow i+1$ の代入により，i の値を 1 だけ大きくし，次のポジション
を見られるようにし，見た記号 $A[i]$ が b ならステージを変えず，a ならばステージ
2 と **3** の間でステージの交換が起こる．ステージ **2** と **3** はそれぞれ状態 q_0 と q_1 に
対応する．$A[1] \cdots A[n]$ を読み切ったとき（$A[i] = \#$ のとき，読み切る），ステー
ジ **3** にいれば，YES を出力し，ステージ **2** にいれば，NO を出力する．　　　■

　次に，有限オートマトンの形式的定義に進む．たとえば，入学願書を例にとる
と，入学願書には記入すべき項目が並んでいて，各項目に指定された内容を記入す
ると，特定の入学願書が完成する．これと同じように，有限オートマトンの**形式的
定義**とは，有限オートマトンを指定するための様式のことである．この様式の各項
目を具体的に指定すると，具体的な有限オートマトンが決まる．

　次の定義は有限オートマトンの形式的定義を与える．

定義 3.3　有限オートマトンとは 5 項組 $(Q, \Sigma, \delta, q_0, F)$ である．ここで，
 1. Q は状態の有限集合，
 2. Σ はアルファベットと呼ばれる有限集合，
 3. $\delta : Q \times \Sigma \to Q$ は**状態遷移関数**（または，遷移関数），
 4. $q_0 \in Q$ は**開始状態**，
 5. $F \subseteq Q$ は**受理状態**の集合
である．　　　■

　この本ではプッシュダウンオートマトンやチューリング機械など，他の計算モデルを導入するときも，形式的定義で計算モデルを定義する．そこで，なぜ計算モデルを形式的定義として与えるのをつかんでおこう．

　これまで取り上げた状態遷移図は，形式的定義の様式に従ったものではないが，直観的にはわかりやすい．一方，形式的定義にはあいまいさを残さず，簡潔に計算モデルを定義できるという利点がある．たとえば，状態遷移図による説明だけでは，状態がすべて受理状態となっている場合 ($F = Q$) や受理状態が存在しない場合 ($F = \emptyset$) は許されるかどうかははっきりしない．しかし，形式的定義では $F \subseteq Q$ となっているので，どちらの場合も許されることがわかる．なお，図 3.1 の状態遷移図は，開始状態も受理状態も指定されていないので，これだけでは有限オートマトンとは言えない．

　このように，形式的定義は厳密であいまいさがなく，状態遷移図は直観的でわかりやすいという特徴がある．図 3.2 のように，状態遷移図では開始状態には矢印をつけ，受理状態は 2 重丸で囲んで表しているので，状態遷移図として与えたものを形式的定義に基づいたものに書き換えることができる．

　例 3.2 の状態遷移図を形式的定義に従って書いてみると，定義の $1, \ldots, 5$ の項目は次の通りとなる．

1. $Q = \{q_0, q_1\}$
2. $\Sigma = \{\mathsf{a}, \mathsf{b}\}$
3. 表 3.3
4. q_0
5. $\{q_1\}$

この場合の状態遷移関数 $\delta : \{q_0, q_1\} \times \{0, 1\} \to \{q_0, q_1\}$ は表 3.3 として表すことができる．このような表を**状態遷移表**と呼ぶ．

表 3.3　例 3.2 の有限オートマトンの状態遷移表

状態 q	入力 a	$\delta(q, a)$
q_0	0	q_0
q_0	1	q_1
q_1	0	q_1
q_1	1	q_0

　有限オートマトンは，系列 w が入力されると，それを受理するか受理しないかを判定する．以下では，有限オートマトンの受理について定義する．まず，基本となるのが，

$$q \xrightarrow{a} q' \iff \delta(q, a) = q'$$

の等価関係である．ここに，$a \in \Sigma$，$q, q' \in Q$．この等価関係は，$\delta(q, a) = q'$ を $q \xrightarrow{a} q'$ と表すことを意味する．次に，記号 $a \in \Sigma$ に対する $q \xrightarrow{a} q'$ を，系列 $w \in \Sigma^*$ に対する $q \xrightarrow{w} q'$ に一般化する．この一般化により，有限オートマトンの受理が定義できる．系列 $w_1 \cdots w_n \in \Sigma^*$ による遷移を

$$p_0 \xrightarrow{w_1 \cdots w_n} p_n \iff \begin{array}{l} \text{状態 } p_1, \ldots, p_{n-1} \in Q \text{ が存在して,} \\ p_0 \xrightarrow{w_1} p_1, \\ \vdots \\ p_{n-1} \xrightarrow{w_n} p_n \end{array}$$

と定義する．この等価関係の右辺の条件を

$$p_0 \xrightarrow{w_1} p_1 \xrightarrow{w_2} p_2 \cdots \xrightarrow{w_n} p_n$$

と表すこともある．なお，対象としている有限オートマトン M をはっきりさせたいときは，$q, q' \in Q$，$a \in \Sigma$，$w \in \Sigma^*$ に対して，$q \xrightarrow[M]{a} q'$ や $q \xrightarrow[M]{w} q'$ などと表すことにする．また，$n = 0$ のときは，

$$p \xrightarrow{\varepsilon} q \iff p = q.$$

すなわち，空系列で遷移する先は，同じ状態とする．なお，次節では有限オートマトンを非決定性有限オートマトンに一般化するが，一般化した場合は，$p \neq q$ でも，$p \xrightarrow{\varepsilon} q$ となることもあり得る．

定義 3.4　有限オートマトン $M = (Q, \Sigma, \delta, q_0, F)$ が系列 $w \in \Sigma^*$ を受理するとは，$q \in F$ が存在して，$q_0 \xrightarrow{w} q$ となることである．また，M は言語 $\{w \in \Sigma^* \mid M \text{ は } w \text{ を受理する}\}$ を受理する．なお，M が受理する言語を $L(M)$ と表す．　　■

　この定義で述べたように，同じ受理という用語は，系列の受理と言語の受理の2通りの意味で使われる．どちらを意味するかは，前後の文脈から判断することにする．たとえば，系列という視点ではどの系列も受理しないとしても，言語の視点では受理するものが存在する．この場合は，空集合 $\emptyset$ を受理する．受理する系列を集めた集合は空集合となるので，話のつじつまはあっている．釈然としないところが残るかもしれないが，理論特有の言いまわしとして割り切ることにしよう．

　有限オートマトンが受理する言語の例をいくつか見ていこう．

例 3.5 図 3.4 の状態遷移図 M_1 は一見複雑に見えるが，次のポイントを押さえるとその働きははっきりしてくる．

- 最初の記号が a か b かにより，上半分部か下半分部へ遷移し，最後までその部分に留まる．
- 上半分に遷移して受理されるのは，a で始まり b で終わる場合で，下半分に遷移して受理されるのは，b で始まり a で終わる場合である．

したがって，この状態遷移図は言語

$$\{w \in \{a, b\}^* \mid w \text{ の最初の記号と最後の記号は異なる}\}$$

を受理する． ■

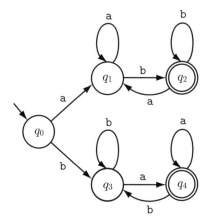

図 3.4 最初と最後の記号が異なる系列を受理する状態遷移図

例 3.6 図 3.5 の状態遷移図は記号 a が続けて 3 個現れるような系列を受理する．この状態遷移図が受理する言語は

$$\{w \in \{a, b\}^* \mid u, v \in \{a, b\}^* \text{が存在して，} w = uaaav\}$$

と表される． ■

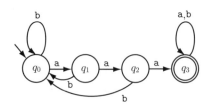

図 3.5 部分系列 aaa を含む系列を受理する状態遷移図

例 3.7 0 と 1 のどちらも偶数回現れる系列を受理する状態遷移図をつくる．図 3.6 には，2 つの状態遷移図 M_1 と M_2 を示している．M_1 は 0 が偶数回現れる系列を受理し，M_2 は 1 が偶数回現れる系列を受理する．したがって，M_1 の受理条件と M_2 の受理条件のどちらも満たすような状態遷移図をつくればいいことになる．系列 $w \in \{0,1\}^*$ が入力されたとき，右手の指で M_1 の状態遷移をたどり，同時に左手の指で M_2 の状態遷移をたどることとし，どちらの状態遷移図でも受理状態に遷移したとき，受理と判定するようにすればいい．このような状態遷移図を $M_{1,2}$ と表す．M_1 の状態集合を Q_1 とし，M_2 の状態集合を Q_2 とするとき，$M_{1,2}$ の状態集合を $Q_{1,2} = Q_1 \times Q_2$ とする．M_1 と M_2 から $M_{1,2}$ の状態遷移を次のように定めればよい．任意の $i, j, i', j' \in \{0,1\}$，$v \in \{0,1\}$ に対して，

$$(p_i, q_j) \xrightarrow[M_{1,2}]{v} (p_{i'}, q_{j'}) \iff p_i \xrightarrow[M_1]{v} p_{i'}, \text{ かつ，} q_j \xrightarrow[M_2]{v} q_{j'}.$$

このように構成される $M_{1,2}$ の状態遷移図を図 3.6 に示す．この図が示すように，M_1 の動きは横軸方向で示し，M_2 の動きは縦軸方向で示す．この図では，(p_i, q_j) を簡単に q_{ij} と表している．この状態遷移図 $M_{1,2}$ はアルファベットが 3 個の記号からなる場合に拡張することができる（問題 3.4）．また，この例の構成法は一般化することができる．一般に，2 つの有限オートマトン M_1 と M_2 から言語 $L(M_1) \cap L(M_2)$ を受理する有限オートマトン $M_{1,2}$ を構成することもできる（問題 3.5）．この有限オートマトンを**直積オートマトン**と呼ぶ． ■

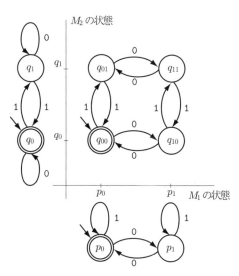

図 3.6 0 と 1 のどちらも偶数回現れる系列を受理する $M_{1,2}$

3.2 非決定性有限オートマトン

　状態が q の有限オートマトンは，記号 a が入力されると，遷移先の状態は $\delta(q, a)$ に一意に定まる．この条件を外し，複数の遷移先を許すとしたものが，**非決定性有限オートマトン**である．一方，状態遷移の先が一意に定まるものは，**決定性有限オートマトン**と呼ばれる．したがって，定義 3.3 で定義された有限オートマトンは，実は決定性有限オートマトンと呼ばれるものである．一般に，2 つを区別する必要があるときは，有限オートマトンが決定性なのか非決定性なのかをはっきりさせることにする．

　この節では，決定性有限オートマトンと非決定性有限オートマトンは，計算能力に違いがないことを導く．そのため，有限オートマトンが決定性なのか，非決定性なのかをはっきりさせないことも多い．非決定性の概念は，いろいろな計算モデルについて導入され，計算理論の重要な概念である．最も簡単な計算モデルである有限オートマトンを用いて，この概念をしっかりつかんでおこう．

例 3.8 図 3.5 では，$u, v \in \{\mathsf{a}, \mathsf{b}\}^*$ が存在して $u\mathsf{aaa}v$ と表される系列を受理する決定性の状態遷移図を示した．これと同じ系列を受理する非決定性の状態遷移図を図 3.7 に示す．同じ系列を受理するこれらの状態遷移図を比べてみると，図 3.7 のほうがわかりやすい．$u\mathsf{aaa}v$ と表される系列は，$\boxed{\mathsf{aaa}}$ と表されると言ってもいい．図 3.7 の $q_0 \xrightarrow{\mathsf{a,b}} q_0$ と $q_3 \xrightarrow{\mathsf{a,b}} q_3$ の遷移は，それぞれ $\boxed{\mathsf{aaa}}$ の 2 つのボックスに対応する．たとえば，図 3.7 の状態遷移図は

$$
\begin{array}{lcccccccccccc}
\text{ポジション：} & 1 & 2 & 3 & 4 & 5 & 6 & 7 & 8 & 9 & 10 & 11 & 12 \\
\text{系列：} & \mathsf{a} & \mathsf{b} & \underline{\mathsf{a}} & \underline{\mathsf{a}} & \underline{\mathsf{a}} & \mathsf{a} & \mathsf{b} & \underline{\mathsf{a}} & \underline{\mathsf{a}} & \underline{\mathsf{a}} & \mathsf{b} & \mathsf{b}
\end{array}
$$

と表される系列を受理する．アンダーラインの部分で $q_0 \xrightarrow{\mathsf{a}} q_1 \xrightarrow{\mathsf{a}} q_2 \xrightarrow{\mathsf{a}} q_3$ と遷移すればこの系列は受理される．すなわち，アンダーラインの部分が始まる 3 や 4 や 8 のポジションの少なくとも一箇所で，$q_0 \xrightarrow{\mathsf{a}} q_0$ と $q_0 \xrightarrow{\mathsf{a}} q_1$ の遷移のうちの後者を選

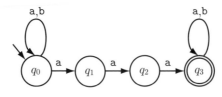

図 3.7　aaa を部分系列として含む系列を受理する非決定性の状態遷移図

べば受理の計算パスをたどることができる．この系列のように，開始状態から受理状態に至る計算パスが少なくとも1つ存在すればその系列は受理される．一方，どのように非決定性の動作を選択しても，受理状態に遷移することができない場合は，その系列は受理されない． ■

次に，非決定性動作を生み出す要因として，同じ記号により複数の遷移先がある場合の他に，ε 遷移のある場合を2つの例について見ることにする．

例 3.9 図 3.8 で表される非決定性状態遷移図を取り上げる．この状態遷移図は記号 a と b と c がこの順番で現れる系列を受理する．すなわち，$a^i b^j c^k$ と表される系列である．ここで，i，j，k は，$i \geq 0$，$j \geq 0$，$k \geq 0$ を満たす任意の整数である．ただし，記号が現れない場合は，繰り返しの回数を0とすればよい．たとえば，系列 aaccc は，$a^2 c^3$ と表され，開始状態をスタートして受理状態 q_2 に到達する遷移のパスは $q_0 \xrightarrow{a} q_0 \xrightarrow{a} q_0 \xrightarrow{\varepsilon} q_1 \xrightarrow{\varepsilon} q_2 \xrightarrow{c} q_2 \xrightarrow{c} q_2 \xrightarrow{c} q_2$ となる．この場合の aa$\varepsilon\varepsilon$ccc は，系列 aaccc を表す．このように，ε 遷移は，Σ の記号を消費する（入力する）ことなく，状態遷移だけを引き起こす． ■

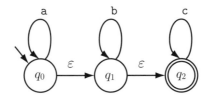

図 3.8 $a^i b^j c^k$ と表される系列を受理する非決定性の状態遷移図

例 3.10 次に取り上げるのは，図 3.9 の状態遷移図である．一見複雑に見えるこの状態遷移図もポイントを押さえると，その動きはシンプルだ．開始状態 q_{00} からスタートして，a が入力されたら右移動し，b が入力されたら上移動することを繰り返し，受理状態 q_{33} に到達したら，ε 遷移により開始状態 q_{00} に戻るということを繰り返すだけである．したがって，受理される系列とは，a と b のどちらも個数が3個を超えないという条件を満たしながら読み込んでいき，どちらも3個となったところで1区切りとし，このような系列を任意の個数つなげた系列である．そこで，この条件を**フレーム条件**と呼ぶことにする．受理されるかどうかは，このフレーム条件を満たすかどうかにより決まる．たとえば，系列

<u>abbaba</u>,

<u>aabbba</u> <u>bbabaa</u> <u>abaabb</u>

はいずれもフレーム条件を満たす．ただし，アンダーラインはわかりやすくするために，一区切りがフレーム条件を満たしていることを表すためにつけたもので，これら2つの系列はいずれも $\{a, b\}^*$ の系列に過ぎない．一方，

<u>aabbba</u> <u>bbabab</u> <u>abaabb</u>,

<u>aabbba</u> <u>bbabaa</u> <u>abaabb</u> aaabb

はいずれもフレーム条件を満たさない．

　状態 q_{00} から出発すると，a と b が入力される順番には関係なく，a を i 個読み込み，b を j 個読み込むと状態 q_{ij} に到達する．ただし，$0 \leq i \leq 3$，$0 \leq j \leq 3$. そのため，状態 q_{ij} は，開始状態 q_{00} を出た後，入力された a の個数が i で，b の個数が j であることを，"状態として覚えている" ということにする．

　図3.9の状態遷移図では，状態 q_{00} を出た後，状態 q_{33} に到達したということは，その間に1フレーム分を読み込んだことになる．その後，次の1フレーム分を読み込むために，空系列 ε で状態 q_{00} に遷移する．

　図3.9の状態遷移図の場合，入力の系列 $w \in \{a, b\}^*$ の記号を読んでいったとき，対応する遷移の枝がないと，その w は非受理と判定される．しかし，この状態

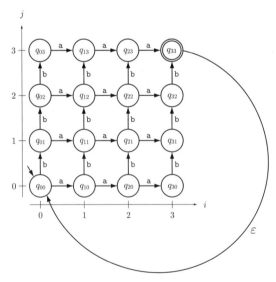

図3.9　フレーム条件を満たす系列を受理する状態遷移図

遷移図を変更して，任意の $w \in \{\mathsf{a},\mathsf{b}\}^*$ に対して，遷移先を常に定め，受理/非受理を判定するように修正することもできる. ◼

　一般に，非決定性動作には次のような 2 つのタイプがある.

非決定的な動作の 2 つのタイプ:

タイプ 1：状態 $q \in Q$ と入力 $a \in \Sigma$ に対して，$q \xrightarrow{a} q_1,\ldots,q \xrightarrow{a} q_k$ というように遷移先の状態が k 個存在する場合，その中の任意の状態への遷移が許される.

タイプ 2：状態 q と q' に対して，$q \xrightarrow{\varepsilon} q'$ であるとき，$q \xrightarrow{\varepsilon} q'$ と遷移してもいいし，しなくても（状態 q に留まる）よい. ここで，空系列 ε による状態遷移 $q \xrightarrow{\varepsilon} q'$ を ε 遷移と呼ぶ.

　一般に，決定性有限オートマトンの場合は，入力の系列に従って遷移したとき入力の系列と状態遷移図上のパスとは 1 対 1 に対応している. しかし，非決定性有限オートマトンの場合は，一般に，1 対 1 に対応するとは限らない. 入力の系列と状態遷移図上の遷移のパスとの対応は，一般に，1 対多となる. 非決定性有限オートマトンは，上にまとめた 2 つのタイプの非決定性の動作が許されるからである.

　次に非決定性有限オートマトンの形式的定義を与える.

定義 3.11　**非決定性有限オートマトン**とは 5 項組 (Q,Σ,δ,q_0,F) である. ここに,

1.　Q は状態の有限集合,
2.　Σ は有限のアルファベット,
3.　$\delta : Q \times \Sigma_\varepsilon \to \mathcal{P}(Q)$ は状態遷移関数,
4.　$q_0 \in Q$ は開始状態,
5.　$F \subseteq Q$ は受理状態の集合

である. ここで,

$$\Sigma_\varepsilon = \Sigma \cup \{\varepsilon\}$$

とする. この記法 Σ_ε はこれ以降も用いる. ◼

　この定義を決定性有限オートマトンの定義 3.3 と比べてみると，両者で異なるのは 3 の項目だけで，残りの 4 項目は同じである. 状態遷移関数を表している項目 **3** では，決定性の場合の $\delta : Q \times \Sigma \to Q$ が $\delta : Q \times \Sigma_\varepsilon \to \mathcal{P}(Q)$ に代わっている. これは，非決定性有限オートマトンでは，状態遷移が Σ の記号だけによるのではなく，空系列 ε によっても起こるからである. さらに，値域 Q が冪集合 $\mathcal{P}(Q)$ で置

き換えられているのは，一般に，状態 q のとき a が入力されると遷移先が複数個の状態となるからである．遷移先の状態の集合が $\{p_1, \ldots, p_i\}$ と表されるとすると，$\delta(q, a) = \{p_1, \ldots, p_i\} \subseteq Q$ と指定される．ここで，Q が n 個の状態からなるとするとき，$0 \leq i \leq n$．特に，$i = 0$ の場合は，$\{p_1, \ldots, p_i\}$ は空集合 $\emptyset$ を表すとする．

次に，非決定性有限オートマトンの受理の定義を与える．非決定性有限オートマトン M が系列 w を受理するのは，系列 w が入力されたとき，非決定性の動作をうまく選択すると，開始状態からスタートして受理状態に至る一連の状態遷移のパスをたどることができるときである．一方，どのようにたどってもこのようなパスを選ぶことができないときは，入力 w を受理しない．非決定性有限オートマトンの受理は，大まかにはこのように説明されるが，厳密には，次のように定義される．

まず，決定性の場合と同様，非決定性の場合の記号による状態遷移を定義した後，これを系列の場合に拡張する．

決定性の場合は，$q, q' \in Q$ と $a \in \Sigma$ に対して，

$$\delta(q, a) = q' \quad \Leftrightarrow \quad q \xrightarrow{a} q'$$

となるのに対し，非決定性の場合は，$q, q' \in Q$ と $a \in \Sigma_\varepsilon$ に対して，

$$q' \in \delta(q, a), \text{ または，} a = \varepsilon \text{ かつ } q = q' \quad \Leftrightarrow \quad q \xrightarrow{a} q'$$

となる．つまり，$q \xrightarrow{a} q'$ となるのは，$q' \in \delta(q, a)$ となるか，$q = q'$ かつ $a = \varepsilon$ となる（$q \xrightarrow{\varepsilon} q$ のとき）となるかである．

次に，記号による状態遷移を系列による状態遷移に拡張する．ここで，注意したいのは，入力の系列が $w_1 \cdots w_n \in \Sigma^*$ のとき，非決定性の状態遷移図上のパスの枝の記号の系列は，$w_1 \cdots w_n$ の記号の間（w_1 の前や w_n の後を含む）に空系列 ε を適当な個数だけ挿入した系列となるということである．すなわち，そのような系列は

$$\varepsilon \cdots \varepsilon w_1 \varepsilon \cdots \varepsilon w_2 \varepsilon \cdots \varepsilon \cdots \varepsilon \cdots \varepsilon w_n \varepsilon \cdots \varepsilon$$

と表される．ここで，どの $\varepsilon \cdots \varepsilon$ でも現れる ε の個数は任意であり，ε が 0 個（すなわち，ε が現れない）となることもある．そこで，このように表される ε も含めた系列を $y_1 \cdots y_m$ と表すことにする．したがって，$m - n$ が挿入された ε の総数となる．

このことに注意すると，非決定性の場合，系列 $w_1 \cdots w_n \in \Sigma^*$ に拡張した状態遷移 $q \xrightarrow{w} q'$ は次のように定義される．

$$状態\ p_0, \ldots, p_m \in Q \ \mathそれ{と} \ y_1, \ldots, y_m \in \Sigma_\varepsilon$$

$$が存在して,$$

$$q \xrightarrow{w_1 \cdots w_n} q' \iff
\begin{aligned}
& p_0 = q, \\
& p_m = q', \\
& p_0 \xrightarrow{y_1} p_1 \xrightarrow{y_2} \cdots \xrightarrow{y_m} p_m, \\
& y_1 \cdots y_m = w_1 \cdots w_n.
\end{aligned}$$

このように，非決定性の場合の状態遷移を系列に拡張すると，非決定性有限オートマトンの受理は決定性の場合と同じように定義される.

定義 3.12 非有限オートマトン $M = (Q, \Sigma, \delta, q_0, F)$ が系列 $w \in \Sigma^*$ を受理するのは，$q \in F$ が存在して，$q_0 \xrightarrow{w} q$ となるときである．また，M は言語 $\{w \in \Sigma^* \mid M$ は w を受理する $\}$ を受理する．また，M が受理する言語を $L(M)$ と表す. ■

この本を通して，計算モデル M の働きは，それが受理する言語 $L(M)$ で捉える．また，2 つの計算モデル M と M' とが同じ働きをするとき，2 つを等価と呼ぶ．すなわち，M と M' とが**等価**ということは，$L(M) = L(M')$ が成立することである.

ところで，定義 3.3 は，実際は決定性有限オートマトンを定義したものである．はっきりさせる必要がある場合は，"決定性" や "非決定性" をつけて呼ぶ．決定性有限オートマトン（Deterministic Finite Automaton）のことを **DFA** と略記し，非決定性有限オートマトン（Nondeterministic Finite Automaton）のことを **NFA** と略記する.

3.3 決定性有限オートマトンと非決定性有限オートマトンの等価性 ▪

非決定性の状態遷移図では，状態間を遷移の枝で自由につなぐことができるので，決定性の場合に比べ表現の自由度が大きい．しかし，表現の自由度は大きいが，計算能力が増すわけではない．決定性有限オートマトンで受理される言語のクラスと非決定性有限オートマトンで受理される言語のクラスは一致する．この節では，このことを導く.

NFA から DFA への等価変換の一般論に進む前に，この等価変換の具体例を見てみる.

例 3.13　図 3.7 の NFA を N_1 で表し，これを模倣する DFA M_1 をつくる．また，N_1 の状態遷移表を表 3.10 に与える．

まず，N_1 の開始状態 q_0 からスタートする．$q_0 \xrightarrow[N_1]{\text{a}} q_0$ と $q_0 \xrightarrow[N_1]{\text{a}} q_1$ の遷移があるので，M_1 では $\{q_0\} \xrightarrow[M_1]{\text{a}} \{q_0, q_1\}$ とする．つまり，N_1 では，$q_0 \xrightarrow[N_1]{\text{a}} q_0$ と $q_0 \xrightarrow[N_1]{\text{a}} q_1$ のどちらをとるかに任意性があったが，M_1 では状態のセット $\{q_0\}$ や $\{q_0, q_1\}$ を新しく状態と捉えて，状態 $\{q_0\}$ から a による遷移先は状態 $\{q_0, q_1\}$ に一意に決まると捉える．この状態遷移は，初め q_0 にペブル（小石，pebble）を置いておき，入力 a でそのペブルを状態 q_0 と q_1 に置き換えると解釈することにする．状態遷移によりこのようにペブルが増えることもある．一般に，N_1 の状態集合 Q の部分集合 $P \subseteq Q$ が M_1 の状態となる．この P はペブルの配置パタンに対応する．同様に，$q_0 \xrightarrow[N_1]{\text{a}} q_0$，$q_0 \xrightarrow[N_1]{\text{a}} q_1$，$q_1 \xrightarrow[N_1]{\text{a}} q_2$ より，$\{q_0, q_1\} \xrightarrow[M_1]{\text{a}} \{q_0, q_1, q_2\}$ となる．また，$\{q_0, q_1\}$ から入力 b による遷移先は $q_0 \xrightarrow[N_1]{\text{b}} q_0$ しかないので，$\{q_0, q_1\} \xrightarrow[M_1]{\text{b}} \{q_0\}$

表 3.10　N_1 の状態遷移表

状態 ＼ 記号	a	b
q_0	q_0, q_1	q_0
q_1	q_2	−
q_2	q_3	−
q_3	q_3	q_3

表 3.11　M_1 の状態遷移表

状態 ＼ 記号	a	b
$\{q_0\}$	$\{q_0, q_1\}$	$\{q_0\}$
$\{q_0, q_1\}$	$\{q_0, q_1, q_2\}$	$\{q_0\}$
$\{q_0, q_1, q_2\}$	$\{q_0, q_1, q_2, q_3\}$	$\{q_0\}$
$\{q_0, q_1, q_2, q_3\}$	$\{q_0, q_1, q_2, q_3\}$	$\{q_0, q_3\}$
$\{q_0, q_3\}$	$\{q_0, q_1, q_3\}$	$\{q_0, q_3\}$
$\{q_0, q_1, q_3\}$	$\{q_0, q_1, q_2, q_3\}$	$\{q_0, q_3\}$

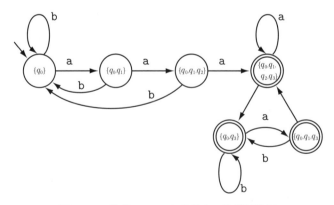

図 3.12　系列 $uaaav$ を受理する状態遷移図

となる．このようにして，M_1 の状態遷移を次々と定めると，図 3.12 の状態遷移図が得られる．なお，DFA M_1 の各状態が状態のセットで表されていても，M_1 の動きに影響を及ぼすわけではない．図 3.12 の 6 個の状態を改めて $q_0, q_1, \ldots, q_5$ と表してもよい．なお，図の状態遷移図は，3 つの受理状態をまとめて 1 つの状態としてラベルが a，b，c の自己ループとした状態遷移図に等価変換される．

状態遷移表を用いると，NFA N_1 の状態遷移表 3.10 から DFA M_1 の状態遷移表 3.11 は次のように機械的に求めることができる．まず，表 3.10 の q_0 の行はそのまま表 3.11 の $\{q_0\}$ の行とする．ただし，状態はセットとして捉えるので，表 3.11 では状態のセットを { } で囲っている．

次の $\{q_0, q_1\}$ の行は，表 3.10 の q_0 の行の要素と q_1 の行の要素をそれぞれ a の列と b の列で合わせたものとする．その他の行に関しても同様に表の要素を指定していく．このように表の要素を埋めていく過程で，新しい状態セットが現れたら，それも新しい状態とし，その遷移先を同様に指定する．この操作を繰り返していって新しい状態セットが現れなくなったら，その時点で表は完成する．このようにして構成したものが表 3.11 の状態遷移表である．表 3.11 を状態遷移図として表すと，図 3.12 となる． ■

この例は一般化され，任意の非決定性有限オートマトンから等価な決定性有限オートマトンをつくることができる．このことを次の定理としておく．

定理 3.14 任意の非決定性有限オートマトンに対して等価な決定性有限オートマトンが存在する．

【証明】 $N = (Q, \Sigma, \delta_N, q_0, F)$ を NFA として，これに等価となる DFA $M = (\mathcal{P}(Q), \Sigma, \delta_M, q_s, F_M)$ を構成する．

M の構成のポイントは，M の個々の状態を N の状態のセット $P \subseteq Q$ と見なすということである．N では，タイプ 1 と 2 の非決定性の動作が許されているのに対し，M ではこれは許されない．そこで，非決定性動作により遷移可能な状態をまとめてセットとし，このセットを 1 つの状態と見なしてしまう．これを，状態の**一括化**と呼ぶことにする．状態の一括化により，M はタイプ 1 やタイプ 2 の非決定性の動作を実行する必要がなくなる．まず初めに，N はタイプ 1 の非決定性動作しか起こらないという簡単な場合で一括化のイメージをつかんだ後，一般の場合について証明する．

図 3.13 は，M の状態遷移関数 δ_M を模式的に表したものである．$\Sigma = \{a, b\}$

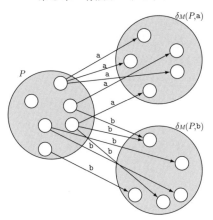

図 3.13 $\delta_M(P, \mathbf{a})$ と $\delta_M(P, \mathbf{b})$ の説明図

とし，M の状態 $P \subseteq Q$ に対して，$\mathbf{a}$ と $\mathbf{b}$ の入力による遷移先の状態 $\delta_M(P, \mathbf{a})$ と $\delta_M(P, \mathbf{b})$ を描いている．さらに，図 3.14 には，系列 $w_1 \cdots w_n \in \Sigma^*$ を入力したときの M の状態遷移を表している．この図が表しているように，系列 $w_1 \cdots w_n$ を入力したときの N の計算パス $q_0 p_1 p_2 \cdots p_n$ は，M の計算パス $P_0 P_1 \cdots P_n$ に含まれるようになっている．すなわち，状態 $q_0, p_1, \ldots, p_n$ はそれぞれ $P_0, P_1, \ldots, P_n$ に含まれている．

次に，N の非決定性動作としてタイプ 1 と 2 の両方がある，一般の場合の証明に進む．

入力 w の長さを n とし，$w = w_1 \cdots w_n$ とする．NFA の受理の定義 3.12 より，

$$\text{状態 } p_0, \ldots, p_m \in Q \text{ と } y_1, \ldots, y_m \in \Sigma_\varepsilon$$
$$\text{が存在して，}$$

N が w を受理する $\Leftrightarrow$
$$p_0 = q_0,$$
$$p_0 \xrightarrow[N]{y_1} p_1 \xrightarrow[N]{y_2} p_2 \xrightarrow[N]{y_3} \cdots \xrightarrow[N]{y_m} p_m,$$
$$y_1 \cdots y_m = w_1 \cdots w_n,$$
$$p_m \in F$$

となる．ここで，$m \geq n$．記号の間とは，記号と記号の間の他に，w_1 の前や w_m の後も含める．すると，系列 $y_1 \cdots y_m$ は，

$$y_1 \cdots y_m = \varepsilon^{i_0} w_1 \varepsilon^{i_1} \cdots w_n \varepsilon^{i_n}$$

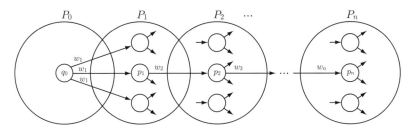

図 3.14　系列 $w_1 \cdots w_n$ をつづる N の計算パスと M の状態遷移. ただし, 非決定性動作はタイプ 1 に限定

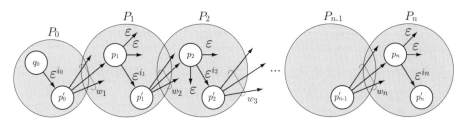

図 3.15　$\varepsilon^{i_0} w_1 \varepsilon^{i_1} \cdots w_n \varepsilon^{i_n}$ をつづる N のパスを含む M のパス

と表される. ここに, $i_0 \geq 0, \ldots, i_n \geq 0$ で, ε^{i_j} が現れない場合は, $i_j = 0$ とすればよい. ここに, $0 \leq j \leq n$.

一般に, 開始状態から始まる状態遷移図のパスを**計算パス**と呼ぶ. 計算パスは, 上の等価関係の右辺の $p_0 \xrightarrow[N]{y_1} p_1 \xrightarrow[N]{y_2} p_2 \xrightarrow[N]{y_3} \cdots \xrightarrow[N]{y_m} p_m$ で表したり, 単に, $p_0 p_1 \cdots p_m$ で表す. この計算パスは, 系列 w を**つづる**という. ここに, $w = y_1 \cdots y_m$. したがって, N が w を受理するのは, 受理状態に至る $(p_m \in F)$ 計算パスで, w をつづるものが存在するときである.

図 3.15 は, N が系列 $w_1 \cdots w_n$ を受理する様子を表している. この図は, 同時に DFA M がこの N の計算を模倣している様子も表している. ポイントは, N の状態を一括化しているため, タイプ 1 の非決定性動作もタイプ 2 の非決定性動作も実行することなく模倣していることである.

次に, M の状態遷移関数 δ_M を定義する. そのために記法 $E(P)$ を導入する. 図 3.16 に模式的に表すように, $E(P)$ は, P に属する状態から ε 遷移のみで到達できる状態のセットを表す. 正確には,

$$E(P) = \{p' \mid p \in P \text{ と } i \geq 0 \text{ が存在して, } p \xrightarrow[N]{\varepsilon^i} p'\}$$

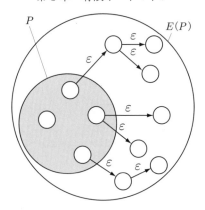

図 3.16 ε 遷移による状態セット P の拡張 $E(P)$

と定義される．ここで，$i = 0$ のとき，任意の $p \in P$ に対して $p \xrightarrow[N]{\varepsilon^0} p$ となるので，$p \in E(P)$ となる．したがって，$P \subseteq E(P)$ が成立する．この記法を用いて，NFA N を模倣する DFA M の状態遷移関数を，$P \subseteq Q$ と $a \in \Sigma$ に対して，

$$\delta_M(P, a) = E(\{p' \mid p \in P \text{ が存在して，} p \xrightarrow[N]{a} p'\})$$

と定義する．さらに，M の開始状態 q_s と受理状態の集合 F_M をそれぞれ

$$q_s = E(\{q_0\}),$$
$$F_M = \{P \subseteq Q \mid P \cap F \neq \emptyset\}$$

と定義する．すなわち，$P \subseteq Q$ が M の受理状態となるのは，P が N の受理状態を少なくとも 1 つ含むときである．すると，

$$
\begin{aligned}
w_1 \cdots w_n \in L(N) \quad &\Leftrightarrow \quad i_0 \geq 0, \ldots, i_n \geq 0,\, q \in F \text{ が存在して，} \\
&\qquad q_0 \xrightarrow{\varepsilon^{i_0} w_1 \varepsilon^{i_1} \cdots w_n \varepsilon^{i_n}} q, \\[4pt]
&\qquad P_1, \ldots, P_n \subseteq Q \text{ が存在して，} \\
&\Leftrightarrow \quad E(\{q_0\}) \xrightarrow[M]{w_1} P_1 \xrightarrow[M]{w_2} \cdots \xrightarrow[M]{w_n} P_n, \\
&\qquad P_n \in F_M, \\[4pt]
&\Leftrightarrow \quad w_1 \cdots w_n \in L(M).
\end{aligned}
$$

したがって，$L(N) = L(M)$ が成立するので，構成した M は N と等価となる．□

例 3.15　図 3.8 の NFA を N_2 と表し，定理 3.14 の証明の方法により，N_2 に等価な DFA M_2 をつくる.

まず，M_2 の開始状態を $E(\{q_0\}) = \{q_0, q_1, q_2\}$ とする. また，N_2 の状態遷移表を表 3.17 のようにつくる. 次に，この表からタイプ 1 の非決定性動作に限定した状態遷移表 3.18 を求めた後，各状態セットに対して ε 遷移による遷移先を取り込むことにより，M_2 の状態遷移表として表 3.19 をつくる. 図 3.20 には，系列 abbc が入力されたときの状態遷移の軌跡を N_2 と M_2 について模式的に表している. 状態の一括化により，M_2 では点線で表される ε 遷移に相当する遷移が不必要となる. 最後に，この表 3.19 より，M_2 の状態遷移図 3.21 をつくる. この状態遷移図より，

表 3.17　N_2 の状態遷移表

状態 ＼ 記号	a	b	c	ε
q_0	q_0	−	−	q_1
q_1	−	q_1	−	q_2
q_2	−	−	q_2	−

表 3.18　δ'_{M_2} の状態遷移表

状態 ＼ 記号	a	b	c
$\{q_0, q_1, q_2\}$	$\{q_0\}$	$\{q_1\}$	$\{q_2\}$
$\{q_1, q_2\}$	$\emptyset$	$\{q_1\}$	$\{q_2\}$
$\{q_2\}$	$\emptyset$	$\emptyset$	$\{q_2\}$
$\emptyset$	$\emptyset$	$\emptyset$	$\emptyset$

表 3.19　δ_{M_2} の状態遷移表

状態 ＼ 記号	a	b	c
$\{q_0, q_1, q_2\}$	$\{q_0, q_1, q_2\}$	$\{q_1, q_2\}$	$\{q_2\}$
$\{q_1, q_2\}$	$\emptyset$	$\{q_1, q_2\}$	$\{q_2\}$
$\{q_2\}$	$\emptyset$	$\emptyset$	$\{q_2\}$
$\emptyset$	$\emptyset$	$\emptyset$	$\emptyset$

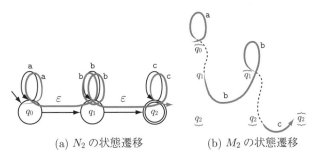

(a) N_2 の状態遷移　　　　(b) M_2 の状態遷移

図 3.20　系列 abbc による N_2 と M_2 の遷移の軌跡

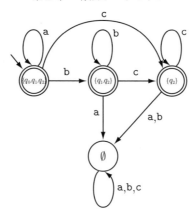

図 3.21　M_2 の状態遷移図

NFA N_2 で系列が受理される条件「系列が $a^i b^j c^k$ と表される」が，「系列において，b が現れたら，その後は a は現れず，かつ，c が現れたら，その後は a も b も現れない」という条件が等価となることがわかる．図 3.21 からわかるように，後者の条件に違反することが起こると，状態 ∅ に遷移し，蟻地獄のようにここから抜け出せなくなる．　　　　　　　　　　　　　　　　　　　　　　　　　　　　　■

　図 3.22 は，決定性有限オートマトンと非決定性有限オートマトンとの関係を示している．この図の (a) では計算モデルを表し，(b) では計算モデルが受理する言語を表している．つまり，(a) は計算の仕組みを表し，(b) は計算モデルの働きを言語と

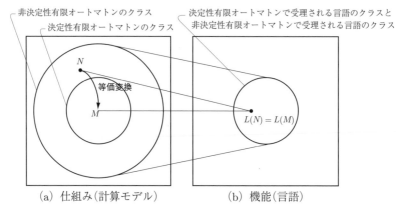

図 3.22　非決定性有限オートマトンのクラスと決定性有限オートマトンのクラスは受理する言語クラスが一致

して表している．さらに，この図で注意したいのは，(a) にしろ (b) にしろ，計算
モデルや言語のクラスを表しているということである．ここで，**クラス**とは集合を
意味し，この場合は決定性有限オートマトンの全体や，非決定性有限オートマトン
の全体を表している．このようにある共通の特徴をもったものの集まりというニュ
アンスを表すため，集合ではなくクラスという用語を用いている．

　非決定性有限オートマトンは，非決定性動作が存在してもよいものと定義され
る．そのため，非決定性動作が存在しなくても（この場合は，決定性有限オートマ
トンでもある）非決定性有限オートマトンである．このように，決定性有限オート
マトンは自動的に非決定性有限オートマトンである．そのため，(a) に示すように
非決定性有限オートマトンのクラスは決定性有限オートマトンのクラスを含んでい
る．定理 3.14 が主張しているのは，この図の N のように非決定性有限オートマト
ンではあるが，決定性有限オートマトンではないものでも，N に等価な決定性有限
オートマトン M をつくることができるということである．このことは，決定性有限
オートマトンではない，すべての非決定性有限オートマトンに関して言えるので，
(b) に示すように，非決定性有限オートマトンが受理する言語のクラスと決定性有限
オートマトンが受理する言語のクラスは一致する．このように，計算モデルとして
見ると，非決定性有限オートマトンのクラスは決定性有限オートマトンのクラスを
真に含んでいるが，機能として見ると，両者のクラスは一致している．この本を通
して，計算モデルの機能はそれが受理する言語として表され，**等価**という用語は受
理する言語は同じという意味で用いられる．

3.4　正規表現

　この節では，正規表現と呼ばれる，言語の表現形式を導入し，正規表現で表される
言語のクラスは有限オートマトンで受理される言語のクラスと一致することを導く．

正規表現の導入

　正規表現を，数式と対比させて説明する．図 3.23 は，数式 $(1+2) \times 5$ と正規表現
$(a+b) \cdot (b \cdot b)$ が組み立てられる様子を構文木として表したものである．数式は数
に "+" や "×" の演算を施して組み立てられるのに対し，正規表現は記号に "+"，
"·"，"*" の演算を施して組み立てられる．

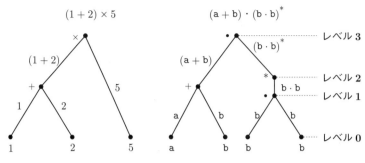

図 3.23　$(1 + 2) \times 5$ と $(a + b) \cdot (b \cdot b)$ の組み立てを表す構文木

そこで，まず，正規表現を再帰的に定義する．

定義 3.16　アルファベット $\Sigma = \{a_1, \ldots, a_k\}$ 上の**正規表現**を以下のように再帰的に定義する．

　　1.　ベース：$a_1, \ldots, a_k, \varepsilon, \emptyset$ はいずれも正規表現である，

　　2.　帰納法ステップ：r と s が正規表現であるとき，

$$(r + s), \quad (r \cdot s), \quad (r^*)$$

はいずれも正規表現である．　　　　　　　　　　　　　　　　　　　■

　以降では，系列に過ぎない正規表現から始めて，段階を踏んで説明していき，最終的にはこれが言語を意味するというところまで進む．初めは正規表現は単に系列を意味するものとして話を進める．たとえば，

$$((a((a \cdot b)^*)) + (b \cdot ((b \cdot a)^*)))$$

は正規表現の例で，図 3.24 の構文木は，この系列がどのように構成されるかを示している．

　さて，正規表現には，**和集合演算 +，連接演算 ·，スター演算 ∗** の 3 種類の演算記号が現れる．表 3.25 は，これらの演算記号の解釈をまとめたものである．たとえば，＋ は和集合演算を表すもので，通常は ∪ で表される演算である．連接演算は系列 u と v から系列 uv をつくる演算である．つまり，ただつなげるという演算で，$u \cdot v = uv$ である．この演算は系列の集合 A と B に対しても適用され，$A \cdot B = \{ww' \mid w \in A, w' \in B\}$ と定義される．ここで，w は A から選び，w' は B から選んで連接して ww' をつくる．同じように，A^* は，A から系列を任意の個数だけ，任意に選び，それらを連接して得られる系列の集合である．選ぶ個数が 0 個のときは，空系列 ε となる．なお，和集合演算と連接演算は **2 項演算**と呼ば

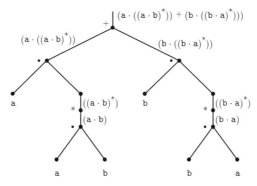

図 3.24 $((a((a \cdot b)^*)) + (b \cdot ((b \cdot a)^*)))$ の構文木

表 3.25   正規表現の演算 ∘ の解釈

演算 ∘ \ 解釈	$A \circ B$
和集合演算 +	$A \cup B = \{w \mid w \in A, \text{または, } w \in B\}$
連接演算 ·	$A \cdot B = \{ww' \mid w \in A, \text{かつ, } w' \in B\}$
スター演算 ∗	$A^* = \{\varepsilon\} \cup A \cup A \cdot A \cup \cdots$

れ，スター演算は **1 項演算** と呼ばれる．一般に，m の要素に適用される演算は **m 項演算** と呼ばれる．

正規表現 r に対して，言語 $L(r)$ を定義する．

定義 3.17 アルファベット $\Sigma = \{a_1, \ldots, a_k\}$ 上の正規表現 r に対して，言語 $L(r)$ を以下のように再帰的に定義する．

  1. ベース：

$$L(a_1) = \{a_1\}, \ldots, L(a_k) = \{a_k\},$$
$$L(\varepsilon) = \{\varepsilon\}, \, L(\emptyset) = \emptyset.$$

  2. 帰納ステップ： 正規表現 r と s に対して，言語 $L(r)$ と $L(s)$ が定義されているとき，

$$L(r + s) = L(r) \cup L(s),$$
$$L(r \cdot s) = L(r) \cdot L(s),$$
$$L(r^*) = (L(r))^*$$

とする．   ■

表 3.26　正規表現の演算と状態遷移図の接続法との関係

演算記号	演算	状態遷移図の接続法
+	和集合演算	並列接続
·	連接演算	継続接続
*	スター演算	ループ接続

　正規表現の 3 種類の演算は，それぞれ状態遷移図に対する 3 種類の接続法に対応している．表 3.26 は，この場合の演算と接続法の対応関係を与えるものである．この対応関係に基づいて，正規表現 r から状態遷移図 $M(r)$ をつくると，この状態遷移図は言語 $L(r)$ を受理することを導くことができる．すなわち，正規表現 r から対応する状態遷移図 $M(r)$ を定義した後，$M(r)$ は言語 $L(r)$ を受理することを証明することができる．

　この証明に進む前に，具体例を用いて正規表現 r からつくられる状態遷移図 $M(r)$ のイメージをつかむ．

例 3.18　正規表現 r として，

$$((((a+b) \cdot a)^*) \cdot ((a+b) + (b \cdot b))))$$

を取り上げる．この正規表現 r から決まる状態遷移図 $M(r)$ を図 3.27 に与える．この r は定義 3.16 のベースと帰納法ステップを 14 回適用して組み立てられているが，この図ではその様子を 14 個のボックスで表している．　　　　　■

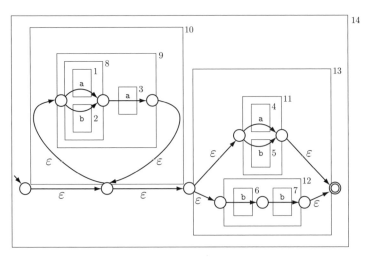

図 3.27　$M(((((a+b) \cdot a)^*) \cdot ((a+b) + (b \cdot b)))))$

状態遷移図 $M(r)$ を次のように定義する.

定義 3.19 アルファベット $\Sigma = \{a_1, \ldots, a_k\}$ 上の正規表現 r から定まる状態遷移図 $M(r)$ を次のように再帰的に定義する.

1. **ベース**: $M(a_i)$, $M(\varepsilon)$, $M(\emptyset)$ を図 3.28 のように定義する. ここに, $1 \le i \le k$.

2. **帰納ステップ**:正規表現 r と s から定まる状態遷移図がそれぞれ $M(r)$ と $M(s)$ であるとき, $M(r+s)$, $M(r \cdot s)$, $M(r^*)$ をそれぞれ図 3.29 のように定義する.

なお, この図では, 状態遷移図 $M(r)$ と $M(s)$ は開始状態と受理状態以外は省略してグレーのボックスで表している. また, 図では $M(r)$ や $M(s)$ の開始状態や受理状態は統合された状態遷移図では開始状態でも受理状態でもなくなるので, グレーのラインで表している.

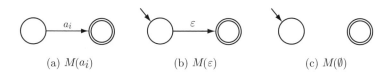

図 3.28 $M(a_i)$, $M(\varepsilon)$, $M(\emptyset)$ の状態遷移図

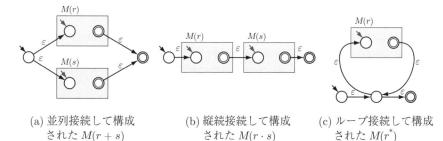

(a) 並列接続して構成
された $M(r+s)$

(b) 縦続接続して構成
された $M(r \cdot s)$

(c) ループ接続して構成
された $M(r^*)$

図 3.29 $M(r+s)$, $M(r \cdot s)$, $M(r^*)$ の構成

正規表現と有限オートマトンの等価性

この小節では, 言語に関する条件について,

$$\text{正規表現で表される} \quad \Leftrightarrow \quad \text{有限オートマトンで受理される}$$

の等価関係を導く. この左辺は, 言語 L に対して, $L = L(r)$ となる正規表現 r が存在するという条件である. この等価関係の $\Leftrightarrow$ を導くため, $\Rightarrow$ を定理 3.20 で証明したあと, $\Leftarrow$ を定理 3.21 で証明する.

> ## 定理 3.20
>
> 言語 L が正規表現で表される $\Rightarrow$ 言語 L が有限オートマトンで受理される

【証明】　この定理は，「任意の正規表現 r に対して，$M(r)$ は $L(r)$ を受理する」ということを導くことにより証明する．

これまで正規表現 r から言語 $L(r)$ と状態遷移図 $M(r)$ を再帰的に定義した（定義 3.17 と 3.19）．そこで，「$M(r)$ は $L(r)$ を受理する」という命題を，そのときの再帰的定義に沿って，次のように証明する．

再帰的定義に沿って証明するということは，数学的帰納法で証明するということである．その場合，構文木の点のレベルと呼ばれるものを導入するとわかりやすい．木の点のレベルとは，その点から葉に至るすべてのパスの長さ（パスの枝の個数）の中で最大のものとする．例として，図 3.23 の構文木に各点のレベルを数字で示している．このようにレベルを定めると，帰納法のベースはレベル 0 の点に対する証明であり，帰納ステップはレベル i までの点に対して命題は成立すると仮定してレベル $i+1$ の点に対する命題の証明となる．

ベース： $M(a_1), \ldots, M(a_k),\ M(\varepsilon),\ M(\emptyset)$ はそれぞれ $L(a_1), \ldots, L(a_k),\ L(\varepsilon),$ $L(\emptyset)$ を受理する．実際，図 3.28 からわかるように，$M(a_i)$ は $L(a_i)\ (= \{a_i\})$ を受理するように定義されている．他の記号についても同様である．

帰納ステップ： $M(r)$ と $M(s)$ がそれぞれ $L(r)$ と $L(s)$ を受理するならば，$M(r+s),\ M(r \cdot s),\ M(r^*)$ はそれぞれ $L(r+s),\ L(r \cdot s),\ L(r^*)$ を受理する．この場合も，図 3.29 からわかるように，$M(r+s),\ M(r \cdot s),\ M(r^*)$ はこの帰納ステップが成立するように定義している．たとえば，図 3.29 の (a) の $M(r+s)$ は $L(r+s)$ を受理するように定義されている．このことは，$L(r+s) = L(r) \cup L(s)$ が成立すること，一方で，$M(r)$ は $L(r)$ を受理し，$M(s)$ は $L(s)$ を受理すると仮定していることからわかる．$M(r \cdot s)$ や $M(r^*)$ についても同様である．　　　　□

正規表現のカッコや演算記号はしばしば省略して表される．省略してもいいのは，省略しても正規表現 r が表す言語 $L(r)$ が一意に決まるときである．たとえば，$r = ((a+b)+c)$ でも $r = (a+(b+c))$ でも $L(r)$ としては同じなので，これらの正規表現は $a+b+c$ と表す．また，3 つの演算記号の間に次に示すような優先順位を仮定する．

$$+ \ < \ \cdot \ < \ *$$

この優先順位を前提にすると，カッコを省略できる場合が出てくる．$a + b \cdot c^*$ は正規表現 $(a + (b \cdot (c^*)))$ に一意に定まることを説明しよう．$b \cdot c^*$ では "$\cdot$" と "$*$" との間で，$(b \cdot c)^*$ か $b \cdot (c^*)$ かを競うが，$\cdot < *$ より，$b \cdot (c^*)$ となる．同様に，$a + b \cdot (c^*)$ では，"$+$" と "$\cdot$" の間で，$(a + b) \cdot (c^*)$ か $a + (b \cdot (c^*))$ かを競うが，$+ < \cdot$ より，$a + (b \cdot (c^*))$ となる．まとめると，$+ < \cdot < *$ の優先順位を前提にすると，$a + b \cdot c^*$ と表すだけで $(a + (b \cdot (c^*)))$ と解釈できる．さらに，"$\cdot$" は省略することにして，$a + bc^*$ と表すことができる．

正規表現 r に対して，$M(r)$ と表される状態遷移図を**階層的状態遷移図**と呼ぶ．たとえば，図 3.27 を見るとわかるように，$M(r)$ は階層的に構成されているからである．この用語により，「正規表現で表される $\Leftrightarrow$ 有限オートマトンで受理される」の等価関係の $\Leftarrow$ の向きの命題は，「一般の状態遷移図は，階層的状態遷移図に等価変換できる」と言い換えることができる．

一般に，状態遷移図の状態遷移の枝は複雑に絡み合っている可能性がある．たとえば，100 個の点からなるグラフの各点から $\Sigma = \{a, b\}$ として，a の枝の遷移先と b の枝の遷移先をランダムに決めるとすると，得られるグラフの中には枝が複雑に交錯しているグラフもある．このグラフに開始状態と受理状態を適当に指定すると，状態遷移図ができるが，このようにつくられたグラフでも，階層的なものに等価変換できるというのが，$\Leftarrow$ の向きの命題である．

$\Leftarrow$ の向きの命題は，次の定理 3.21 として与えられる．この定理はちょうど，絡み合ったタコ糸を解きほぐせることを主張する定理と見なすこともできる．ただし，解きほぐすことを階層的なものに等価変換することに対応させるとする．その証明では，ちょうどタコ糸の場合のように，局所的に解きほぐすことを繰り返して，全体にわたり絡み合いを解消する．

定理 3.21

言語 L が正規表現で表される $\Leftarrow$ 言語 L が有限オートマトンで受理される

【**証明**】　一般的な状態遷移図を階層的な状態遷移図に等価変換するときのポイントを図 3.30 に示している．

この図は，等価変換する状態遷移図の一部を抜き出したもので，状態 q_{rm} を除去し，代わりにそれを補償する正規表現のラベル付きの枝を加える変換を表している．この図では，状態 q_{rm} に入るすべての枝と状態 q_{rm} から出るすべての枝を表し

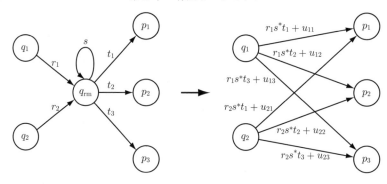

図 3.30　状態 q_{rm} の除去

ているものとする. 状態 q_{rm} に出入りのない枝は描かれていない.

　状態 q_{rm} の除去を補償する枝として, $q_i \xrightarrow{r_i} q_{\mathrm{rm}}$, $q_{\mathrm{rm}} \xrightarrow{t_j} p_j$ となるすべての状態のペア q_i, p_j に対して $q_i \to p_j$ の枝を張る. この枝に割り当てる正規表現は, 状態 q_i から状態 q_{rm} の自己ループを経由して状態 p_j へ至る遷移がつづる $r_i s^*_{\mathrm{rm}} t_j$ に加えて, 元々存在していた遷移の枝 $q_i \xrightarrow{u_{ij}} p_j$ のラベル u_{ij} を追加した $r_i s^*_{\mathrm{rm}} t_j + u_{ij}$ と表される. すなわち,

$$q_i \xrightarrow{r_i s^*_{\mathrm{rm}} t_j + u_{ij}} p_j$$

の枝を張る. 1 つの状態を除去する図 3.30 のタイプの変換を, 開始状態 q_s と受理状態 q_f を除くすべての状態に対して適用して除去すると, 最終的には開始状態と受理状態だけからなる状態遷移図が得られる. この状態遷移図が $q_s \xrightarrow{r} q_f$ と表されるとし, この最後に残った枝の正規表現を r とする. すると, $M(r)$ が最初に与えられた状態遷移図と等価で, かつ, 階層的な状態遷移図となる. 以上は, 証明のあらましであり, 以降でこの等価変換を詳しく説明する.

　ところで, 図 3.30 の変換は, 等価な階層的状態遷移図 $M(r_i s^*_{\mathrm{rm}} t_j + u_{ij})$ を状態 q_i と p_j の間にはめ込み, 状態遷移図の階層化を状態 q_i と p_j の間に限定して局所的に実行したものと解釈できる. この置き換えを繰り返し, 最終的な $q_s \xrightarrow{r} q_f$ で全体が階層化され, 等価な階層的状態遷移図 $M(r)$ が得られる.

　まず, 与えられた任意の状態遷移図を, 図 3.31 に示す等価変換により次の 2 端子条件を満たすものに変換する.

　2 端子条件：開始状態には出る枝だけが存在し, 受理状態は 1 個で,
　　　　　　　　受理状態には入る枝だけが存在する.

　一般に, 状態遷移図を 2 端子条件を満たすものに等価変換するには, 新しく開始状態 q_s と受理状態 q_f を導入し, q_s から元の開始状態に ε 遷移させ, 元のすべての

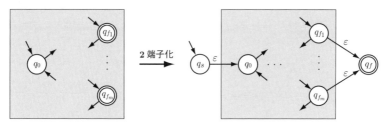

図 3.31 状態遷移図の 2 端子化

受理状態から q_f へ ε 遷移させればよい.

状態遷移図 M から 1 つの状態を除去するアルゴリズム $REMOVE(M)$ を次のように定義する.

$REMOVE(M)$ は,図 3.30 で表される変換をアルゴリズムとしてまとめたものである.このアルゴリズムは 2 端子化されている状態遷移図 M に対して働く.M は開始状態 q_s と受理状態 q_f をもっているので状態数は 2 以上である.除去する状態 q_{rm} として **2** で開始状態 q_s と受理状態 q_f 以外の状態 q_{rm} を任意に選び,**3** で q_{rm} に対して図 3.30 で表される枝のラベルの書き換えを実行する(**3** で書き換えられるラベルの他は変更なし).**4** で状態 q_{rm} を除いた状態集合を新しく状態集合とし,**5** で結果を M として返す.ただし,**3** のラベルの更新で,たとえば,$q_{rm} \xrightarrow{s} q_{rm}$ の枝が存在しない場合は,単に $s = \emptyset$ とすれば,$r_i s^* t_j = r_i \emptyset^* t_j = r_i \varepsilon t_j = r_i t_j$ となる.

アルゴリズム $REMOVE(M)$:

1. M の状態数が 2 ならば,M を返す.

2. M の状態数が 3 以上ならば,

$$q_{rm} \in Q - \{q_s, q_f\}$$

を任意に選ぶ.

3. すべての $q_i \in Q - \{q_f\}$ とすべての $p_j \in Q - \{q_s\}$ に対して以下を実行する.

$$q_i \xrightarrow{r_i} q_{rm}, \quad q_{rm} \xrightarrow{s} q_{rm}, \quad q_{rm} \xrightarrow{t_j} p_j,$$

$$q_i \xrightarrow{u_{ij}} p_j \text{ のとき,これらの状態遷移の枝を}$$

$$q_i \xrightarrow{r_i s^* t_j + u_{ij}} p_j$$

で置き換える.

4. $Q \leftarrow Q - \{q_{rm}\}$

5. M を返す.

同じ理由で,このアルゴリズムでは任意の状態のペア q と q' の間には遷移の枝

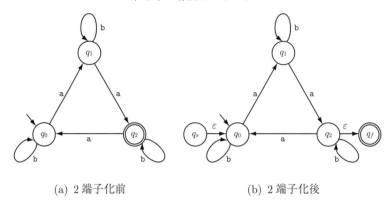

|(a) 2 端子化前|(b) 2 端子化後|

図 3.32　状態遷移図の 2 端子化の例

$q \xrightarrow{r} q'$ が存在するとしている．存在しない場合は $r = \emptyset$ とすればよい．ただし，2端子条件より q_s に入る枝と q_f から出る枝は存在しない．さらに，状態 q_i と p_j が同じ状態ということもあり得る．この場合は追加される遷移の枝は自己ループ（1つの状態から出て同じ状態に遷移する枝）となる．

　状態遷移図 M に等価な正規表現 r を求めるには，アルゴリズム $REMOVE(M)$ を M の状態が開始状態 q_s と受理状態 q_f の 2 状態となるまで繰り返し実行し，$q_s \xrightarrow{r} q_f$ となったとき，正規表現 r を等価な正規表現とすればよい．次のアルゴリズム $CONVERT(M)$ はこれを実行するもので，2 端子条件を満たす状態遷移図 M に対して働く．

アルゴリズム $CONVERT(M)$ ：
　1. M の状態数が 3 以上である限り，次の代入を繰り返し実行する．
　　　$M \leftarrow REMOVE(M)$
　2. M を出力する．

　このアルゴリズムの 1 の $M \leftarrow REMOVE(M)$ の代入は，変数 M の状態遷移図でアルゴリズム $REMOVE(M)$ を呼び出し，返ってきた状態遷移図（状態が 1 つ除去されている）を変数 M に代入するものである．この代入が，M の状態が開始状態 q_s と受理状態 q_f だけとなるまで繰り返し実行される．2 端子条件より，q_s からは出る枝だけが存在し，q_f へは入る枝だけが存在するので，最後に q_s と q_f の 2 状態になった段階で状態遷移図は $q_s \xrightarrow{r} q_f$ と表され，この状態遷移図が出力される．この r が求める正規表現である．　　　　　□

定理 3.20 と 3.21 より，次の定理が成立する.

定理 3.22

言語 L が正規表現で表される $\Leftrightarrow$ 言語 L が有限オートマトンで受理される

次の例はアルゴリズム $CONVERT(M)$ の適用例を与える.

例 3.23 図 3.32 の (a) の状態遷移図を等価な正規表現に変換する. この状態遷移図は記号 a を $3k+2$ 個含む系列を受理する. ここに, $k = 0, 1, 2, \ldots$. 図 3.31 に示すように, この (a) の状態遷移図を 2 端子化した (b) の状態遷移図を M とする. 図 3.33 は, この M にアルゴリズム $CONVERT(M)$ を適用したときの等価変換の様子を表したものである. その結果得られる等価な正規表現 $(ab^*ab^*a + b)^*ab^*ab^*$ は記号 a を $3k+2$ 個含む系列の集合を表す.　■

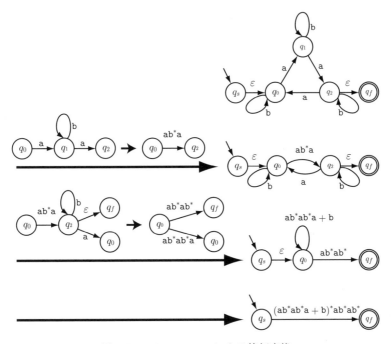

図 3.33 *CONVERT* による等価変換

正規表現 r と言語 $L(r)$ の関係

この小節では，正規表現 r と言語 $L(r)$ のさまざまな例を与える．

例 3.24　正規表現 r と言語 $L(r)$ の例として

$L((0+1)^*)$

　　$= \{w \in \{0,1\}^* \mid w$ は記号 0 と 1 の任意の系列で，空系列でもいい $\}$,

$L((0+1)(0+1)(0+1)(0+1)^*) = \{w \in \{0,1\}^* \mid w$ の長さは 3 以上 $\}$,

$L(0^*10^*10^*1(0+1)^*) = \{w \in \{0,1\}^* \mid w$ には 1 が 3 個以上現れる $\}$,

$L((0+1)^*100(0+1)^*) = \{w \in \{0,1\}^* \mid w$ は部分系列として 100 を含む $\}$,

$L(0^*1^*2^*) = \{0^i1^j2^k \mid i \geq 0, j \geq 0, k \geq 0\}$

をあげる．ここに，右辺は通常の集合の表し方に従って言語 $L(r)$ を表したものである．

例 3.25　アルファベットを $\Sigma = \{0,1\}$ とする．1 が奇数回現れる系列からなる言語を L で表す．すなわち，

$$L = \{w \in \{0,1\}^* \mid w \text{ には } 1 \text{ が奇数回現れる }\}$$

とする．一般に，L の系列は

$$0^{i_0}10^{i_1}10^{i_2}\cdots10^{i_{2k+1}}$$

と表される．ここに，$k \geq 0$ と $i_0 \geq 0$, $i_1 \geq 0$, ..., $i_{2k+1} \geq 0$ は任意．この系列を

$$0^{i_0}\{10^{i_1}10^{i_2}\}\cdots\{10^{i_{2k-1}}10^{i_{2k}}\}10^{2k+1}$$

とまとめる．ここで，"{" と "}" は説明のためのカッコで，実際の系列に現れるわけではない．また，0^{i_j} の長さ $i_j \geq 0$ は任意なので，0^{i_j} の可能性は $\varepsilon, 0, 00, \ldots$ にわたる．同様に，

$$\{10^{i_1}10^{i_2}\}\cdots\{10^{i_{2k-1}}10^{i_{2k}}\}$$

はカッコで囲まれた系列の繰り返しの回数も任意なので，$(10^*10^*)^*$ と表される．したがって，1 が奇数個現れる系列の集合 L は

$$L = L(0^*(10^*10^*)^*10^*)$$

と表される．

言語 L と L' に対して，演算 $\cdot$ を

$$L \cdot L' = \{ww' \mid w \in L, w' \in L'\}$$

と定義した．一方，正規表現 $r \cdot s$ が表す言語を，

$$L(r \cdot s) = L(r) \cdot L(s)$$

と定義したので，

$$L(r \cdot s) = \{ww' \mid w \in L(r), w' \in L(s)\}$$

となる．このことに注意した上で，正規表現 ε と $\emptyset$ にかかわる次の 4 つの関係式について説明する．

$$L(\varepsilon^*) = \{\varepsilon\} \tag{1}$$

$$L(\emptyset^*) = \{\varepsilon\} \tag{2}$$

$$L(r \cdot \varepsilon) = L(r) \tag{3}$$

$$L(r \cdot \emptyset) = \emptyset \tag{4}$$

一般に，正規表現 r に対して，

$$L(r^*) = \{\varepsilon\} \cup L(r) \cup L(r) \cdot L(r) \cup \cdots$$
$$= \{\varepsilon\} \cup L(r) \cup L(rr) \cup \cdots \tag{5}$$

となるので，(1) と (2) はそれぞれ次のように導かれる．

$$L(\varepsilon^*) = \{\varepsilon\} \cup L(\varepsilon) \cup L(\varepsilon\varepsilon) \cup \cdots$$
$$= \{\varepsilon\} \cup \{\varepsilon\} \cup \{\varepsilon\} \cup \cdots$$
$$= \{\varepsilon\}$$
$$L(\emptyset^*) = \{\varepsilon\} \cup L(\emptyset) \cup L(\emptyset) \cdot L(\emptyset) \cup \cdots$$
$$= \{\varepsilon\} \cup \emptyset \cup \emptyset \cup \cdots$$
$$= \{\varepsilon\}$$

さらに，(3) と (4) も次のように導かれる．

$$L(r \cdot \varepsilon) = L(r) \cdot L(\varepsilon)$$
$$= \{w\varepsilon \mid w \in L(r), \varepsilon \in L(\varepsilon)(= \{\varepsilon\})\}$$
$$= \{w \mid w \in L(r)\}$$
$$= L(r)$$

$$L(r \cdot \emptyset) = L(r) \cdot L(\emptyset)$$
$$= \{ww' \mid w \in L(r), w' \in L(\emptyset)(= \emptyset)\}$$
$$= \emptyset$$

ここで，$\{ww' \mid w \in L(r), w' \in \emptyset\}$ では，そもそも $w' \in \emptyset$ となる w' は存在しないので，これは空集合 $\emptyset$ となる.

　これまでは，正規表現 r とそれが表す言語 $L(r)$ とをきっちり区別して話を進めてきた. しかし，これからは正規表現 r は，正規表現 r だけでなく，それが表す言語 $L(r)$ をも表すこととする. そのどちらを意味するかは前後の文脈から自然にわかるからである. 正規表現 r と s が同じ言語を表すとき，すなわち，$L(r) = L(s)$ となるとき，正規表現 r と s は，**等価**といい，$r = s$ と表す. ここで，等価な正規表現の例をいくつかあげておく.

$(ab)^*(ab)^* = (ab)^*$

$(0+1)(0+1)(0+1)^* = 00(0+1)^* + 01(0+1)^* + 10(0+1)^* + 11(0+1)^*$

$0^*(10^*10^*)^*10^* = 0^*10^*(10^*10^*)^*$

　次に，

$$r(sr)^* = (rs)^*r$$

が成立することを，(5) を用いて導く.

$$L(r(sr)^*) = L(r) \cdot L((sr)^*)$$
$$= L(r) \cdot (\{\varepsilon\} \cup L(sr) \cup L(srsr) \cup \cdots)$$
$$= L(r) \cup L(rsr) \cup L(rsrsr) \cup \cdots$$
$$= (\{\varepsilon\} \cup L(rs) \cup L(rsrs) \cup \cdots) \cdot L(r)$$
$$= L((rs)^*) \cdot L(r)$$
$$= L((rs)^*r)$$

この式の導出のポイントは，たとえば，$rsrsrsr$ は，$r(sr)^3$ とも $(rs)^3r$ とも表され，この sr や rs の繰り返しの回数 3 を任意の回数 i に一般化できるということに気づくことにある.

3.5 有限オートマトンの受理能力の限界

　有限オートマトンに限らず，一般に，計算モデルに関する命題には2つのタイプがある．タイプ1は，計算モデルでできることを述べるタイプのものであり，タイプ2は，その計算モデルではできないことを述べるタイプのものである．この2つのタイプの命題を導くことにより，対象としている計算モデルの計算能力をはっきりとつかむことができるようになる．

　この節では，できないことをいうタイプの命題を証明するときに用いられる**反復補題**と呼ばれる命題を導く．

　反復補題はおおよそ次のような命題である．言語 L が有限オートマトン M で受理されるとする．系列 w を L に属する十分長い系列とすると，w をつづる開始状態から受理状態に至る計算パスも十分長い．M の状態数や有限個であることから，この計算パス上には同じ状態が2回現れる．すると，この同じ状態が現れる区間を任意の回数繰り返したパスもやはり開始状態から受理状態に至るパスとなる．したがって，この新しいパスがつづる系列も L に属さなければならない．これが反復補題のおおよその内容である．したがって，注目している言語がこのような性質をもっていないとすると，その言語はどのような有限オートマトンでも受理することはできないということになる．これが，反復補題を用いてタイプ2の命題を証明するときのおおよその流れである．この証明では，背理法が用いられていることに注意しよう．と言うのは，実際は有限オートマトンでは受理することのできない言語 L に対して，L を受理する有限オートマトン M が存在すると仮定して矛盾を導き，L を受理する有限オートマトンは存在しないとしているからである．

　次に，反復補題を示す．

定理 3.26　（**有限オートマトンに対する反復補題**）有限オートマトンで受理される言語 L に対して，正整数 m が存在して，長さが m 以上の L の任意の系列 $w \in L$ に対して，w は xyz と3分割されて，次の3つの条件（**反復条件**と呼ばれる）を満たす．

1. 任意の $i \geq 0$ に対して，$xy^i z \in L$,
2. $|y| \geq 1$,
3. $|xy| \leq m$.

この条件の1で，$i = 0$ のとき，$xy^0 z = xz$．なお，$|\ |$ は系列の長さを表す．

【証明】　言語 L は決定性有限オートマトン M により受理されるとし，M の状態数

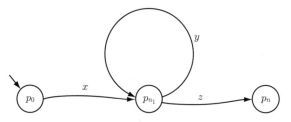

図 3.34 $p_0 \xrightarrow{x} p_{n_1} \xrightarrow{y} p_{n_2} \xrightarrow{z} p_n$ の遷移を表す図. ここに, $p_{n_1} = p_{n_2}$.

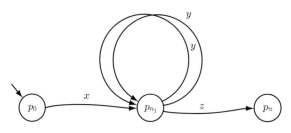

図 3.35 反復条件を説明する図

を m とする. 長さ n が m 以上の系列 $w_1w_2\cdots w_n$ が M で受理されるとし, その
ときの状態遷移を

$$p_0 \xrightarrow{w_1} p_1 \xrightarrow{w_2} p_2 \xrightarrow{w_3} \cdots \xrightarrow{w_{n-1}} p_{n-1} \xrightarrow{w_n} p_n$$

とする. ここに, p_0 は開始状態 q_0 であり, p_n は受理状態である. すると, 初めの
$m+1$ 個の状態 $p_0, p_1, \ldots, p_m$ に現れる状態の種類は高々 m 種類であるので, 少な
くとも 1 つの状態が 2 回は現れる. すなわち,

$$p_{n_1} = p_{n_2},$$
$$0 \le n_1 < n_2 \le m$$

となる状態 p_{n_1} と p_{n_2} が存在する. 図 3.34 に模式的に表すように, $w = xyz$ とし,
$x = w_1\cdots w_{n_1}$, $y = w_{n_1+1}\cdots w_{n_2}$, $z = w_{n_2+1}\cdots w_n$ とおくと,

$$p_0 \xrightarrow{x} p_{n_1} \xrightarrow{y} p_{n_2} \xrightarrow{z} p_n$$

となり, $p_{n_1} = p_{n_2}$ であるので, y を任意の回数 (i 回) 繰り返し, xy^iz をつくる
と, この系列も受理される. 図 3.35 には $i = 2$ のときの様子を表している. また,
$n_1 < n_2$ なので, $|y| > 0$, また, $|xy| \le m$. □

次に, 反復補題を用いて言語 $\{0^n1^n \mid n \ge 0\}$ が有限オートマトンでは受理できな
いことを導く.

例 3.27　「$\{0^n1^n \mid n \geq 0\}$ は有限オートマトンでは受理できない」ことを反復補題を用いて導く．この言語が有限オートマトンで受理されるとすると，この言語は反復条件を満たさなければならない．反復補題の正整数を m とすると，系列 0^m1^m は xyz と表され，反復条件が満たされる．すると，$|xy| \leq m$ の条件より，0^m1^m を xyz と表したときの xy の部分は 0^m の範囲に入る．さらに，$|y| \geq 1$ の条件より，xyz から y を除いて xz をつくると，0^m の範囲に入っている y が除かれるので，$xz\,(= xy^0z)$ は，$0^{m'}1^m$ と表され，$m' < m$ となる．しかし，$0^{m'}1^m \notin \{0^n1^n \mid n \geq 0\}$ なので，反復条件は満たされない．　　　　　　　　　　　　　　　　　■

　反復補題の証明のポイントは，元々 k 種類しかないものが，$k+1$ 個以上存在したとすると，その中には同じ種類のものが現れるということである．この原理は，**鳩の巣原理**というかわいらしい名前で呼ばれる．鳩の巣が k 個しかないのに，$k+1$ 羽以上の鳩が巣に帰ったとすると，2 羽以上の鳩が入った巣が存在することになるからである．

　この章では，この本で最初に扱う計算モデルである有限オートマトンについて説明した．有限オートマトンの動きを表す状態遷移図は，以降で扱うプッシュダウンオートマトンやチューリング機械などの計算モデルの中核部分の働きを表すものであり，この本を通して用いられる．

問　　題

3.1 アルファベットを $\{a,b\}$ とする．

$$L_1 = \{w \in \{a,b\}^* \mid w \text{ に現れる a の個数は偶数}\},$$
$$L_2 = \{w \in \{a,b\}^* \mid w \text{ に現れる a の個数は 3 以上の奇数}\}$$

として，L_1 と L_2 を受理する状態遷移図をそれぞれ与えよ．

3.2 次の状態遷移図が受理する系列を日本語で説明せよ．

(1)　　　　　　　　　　　　(2)

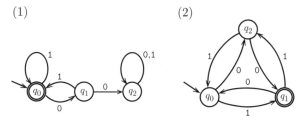

(3)　　　　　　　　　　　　　　　(4)

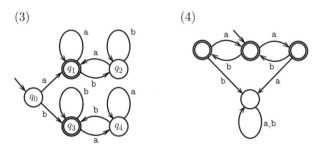

3.3[†] アルファベットを $\{0, 1, 2, \ldots, 9\}$ とする．次の状態遷移図で受理される系列を日本語で説明せよ．（ヒント：長さが n の系列 $a_{n-1}a_{n-2}\cdots a_0$ を n 桁の 10 進数と見なし，$a_{n-1} + a_{n-2} + \cdots + a_0$ に関する条件に注目せよ．）

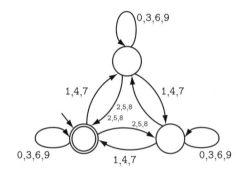

3.4 アルファベット $\{a, b, c\}$ 上の系列で，a，b，c の個数がすべて奇数であるようなものを受理する状態遷移図を与えよ．

3.5 2つの決定性有限オートマトンを $M_1 = (P, \Sigma, \delta_1, p_0, F_1)$，$M_2 = (Q, \Sigma, \delta_2, q_0, F_2)$ とするとき，$L_1 \cap L_2$ を受理する決定性有限オートマトン M_{12} の形式的定義を与えよ．

3.6[†] 次の言語を受理する決定性有限オートマトンを遷移図で与えよ．ただし，アルファベットは $\{0, 1\}$ とする．

　　(1)　$\{w \mid w$ は 101 を部分系列として含む $\}$

　　(2)　$\{w \mid w$ の最後から 3 番目の記号は 1 である $\}$

3.7 問題 3.6 の (1) と (2) の言語を受理する簡潔な非決定性有限オートマトンを遷移図で与えよ．

3.8[†] 問題 3.7 の (2) で求めた非決定性有限オートマトンの状態遷移図に等価な決定性の状態遷移図を与えよ．

3.9[†] 決定性有限オートマトンが，その状態数以上の長さの系列を受理するとき，そのオートマトンが受理する系列の個数は無限となることを示せ．

3.10 下図で与えられる状態遷移図について，次の問いに答えよ.

(1)　この状態遷移図で受理される言語を，日本語で簡潔に表せ.

(2)　この非決定性の状態遷移図を決定性の状態遷移図に等価変換したものを描け.

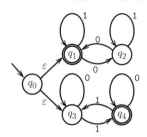

3.11 アルファベットを $\{0, 1\}$ とし，次の言語を表す正規表現を与えよ.

(1)　101 が部分系列として現れる系列からなる言語

(2)　1 が 1 個以上続いた後には，0 が 2 個以上は続く系列からなる言語

(3)　00 で始まり 11 で終わる系列の言語

(4)　01 で始まり 01 で終わる系列の言語

(5)　2 の倍数か 3 の倍数の長さの系列からなる言語

(6)[††] 101 が部分系列として現れない系列からなる言語

3.12[††] アルファベットを $\{0, 1\}$ とし，次の問いに答えよ.

(1)　長さが偶数の系列を長さが 2 の区間に区切るとする. すると，各区間の部分系列は，00，11，01，10 のいずれかとなる. 系列に現れる 0 の個数と 1 の個数が共に偶数となる条件と同等な条件を，00，11，01，10 の区間の個数に関する条件として与えよ.

(2)　(1) の 2 つの条件の等価性を用いて，0 と 1 が共に偶数回現れる系列の集合を表す正規表現を求めよ.

(3)　図 3.6 の状態遷移図に 3.4 節の変換手順を適用して等価な正規表現を求め，(2) で求めた正規表現と比較検討せよ.

3.13[†] (1)　次の等価関係を導け.

101 を部分系列として含まない　⇔　1 と 1 の間の 0 のつらなりの長さは 0 か 2 以上である

(2)　(1) の等価関係を用いて，101 を部分系列として含まない系列の集合を正規表現として表せ.

3.14[††] 言語 $L = \{0^i 1^j \mid i \neq j\}$ は有限オートマトンでは受理されないことを導け.

4 文脈自由文法

　言語には，日本語や英語のように自然言語と呼ばれるものとプログラミング言語などのような人工的に定義されたものがある．形式文法は，この人工的に定義された言語の文を生成するルールを取りまとめたものである．この章では，形式文法の中の文脈自由文法と呼ばれるものを中心に説明する．

4.1　文脈自由文法の導入

　正しいカッコの系列の判定について考えてみる．$((())()$ は正しく，$((())())$ は正しくないのはわかるが，正しいカッコの系列を正確に言い表すのはそんなに簡単なことではない．しかし，書き換え規則を用いると次のように簡単に定義できる．

$$S \rightarrow (S)$$
$$S \rightarrow SS$$
$$S \rightarrow \varepsilon$$

正しいカッコの系列とは，S からスタートして，これらの書き換え規則を繰り返し適用してできる系列と定義される．たとえば，$((())()$ は次のようにして生成される．

$$S \Rightarrow (S) \Rightarrow (SS) \Rightarrow ((S)S) \Rightarrow (((S))S)$$
$$\Rightarrow (((())S) \Rightarrow (((())(S)) \Rightarrow (((())())$$

ここで，系列 x と y に対して，x に現れている S を書き換え規則の右辺で置き換えると y となるとき $x \Rightarrow y$ と表す．

　この書き換え規則は，文脈自由文法のひとつの例を与えるものである．文脈自由文法とするためには，書き換えのスタートとなる開始記号を S と指定し，非終端記号を $\{S\}$，終端記号を $\{(,)\}$ と指定すればよい．上にあげたように，開始記号からスタートして，書き換え規則を次々と適用して得られる系列を $\Rightarrow$ で結んだものを導出と呼ぶ．この例は，$((())()$ の導出の例である．特に，導出の最後の系列が終

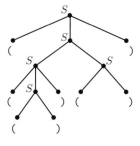

図 4.1 導出木

端記号のみからなるとき，文脈自由文法はその系列を生成すると呼ぶ．図 4.1 は，この場合の導出をグラフの木として表したものである．このような木を**導出木**（または**構文木**）と呼ぶ．

正しいカッコの系列は次のように再帰的に定義される．

1. ベース：ε は正しいカッコの系列である．

2. 帰納ステップ：S と S' が正しいカッコの系列のとき，(S) と SS' は正しいカッコの系列である．

文脈自由文法の形式的定義は次のように与えられる．

定義 4.1 文脈自由文法（Context-Free Grammar，**CFG** と略記）とは，4 項組 (Γ, Σ, P, S) である．ここに，

1. Γ は**非終端記号**（大文字で表す）の有限集合，

2. Σ は**終端記号**の有限集合（アルファベット），ただし，Γ と Σ は共通する要素をもたない，

3. P は**書き換え規則**の有限集合で，個々の書き換え規則は $A \to r$ の形をとる．ここに，$A \in \Gamma$，$r \in (\Gamma \cup \Sigma)^*$，

4. $S \in \Gamma$ は**開始記号**

とする． ∎

文脈自由文法は書き換え規則の集合 P だけで表すことが多い．その場合は，非終端記号は P の規則に現れる大文字のアルファベットとし，残りを終端記号とする．また，開始記号は P の最初の書き換え規則の左辺とする．

例 4.2 $S \to (S) \mid SS \mid \varepsilon$ が表す文脈自由文法を形式的定義に従って表すと，

$$G = (\{S\}, \{(,)\}, \{S \to (S) \mid SS \mid \varepsilon\}, S)$$

となる． ∎

この例が表すように，一般に，左辺が同じ書き換え規則 $A \to r_1$, $A \to r_2$, ...,
$A \to r_k$ をまとめて

$$A \to r_1 \mid r_2 \mid \cdots \mid r_k$$

と表す．

定義 4.3　$G = (\Gamma, \Sigma, P, S)$ を文脈自由文法とする．系列 $x, y \in (\Gamma \cup \Sigma)^*$ に対して，
$x \Rightarrow y$ が成立するのは，系列 x が $A \in \Gamma$ と $u, v \in (\Gamma \cup \Sigma)^*$ が存在して $x = uAv$
と表されて，書き換え規則 $A \to r \in P$ が存在して，$y = urv$ と表されるときで
ある．また，$\Rightarrow$ を有限回（0 回を含む）繰り返した関係を $\overset{*}{\Rightarrow}$ と表す．すなわち，
$x, y \in (\Gamma \cup \Sigma)^*$ に対して，$x \overset{x}{\Rightarrow} y$ は次のように定義される．

$$x \overset{*}{\Rightarrow} y \quad \Leftrightarrow \quad
\begin{array}{l}
(1) \quad x = y \,(\Rightarrow \text{の適用回数が 0 回の場合}),\ \text{または} \\
(2) \quad m \geq 1 \text{ と } x_1, \ldots, x_m \in (\Gamma \cup \Sigma)^* \text{が存在して} \\
\qquad x_1 \Rightarrow x_2 \Rightarrow \cdots \Rightarrow x_m,\ \text{かつ,} \quad x = x_1,\ y = x_m.
\end{array}$$

このとき，G は x_1 から x_m を**導出**するという．また，$x_1 \Rightarrow x_2 \Rightarrow \cdots \Rightarrow x_m$ を，x_1
から x_m への**導出**という．開始記号から導出する系列が終端記号のみからなるとき，
G はその系列を**生成**するという．すなわち，$S \overset{*}{\Rightarrow} w$ となる系列 $w \in \Sigma^*$ である．G
が生成する系列の集合を，G が**生成する言語**といい，$L(G)$ と表す．すなわち，

$$L(G) = \{w \in \Sigma^* \mid S \overset{*}{\Rightarrow} w\}.$$

文脈自由文法が生成する言語を**文脈自由言語**（Context-Free Language，**CFL** と
略記）と呼ぶ．特に，前提となっている文法がわかるようにするため，$\Rightarrow$ や $\overset{*}{\Rightarrow}$ を
それぞれ $\underset{G}{\Rightarrow}$ や $\underset{G}{\overset{*}{\Rightarrow}}$ と表すこともある．2 つの文法 G_1 と G_2 が生成する言語が等し
いとき（すなわち，$L(G_1) = L(G_2)$），G_1 と G_2 は**等価**という．　　■

4.2　文脈自由文法と導出のあいまいさ

　文脈自由文法の中には，同じ系列が異なる導出木から導出されるようなことがあ
る．しかし，このようなことが起こると，コンパイラがソースコードから導出木に
基づいてオブジェクトコードに変換する場合，不都合なことが起こる．ソースコー
ドが同じなのに，対応する導出木が複数存在するため，異なるオブジェクトコード
に変換される可能性があるからである．このような場合は，あいまいな文法を避け
ることが必要となる．そこで，まず，あいまいな文法とあいまいでない文法を定義

し，両者の違いをはっきりさせる．$A \in \Gamma$，$y \in (\Gamma \cup \Sigma)^*$ に対して，A から y の導出 $A \overset{*}{\Rightarrow} y$ の各ステップで，系列に現れる最も左の非終端記号が書き換えられるとき，この導出を**最左導出**と呼ぶ．導出木と最左導出の間には 1 対 1 の対応関係があるので，同じ系列を導出する異なる導出木が存在しないという条件を，異なる最左導出が存在しないという条件で置き換えることができる．このことに注意して次のように定義する．

定義 4.4　あいまいな文法とは，ある系列 $y \in (\Gamma \cup \Sigma)^*$ が存在して，その系列を 2 つ以上の最左導出で導出する文脈自由文法である．また，**あいまいでない文法**とは，任意の系列 $y \in L(G)$ をただ 1 つの最左導出で導出する文脈自由文法 G である． ■

いくつか例を見ていこう．

例 4.5　算術式を生成する文脈自由文法 $G_1 = (\Gamma, \Sigma, P, E)$ を取り上げる．ここに，

$$\Gamma = \{E, T, F\},$$
$$\Sigma = \{\mathrm{x}, +, \times, (,)\},$$
$$P = \{E \to E + T \mid T, T \to T \times F \mid F, F \to (E) \mid \mathrm{x}\}.$$

この G_1 は，$\mathrm{x} + \mathrm{x} \times \mathrm{x} + \mathrm{x} \times \mathrm{x} \times \mathrm{x} \times \mathrm{x}$ のような系列を導出する．このような系列は**算術式**と呼ばれ，算術式を構成している x，$\mathrm{x} \times \mathrm{x}$，$\mathrm{x} \times \mathrm{x} \times \mathrm{x} \times \mathrm{x}$ は**項**と呼ばれ，x

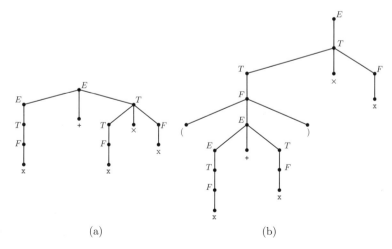

図 4.2　$\mathrm{x} + \mathrm{x} \times \mathrm{x}$ の導出木 (a) と $(\mathrm{x} + \mathrm{x}) \times \mathrm{x}$ の導出木 (b)

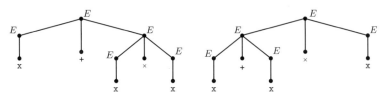

図 4.3　x + x × x の 2 つの導出木

は**因子**と呼ばれる．これらは，それぞれ非終端記号 E（Expression），T（Term），F（Factor）で表す．非終端記号 E からは項に+を施した算術式が導出され，T からは因子に × を施した項が導出され，F は最下位の因子であるが，$F \to (E)$ と書き換えると，最上位の算術式 E に戻る．

　一般に，式 x + x × x には演算を施す順序により，x + (x × x) と (x + x) × x の 2 通りの解釈がある．一方，図 4.2 に示すように，G_1 は前者に相当する算術式として x + x × x を導出し，後者に相当するものとして (x + x) × x を導出する．このように，2 通りの解釈に対して異なる算術式を対応するようにしており，この文法はあいまいではない．このように，× は+より優先するということを前提にしているため，前者の場合はカッコは不要となる．　　　　　　　　　　　　　　　■

　次の例の文法は，G_1 と同じ算術式を生成するが，この文法はあいまいである．

例 4.6　算術式を生成する文脈自由文法 $G_2 = (\Gamma, \Sigma, P, S)$ を

$$\Gamma = \{E\},$$
$$\Sigma = \{\text{x}, +, \times, (,)\},$$
$$P = \{E \to E + E \mid E \times E \mid (E) \mid \text{x}\}$$

として定義する．この文法は図 4.3 に示すように 2 つの異なる導出木が同じ算術式 x + x × x を導出するのであいまいである．　　　　　　　　　　　　　　　■

例 4.7　if-then 構造の文で，同じ文なのに 2 通りに解釈される文を取り上げる．2 通りの解釈は次の (1) と (2) の解釈である．

```
if(x>0) then {if(y>0) then printf("1")} else printf("2")    (1)

if(x>0) then {if(y>0) then printf("1") else printf("2")}    (2)
```

ここに，カッコ { } はこれで囲われた箇所がひとまとまりという解釈を与えるためのもので，文を構成する記号ではない．このように，(1) と (2) は同じ文に対する 2

つの解釈を表すものである.

$x > 0$ かつ $y < 0$ の場合を考える. カッコで囲った箇所をかたまりと見なすので, (1) の場合は, $x > 0$ なのでカッコ内の解釈に進むが, $y < 0$ なので何もプリントしない (カッコ内に else に対応するものがないため). 一方, (2) の場合は, カッコ内の解釈において $y < 0$ なので else 部分で, "2" がプリントされる (問題 4.2). このように, 同じ文でありながら, 解釈が違うと実行結果も違ってくる. この解釈の違いは, この文を生成する次の文脈自由文法のあいまいさからくるものである.

if-then 構造の文を生成する文脈自由文法を

⟨stmt⟩ → ⟨if-stmt⟩ | printf("1") | printf("2")

⟨if-stmt⟩ → if ⟨cond⟩ then ⟨stmt⟩ else ⟨stmt⟩ | if ⟨cond⟩ then ⟨stmt⟩

⟨cond⟩ → (x>0) | (y>0)

$$\Gamma = \{⟨stmt⟩, ⟨if\text{-}stmt⟩, ⟨cond⟩\}$$
$$\Sigma = \{if, then, else, printf("1"), printf("2"), (x>0), (y>0)\}$$

とする. すると (1) と (2) の文に対して図 4.4 のような 2 つの導出木が存在する. (a) と (b) の導出木 T_1 と T_2 はそれぞれ (1) と (2) の解釈に対応する. したがって, この文脈自由文法はあいまいな文法である. この例のように, 2 通りのくくり方のある else は宙ぶらりんの else (dangling else) と呼ばれる. ■

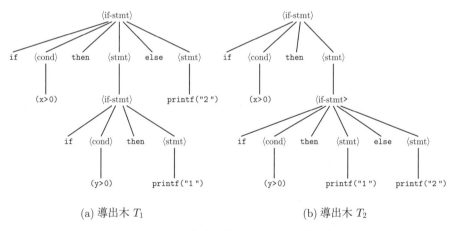

(a) 導出木 T_1 (b) 導出木 T_2

図 4.4 2 つの解釈に対応する 2 つの導出木

4.3　チョムスキーの標準形

　文脈自由文法の書き換え規則は，生成する言語は変えないで簡単な形のものに限定することができる．そのようなものの中にチョムスキーの標準形と呼ばれるものがある．

定義 4.8　文脈自由文法の書き換え規則 P が**チョムスキーの標準形**と呼ばれるのは，書き換え規則が次のいずれかの形をとるときである．

　　1.　$A \to BC$

　　2.　$A \to a$

ここで，A は非終端記号で，B と C は開始記号以外の非終端記号で，a は終端記号である（これらの記号は，非終端記号や終端記号を一般的に表している）．また，左辺が開始記号 S のとき，ε 規則 $S \to \varepsilon$ があってもよい．ただし，ε 規則 $S \to \varepsilon$ を含むときは，開始記号 S はどの書き換え規則においても右辺には現れないとする．■

　この節では，任意の文脈自由文法 $G = (\Gamma, \Sigma, P, S)$ の書き換え規則はチョムスキーの標準形のものに等価変換（生成する言語を変えない変換）できることを導く．この等価変換は，チョムスキーの標準形では許されていない書き換え規則を次々と削除することにより実行される．削除するのは，次の3つのタイプの書き換え規則である．

ε 規則の除去　　$A \to \varepsilon$ を除去したい書き換え規則とする．導出の過程で $A \to \varepsilon$ が適用されるのは，$B \to y$ を適用して得られた系列 y に現れた A を消すときなので，$B \to y$ と $A \to \varepsilon$ の書き換えを続けたときの変換を1つの書き換え規則として表し，$A \to \varepsilon$ を削除する代わりに，このような書き換え規則をすべて加えるというのが基本である．そのような $B \to y$ として，$B \to rAuAv$ を取り上げ具体的に説明する．ここに，$r, u, v \in ((\Gamma - \{A\}) \cup \Sigma)^*$ には A は現れないとする．このとき，

$$\{B \to rAuAv, A \to \varepsilon\} \to \{B \to rAuAv, B \to ruAv, B \to rAuv, B \to ruv\}$$

と変換する．この変換の右辺では，$A \to \varepsilon$ を除去する代わりに加える書き換え規則として，$A \to \varepsilon$ を使って生成される可能性のある系列をすべてつくっている．したがって，左辺の2つの書き換え規則を右辺の4つの書き換え規則で置き換えても，生成される言語は変わらない．この置き換えを，$A \to y$ の形をしていて y に A が現れているようなすべての書き換え規則に対して行うと，$A \to \varepsilon$ を適用する必要がなくなるので，$A \to \varepsilon$ を除去できる．ところで，このような変換で新しく ε 規則が生まれることもある．たとえば，上の例で $r = \varepsilon$，$u = \varepsilon$，$v = \varepsilon$ の場合は，$B \to \varepsilon$ が追加される．このような ε 規則を上の変換で追加するのは，$B \to \varepsilon$ が ε 規則除

去の操作でこれまでに除去されていない場合に限る. すでに除去されていたとすると, $B \to \varepsilon$ は使わなくとも済むように書き換えられているので, $B \to \varepsilon$ を追加する必要はない.

読み換え規則の除去 $A \to B$ のタイプの書き換え規則は, 単に非終端記号 A を B に読み換えるだけなので, **読み換え規則**と呼ぶことにする. この場合は, 次のように変換して読み換え規則を除去する.

$$\{A \to B, B \to u_1 \mid u_2 \mid \cdots \mid u_k\} \to \{A \to u_1 \mid u_2 \mid \cdots \mid u_k\}$$

ここで, $B \in \Gamma$ を左辺にもつ書き換え規則は, 上の k 個で尽くされているとする. ここに, $u_1, u_2, \ldots, u_k \in (\Gamma \cup \Sigma)^*$.

長列規則の除去 $A \to u_1 u_2 \cdots u_k$ の右辺の長さ k が $k \geq 3$ のとき**長列規則**と呼ぶことにする. これは除去しなければならない規則である ($k = 2$ の場合でも除去しなければならない場合については問題 4.7 を参照). まず, 長列規則の除去の変換の例について説明する.

$$\{A \to a_1 B_2 B_3 a_4 B_5\}$$
$$\to \begin{aligned} \{&A \to X_{a_1} D_2, X_{a_1} \to a_1, D_2 \to B_2 D_3, D_3 \to B_3 D_4, \\ &D_4 \to X_{a_4} B_5, X_{a_4} \to a_4\} \end{aligned}$$

この変換では, 長列規則が長列ではない 6 個の書き換え規則に置き換えられる. 図 4.5 では, 長列規則の書き換えが, チョムスキーの標準形を満たす書き換えで置き換えられる様子を表している. この置き換えでは, 2 つのタイプの非終端記号が新しく導入されている. ひとつは長列規則の右辺の内容を引き継いでいく非終端記号 D_i であり, 他のひとつは最終的に終端記号 a に置き換えられる記号を一時的に

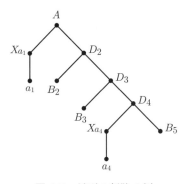

図 4.5 長列の削除の例

変換するための非終端記号 X_a である.

　長列規則の除去は,すべての長列規則に対して上の置き換えを実行して行う.ただし,導入する D_i タイプの非終端記号は,長列規則ごとにすべて異なるようにしておく.共通するものがあると,異なる長列規則をまたいだ引き継ぎが起こるからである.

　ε 規則の除去,読み換え規則の除去,長列規則の除去について具体例をあげながら説明したが,これらは簡単に一般化される.これら 3 つのタイプの除去を次々と行うことにより次の定理を導くことができる.

定理 4.9　任意の文脈自由言語はチョムスキーの標準形の文脈自由文法で生成される.

【証明】　CFL L を生成する CFG を $G = (\Gamma, \Sigma, P, S)$ とする.チョムスキーの標準形にするための変換に入る前に,まず CFG G を次のように CFG G' に変換する.すなわち,新しい開始記号 S_0 を導入し,書き換え規則の $S_0 \to S$ を加え,CFG G を $\text{CFG} G' = (\{S_0\} \cup \Gamma, \Sigma, \{S_0 \to S\} \cup P, S_0)$ に変換する.この G' では,開始記号 S_0 はどの書き換え規則の右辺にも現れない.

　G' で系列が生成される場合は,$S_0 \to S$ の書き換えで開始記号 S がつくられた後は,系列の生成は元の G にあずけられる.したがって,G と G' は等価である.この G' に,ε 規則の除去,読み換え規則の除去,長列規則の除去の変換を適用すると,求めるチョムスキーの標準形の CFG G'' が得られる.3 つのタイプの除去の変換は等価変換なので,最後に得られたチョムスキーの標準形の CFG G'' は最初の CFG G に等価である.

　なお,チョムスキーの標準形では開始記号からの ε 規則 $S_0 \to \varepsilon$ は許される.3 つのタイプの等価変換により $S_0 \to \varepsilon$ が追加される場合($S \overset{*}{\underset{G}{\Rightarrow}} \varepsilon$ のとき追加される),この追加された ε 規則は除去されることはないことを注意しておく.と言うのは,3 つのタイプの等価変換で追加された $S_0 \to \varepsilon$ が消える可能性があるのは,$S_0 \to \varepsilon$ が ε 規則の除去の $\{B \to rAuAv, A \to \varepsilon\}$ の $A \to \varepsilon$ に相当する場合だけである.しかし実際は $S_0 \to \varepsilon$ がこのように解釈されることはない.なぜならば,S_0 が書き換え規則の右辺に現れることはないからである.　　　　□

例 **4.10** CFG $G = (\{S\}, \{a, b\}, \{S \rightarrow aSbS \mid \varepsilon\}, S)$ を定理 4.9 の証明の手順に従ってチョムスキーの標準形の書き換え規則に等価変換する.

1. S_0 の導入：

   $S_0 \rightarrow S$

   $S \rightarrow aSbS \mid \varepsilon$

2. $S \rightarrow \varepsilon$ の除去：

   $S_0 \rightarrow S \mid \varepsilon$

   $S \rightarrow aSbS \mid abS \mid aSb \mid ab$

3. $S_0 \rightarrow S$ の除去：

   $$S_0 \rightarrow \overset{0}{\varepsilon} \mid \overset{1}{aSbS} \mid \overset{2}{abS} \mid \overset{3}{aSb} \mid \overset{4}{ab}$$

   $$S \rightarrow \overset{5}{aSbS} \mid \overset{6}{abS} \mid \overset{7}{aSb} \mid \overset{8}{ab}$$

4. 長列規則の除去：

   1   $S_0 \rightarrow \varepsilon$

   2   $S_0 \rightarrow X_a A_2, \ A_2 \rightarrow SA_3, \ A_3 \rightarrow X_b S$

   3   $S_0 \rightarrow X_a B_2, \ B_2 \rightarrow X_b S$

   4   $S_0 \rightarrow X_a C_2, \ C_2 \rightarrow SX_b$

   5   $S_0 \rightarrow X_a X_b$

   6   $S \rightarrow X_a D_2, \ D_2 \rightarrow SD_3, \ D_3 \rightarrow X_b S$

   7   $S \rightarrow X_a E_2, \ E_2 \rightarrow X_b S$

   8   $S \rightarrow X_a F_2, \ F_2 \rightarrow SX_b$

   9   $S \rightarrow X_a X_b$

   10   $X_a \rightarrow a, \ X_b \rightarrow b$

   ただし，長列規則の除去については，変換の前後の対応を見やすくするために $1, \ldots, 9$ の番号をつけてある．また， 10 は X_a や X_b の書き換え規則である． P を上の **4** の $1, \ldots, 10$ の書き換え規則からなるものとすると， $G'' = (\Gamma, \Sigma, P, S_0)$ は，元の G に等価なチョムスキーの標準形の CFG となる．ここに，

   $$\Sigma = \{a, b\},$$

   $$\Gamma = \{S_0, A_2, A_3, B_2, C_2, D_2, D_3, E_2, F_2, X_a, X_b\}$$

   である．

4.4　文脈自由文法の言語生成能力の限界

　前の章では，鳩の巣原理を使って，$\{0^n 1^n \mid n \geq 0\}$ を受理する有限オートマトンは存在しないことを導いた．この節では，同じ鳩の巣原理を使って，文脈自由文法の能力の限界を示す命題を導く．しかし，この原理の使い方は少し込み入っている．

　文脈自由文法 G が長い系列を導出すると仮定する．すると，その系列を導出する導出木が高い（高さは開始記号から葉に至るパスの長さの最大値）ので，開始記号から葉までのパスの長さは長い．すると，そのパス上には2回以上現れる非終端記号が存在することになる．そこで，同じ非終端記号が現れている点で導出木にハサミを入れて，導出木を上の部分と真ん中の部分と下の部分の3つに分けたとする．真ん中の部分のコピーをとり，コピーを何個かつなぎ合わせた上で，これに上の部分と下の部分とつなぎ合わせたとすると，これは新しい導出木となる．したがって，この新しい導出木で導出される系列は元の文脈自由文法で導出される．このことは，文脈自由文法で生成される言語に対して，制約を課すことになる．新しい導出木が導出する系列も言語に属していなければならないという制約である．そのため，この制約を満たしていない言語は，どんな文脈自由文法でも生成することのできない言語ということになる．

　この議論は，次の定理の証明の大筋となる．

定理 4.11　（**文脈自由言語に関する反復補題**）　文脈自由言語 L に対して次の条件を満たす正整数 m が存在する．すなわち，L に属する長さが m 以上の任意の系列 w は，適当な $u, v, x, y, z \in \Sigma^*$ が存在して $w = uvxyz$ と表されて，次の3つの条件を満たす．ここで，$|\ |$ は系列の長さを表す．

　　1. 任意の $i \geq 0$ に対して，$uv^i xy^i z \in L$,

　　2. $|vy| \geq 1$,

　　3. $|vxy| \leq m$.

【**証明**】　CFL L を生成する CFG を $G = (\Gamma, \Sigma, P, S)$ とする．

　まず，図4.6のように導出木の根から葉までのパスの長さが長くなるようにし，同じ非終端記号のパス上に2回現れるようにするためには，導出する系列 $w \in \Sigma^*$ の長さをどのくらい長くとればよいかという議論から入る（定理では m 以上の長さとするとしている）．

　導出木で導出される系列の長さとその導出木の高さ（根から葉に至るパスの長さの最大のもの）の間の一般的な関係について見ていく．G の書き換え規則の右辺の

長さの最大値を k とする．すると，高さ 1 の導出木で導出される系列 $w \in \Sigma^*$ の長さは高々 k である（$S \to a_1 \cdots a_k$ のタイプが適用された場合）．同様に，高さが 2 の導出木で導出される系列の長さは高々 k^2 である（まず，$S \to A_1 A_2 \cdots A_k$ のタイプが適用され，それぞれの A_i に $A_i \to a_{i_1} a_{i_2} \cdots a_{i_k}$ のタイプが適用された場合）．同様に，高さが h の導出木で導出される系列の長さは高々 k^h である．すると，長さが $k^h + 1$ 以上の系列 $w \in \Sigma^*$ を導出する導出木の高さは $h+1$ 以上となる（高さが h だと，導出できる系列の長さは高々 k^h となり，足りない）．そこで，

$$m = k^{|\Gamma|+1} \geq k^{|\Gamma|} + 1$$

とおく．ここで，$|\Gamma|$ は非終端記号の個数．長さが m 以上の任意の $w \in L$ に対し，w を導出する導出木 T の高さは $|\Gamma|+1$ 以上となる．ただし，T は w を導出するサイズ（点の個数）が最小の導出木とする．すると，T には根から葉（終端記号が割り当ててある）までの長さが $|\Gamma|+1$ 以上のパスがあり，このパス上には $|\Gamma|+1$ 個以上の非終端記号が現れる（パス上には葉の終端記号を含めて，$|\Gamma|+2$ 個の $\Gamma \cup \Sigma$

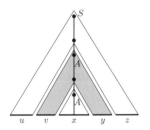

図 4.6 系列 $uvxyz$ を導出する導出木 T．ただし，T の根から葉に至るパス上に非終端記号 A が 2 回現れる．

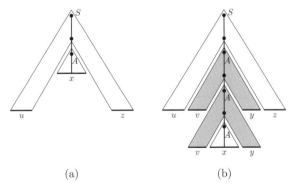

(a)　　　　　　　　(b)

図 4.7 図 4.6 の導出木 T から導かれる 2 つの導出木

の記号が現れる）．すると，鳩の巣原理より，その中には同じ非終端記号が 2 回以上現れる．その中の最も葉に近い 2 個を A とし，図 4.6 のように表す．この図のように，$A \overset{*}{\Rightarrow} x$，$A \overset{*}{\Rightarrow} vxy$ とし，$w = uvxyz$ とする．

1. 図 4.7 に示すように，図 4.6 の網掛け部分を抜いても（(a) は，$i = 0$ の場合），任意の i に対して，i 回繰り返しても導出木となる（(b) は，$i = 2$ の場合）．したがって，任意の $i \geq 0$ に対して，$uv^i xy^i z \in L$.

2. $|vy| \geq 1$ が成立しないのは，$v = \varepsilon$ かつ $y = \varepsilon$ の場合であるが，この場合は，$uvxyz \ (= uxz)$ が図 4.7 の (a) の導出木で導出され，図 4.6 の導出木が $uvxyz$ を導出する最小サイズという仮定に矛盾する．

3. A は最も葉に近い 2 個の非終端記号として選んでいるので，図 4.6 において vxy を導出している導出木の高さは高々 $|\Gamma| + 1$ である．一方，高さが $|\Gamma| + 1$ の導出木が導出する $vxy \in \Sigma^*$ の長さは高々 $k^{|\Gamma|+1} = m$ である．すなわち，$|vxy| \leq m$.

したがって，定理は証明された．　　　　　　　　　　　　　　　　　　　　□

例 4.12　反復補題を使って，言語 $L = \{\mathsf{a}^n \mathsf{b}^n \mathsf{c}^n \mid n \geq 0\}$ は CFG では生成できないことを導く．系列 $\mathsf{a}^m \mathsf{b}^m \mathsf{c}^m \in L$ に注目する．ここに，m は反復補題の定数 m である．反復補題より，$\mathsf{a}^m \mathsf{b}^m \mathsf{c}^m = uvxyz$ と表され，$uvxyz$ から v と y を抜いた uxz は L に属する．$|vxy| \leq m$ より，図 4.8 に示すように，z が c^m をカバーする (a) の場合と u が a^m をカバーする (b) の場合に分かれる．

まず，(a) の場合を取り上げる．$N_\mathsf{a}(\ )$ は系列に現れる a の個数を表し，$N_\mathsf{b}(\ )$ や $N_\mathsf{c}(\ )$ も同様とする．この場合は，図 4.8 の (a) からわかるように vxy が a と b の領域にカバーされているので，$uvxyz$ から v と y を抜いて uxz をつくると，$|vy| \geq 1$ より，$N_\mathsf{a}(uxz) < m$ または $N_\mathsf{b}(uxz) < m$ となる．したがって，$N_\mathsf{a}(uxz) < N_\mathsf{c}(uxz) = m$，または，$N_\mathsf{b}(uxz) < N_\mathsf{c}(uxz) = m$ となり，$uxz \in L$ に矛盾する．(b) の場合も同様に矛盾が導かれる．したがって，$L = \{\mathsf{a}^n \mathsf{b}^n \mathsf{c}^n \mid n \geq 0\}$ は CFG では生成できないことが導かれる．　　　■

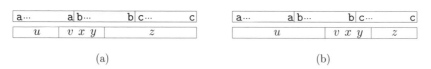

$$(a) \qquad\qquad\qquad\qquad\qquad (b)$$

図 4.8　$\mathsf{a}^m \mathsf{b}^m \mathsf{c}^m$ と $uvxyz$ の間の位置関係

4.5 さまざまな形式文法

形式文法には，正規文法，文脈自由文法，文脈依存文法，句構造文法の4つのタイプがある．1章の表1.1に示すように，これら4つのタイプにそれぞれ対応するオートマトン系の4つの計算モデルが対応している．有限オートマトン，プッシュダウンオートマトン，線形拘束オートマトン，チューリング機械である．この表に示すように，形式文法とオートマトン系の計算モデルには0から3までのレベルがあり，同じレベルの形式文法と計算モデルは計算能力が同じとなる．このうち，文脈自由文法とプッシュダウンオートマトンが同じ計算能力であることは，5.2節で詳しく説明する．この節では，それ以外のものについて簡単に説明する．

初めに，図4.9の状態遷移図で表される有限オートマトン M_1 を取り上げる．この M_1 は1が奇数個現れる系列を受理するものである．次の書き換え規則で定義される形式文法を G_1 とする．

$$A_{q_0} \to 0A_{q_0} \mid 1A_{q_1}$$
$$A_{q_1} \to 0A_{q_1} \mid 1A_{q_0}$$
$$A_{q_1} \to \varepsilon$$

このように G_1 を定義すると，この G_1 と M_1 は実質同じ計算をすることが次のようにしてわかる．たとえば，系列 1011 は，M_1 で受理され，G_1 で生成される．その状態遷移と導出はそれぞれ以下の通りである．

$$q_0 \xrightarrow{1} q_1 \xrightarrow{0} q_1 \xrightarrow{1} q_0 \xrightarrow{1} q_1 \tag{1}$$

$$A_{q_0} \Rightarrow 1A_{q_1} \Rightarrow 10A_{q_1} \Rightarrow 101A_{q_0} \Rightarrow 1011A_{q_1} \Rightarrow 1011 \tag{2}$$

この例からわかるように，状態 q_0 と q_1 をそれぞれ非終端記号 A_{q_0} と A_{q_1} とに対応させれば，状態遷移と導出が同じような動きをしていることがわかる．ただし，(1) では 1011 を入力した後の状態 q_1 は受理状態なので，この系列が受理されるのに対し，系列が生成されるためは終端記号が消えなければならないので，(2) の最

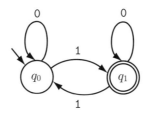

図 4.9 状態遷移図 M_1

後は $A_{q_1} \to \varepsilon$ を適用している．この例の G_1 の書き換え規則のつくり方を一般化すると，有限オートマトンに $p \overset{a}{\to} q$ の状態遷移があるとき，書き換え規則として $A_p \to aA_q$ を加え，q が受理状態のとき $A_q \to \varepsilon$ を加えるということになる．

　次に有限オートマトンに対応する正規文法の形式的定義を与える．正規文法は，書き換え規則に文脈自由文法よりも強い制約を課した文法である．

定義 4.13　**正規文法**とは 4 項組 (Γ, Σ, P, S) である．ここで

　　1. Γ は非終端記号の有限集合，

　　2. Σ は終端記号の有限集合（アルファベット），ただし，Γ と Σ は共通する要素をもたない．

　　3. P は書き換え規則の有限集合で，書き換え規則は

$$A \to aB, \quad A \to \varepsilon$$

　　のいずれかの形をとる．ここで，$A, B \in \Gamma$，$a \in \Sigma$ であり，

　　4. $S \in \Gamma$ は開始記号，

とする．　　　　　　　　　　　　　　　　　　　　　　　　　　　　■

　通常，正規文法の書き換え規則は上の定義の 2 つのタイプの代わりに

$$A \to aB, \quad A \to a, \quad A \to \varepsilon$$

の 3 つのタイプからなるものと定義される．しかし，実際は，定義 4.13 の **3** のように，$A \to a$ のタイプを除いても言語の生成能力は変わらない．非終端記号 X を新しく加えて，$A \to a$ のタイプの書き換え規則を $A \to aX$ に置き換えた上で，書き換え規則 $X \to \varepsilon$ を加えておけばよいからである．このように，正規文法を書き換え規則のタイプを $A \to aB$ か $A \to \varepsilon$ として定義しても，$A \to aB$ か $A \to a$ か $A \to \varepsilon$ として定義しても，言語の生成能力は変わらないことになる（問題 4.12）．なお，正規文法の定義を変えて，**3** を $A \to Ba$，$A \to \varepsilon$ のいずれかの形をとるとしても，生成される言語のクラスは変わらない（問題 4.13）．なお，このように変更して定義した文法を**左線形文法**と呼び，定義 4.13 の文法を**右線形文法**とも呼ぶ．

　次の定理 4.14 は，有限オートマトンの言語受理能力と正規文法の言語生成能力は同じであることを主張するものである．定義 4.13 のように正規文法の書き換え規則を 2 つのタイプに限定することにより，この定理もすっきりした証明で見通しよく導くことができる．

> **定理 4.14**
>
> 言語 L は有限オートマトンで $\Leftrightarrow$ 言語 L は正規文法で
> 受理される 生成される

【証明】 $\Rightarrow$ の証明：有限オートマトン $M = (Q, \Sigma, \delta, q_0, F)$ に対して，正規文法 $G_M = (\{A_q \mid q \in Q\}, \Sigma, P, A_{q_0})$ を構成する．ここで，P は次のような書き換え規則からなるとする．

(1) 状態遷移 $q \xrightarrow{a} q'$ に対して，$A_q \to aA_{q'}$ とし，

(2) 受理状態 $q \in F$ に対して，$A_q \to \varepsilon$.

開始状態 q_0 には開始記号 A_{q_0} を対応させ，状態遷移 $q \xrightarrow{a} q'$ には書き換え規則 $A_q \to aA_{q'}$ を対応させ，受理状態 $q \in F$ に対応する非終端記号 A_q は $A_q \to \varepsilon$ により消去できるようにしておく．このように有限オートマトン M から正規文法 G_M を定義すると，系列 $w \in \Sigma^*$ が M で受理されるとき，w は G_M で導出され，逆に系列 w が G_M で導出されるとき，w は M で受理される．したがって，$L(M) = L(G_M)$.

$\Leftarrow$ の証明：正規文法 $G = (\Gamma, \Sigma, P, S)$ に対して，有限オートマトン $M_G = (Q, \Sigma, \delta, q_s, F)$ を

$$Q = \{q_A \mid A \in \Gamma\}$$
$$q_A \xrightarrow{a} q_B \Leftrightarrow A \to aB$$
$$F = \{q_A \mid A \to \varepsilon \in P\}$$

により定義する．すると，系列 $w \in \Sigma^*$ が G で導出されるとき，w は M_G で受理され，逆に系列 $w \in \Sigma^*$ が M_G で受理されるとき，w は G で導出される．したがって，$L(G) = L(M_G)$. $\quad\square$

この定理の証明は，直観的に明らかなところは省略しているが，省略しないことにすると，証明は少し長くなる（問題 4.14）．

次に，文脈依存文法と線形拘束オートマトンの等価性に進む．

定義 4.15 文脈依存文法 (Context-Sensitive Grammar) とは，次の 4 項組 (Γ, Σ, P, S) である．ここに，

1. Γ は非終端記号の有限集合，
2. Σ は終端記号の有限集合（アルファベット），ただし，Γ と Σ は共通する要素を含まない，

3. P は書き換え規則の有限集合で，個々の書き換え規則は $s \to t$ の形をとる．ここに，$s \in (\Gamma \cup \Sigma)^* - \{\varepsilon\}$，$t \in (\Gamma \cup \Sigma)^* - \{\varepsilon\}$，かつ，$|s| \leq |t|$．ただし，$|\ |$ は系列の長さを表す．

4. $S \in \Gamma$ は開始記号．ただし，開始記号 S がどの書き換え規則 $s \to t$ の右辺 t にも現れない場合は，$S \to \varepsilon$ を書き換え規則として加えてもよい．

また，系列 $x \in (\Gamma \cup \Sigma)^*$ が，$u, v \in (\Gamma \cup \Sigma)^*$ が存在して，$x = usv$ と表せて，$s \to t \in P$ が存在するとき，$y = utv$ に対して，

$$x \Rightarrow y$$

とする．さらに，導出や生成についても，文脈自由文法の場合と同様に定義する．■

文脈依存文法の解釈などについては，この節の最後のところで説明する．

まず，次の例で言語 $\{a^n b^n c^n \mid n \geq 1\}$ が文脈依存文法で生成できることを示す．例 4.12 でこの言語は文脈自由文法では生成できないことを導いているので，文脈依存文法は文脈自由文法より真に能力が高い文法ということになる．

例 4.16　言語 $\{a^n b^n c^n \mid n \geq 1\}$ を生成する文脈依存文法 $G_2 = (\Gamma, \{a, b, c\}, P, S)$ を次のように定義する．

$$
\begin{aligned}
\Gamma = &\{S, A, B, C, T_a, T_b, T_c\}, \\
P = \{ \quad S \ &\to ABCS \mid ABT_c, \\
CA \ &\to AC, \\
BA \ &\to AB, \\
CB \ &\to BC, \\
CT_c \ &\to T_c c, \\
BT_c \ &\to T_b c, \\
BT_b \ &\to T_b b, \\
AT_b \ &\to T_a b, \\
AT_a \ &\to T_a a, \\
T_a \ &\to a \ \}
\end{aligned}
$$

この文法が系列 $a^n b^n c^n$ を導出するときの書き換えの流れは，まず，$S \to ABCS$ を繰り返して $ABCABC \cdots ABC$ をつくり，次に $\{CA \to AC, \ BA \to AB, \ CB \to BC\}$ を適当に適用することにより，A や B を左方向に移動して $A^n B^n C^n$ をつくり，A，B，C をそれぞれ a，b，c に置き換えるというものである．この

流れから外れた書き換えが実行されたとしても最終的に非終端記号が置き換えられずに残ってしまい，終端記号だけからなる系列は導出されないようになっている．

この G_2 による系列 $a^n b^n c^n$ の導出の動きをつかんでもらうために，実例を見てもらうことにする．

$n = 2$ の場合の例を図 4.10 に示す．たとえば，この図の (1) から (2) へのステップでは書き換え規則 $S \to ABT_c$ が用いられたことを表している．

一般的に，$S \overset{*}{\Rightarrow} a^n b^n c^n$ の導出は次の3つのステージからなる．

1. $S \to ABCS$ と $S \to ABT_c$ を使って，$(ABC)^{n-1} ABT_c$ をつくる（図 4.10 の (1)，(2)）．

2. $CA \to AC$，$BA \to AB$，$CB \to BC$ を使って，隣接する A，B，C の非終端記号のペアのポジションを適当に交換し，$A^n B^n C^{n-1} T_c$ をつくる（(3)，(4)，(5)）．

3. 残りの6つの書き換え規則を使って，A，B，C をそれぞれ終端記号 a，b，c に書き換えて，$a^n b^n c^n$ をつくる（(6)，…，(11)）．この書き換えを担うのが T_a，T_b，T_c である．これらの非終端記号は，$T_c \to T_b \to T_a$ と変わりながら $A^n B^n C^{n-1} T_c$ の最右端からスタートして左方向への移動を繰り返す．

以上で，G_2 は任意の $n \geq 1$ に対して系列 $a^n b^n c^n$ を導出することが導かれた．次に，G_2 は $a^n b^n c^n$ 以外の系列は導出しないことを導く，一般に，こちらの方が導

$$
\begin{aligned}
S \quad &\Rightarrow \quad ABCS & (1) \\
&\Rightarrow \quad ABCABT_c & (2) \\
&\Rightarrow \quad ABAC\,BT_c & (3) \\
&\Rightarrow \quad ABABC\,T_c & (4) \\
&\Rightarrow \quad AAB\,BCT_c & (5) \\
&\Rightarrow \quad AABBT_c\,c & (6) \\
&\Rightarrow \quad AABT_{b}c\,c & (7) \\
&\Rightarrow \quad AAT_{bb}c\,c & (8) \\
&\Rightarrow \quad AT_{ab}b\,c\,c & (9) \\
&\Rightarrow \quad T_{aa}b\,b\,c\,c & (10) \\
&\Rightarrow \quad a\,a\,b\,b\,c\,c & (11)
\end{aligned}
$$

図 4.10 G_2 における $S \overset{*}{\Rightarrow} aabbcc$ の導出

くのが難しい．これら両方向が導かれて初めて，G_2 は言語 $\{a^n b^n c^n \mid n \geq 1\}$ を生成するということができる．すなわち，$L(G_6) \supseteq \{a^n b^n c^n \mid n \geq 1\}$ と $L(G_6) \subseteq \{a^n b^n c^n \mid n \geq 1\}$ から $L(G_6) = \{a^n b^n c^n \mid n \geq 1\}$ が導かれるという論理の運びである．

$L(G_2) \subseteq \{a^n b^n c^n \mid n \geq 1\}$ が成立することは，次の (1) と (2) が成立することから導かれる．

(1) a と A を合計した個数と，b と B を合計した個数と，c と C を合計した個数は，S から導出される任意の系列において常に一致する（だだし，T_a は A の個数に含め，T_b は B の個数に含め，T_c は C の個数に含めるとする）．

(2) $\{a, b, c\}$ の記号だけからなる系列を生成するためには，T_c が T_b に書き換えられる前に C はすべて c に書き換えられ，T_b が T_a に書き換えられる前に B はすべて b に書き換えられ，T_a が a に書き換えられる前に A はすべて a に書き換えられなければならない．

なお，言語 $\{a^n b^n c^n \mid n \geq 1\}$ は次のシンプルな文脈依存文法 $G_2 = (\Gamma, \{a, b, c\}, P, S)$ で生成することもできる．

$$\Gamma = \{S, B\}$$
$$P = \{\ S\ \to \text{a}SB\text{c} \mid \text{abc},$$
$$\text{c}B \to B\text{c},$$
$$\text{b}B \to \text{bb}\ \}$$

この G_2 が系列 $a^n b^n c^n$ を導出することを確かめてほしい．　　　　　　■

ところで，文脈依存文法（定義 4.15）の書き換え規則の **3** は次のように等価な **3′** に置き換えることができる．このように置き換えて定義しても，元の定義と等価な定義となることを導くことができる．

3′. P は書き換え規則の有限集合で，個々の書き換え規則は，$sAt \to srt$ の形をとる．ここに，$A \in \Gamma$，$r \in (\Gamma \cup \Sigma)^* - \{\varepsilon\}$，$s, t \in (\Gamma \cup \Sigma)^*$.

文脈依存文法の定義を **3′** に置き換えると，文脈自由文法と文脈依存文法との違いがはっきりしてくる．文脈自由文法の書き換え規則（定義 4.8 の **3**）では，導出された系列に非終端記号 A が現れたら無条件で $A \to r$ と書き換えることができるのに対し，**3′** の文脈依存文法の書き換え規則では，この書き換えができるのは A の文脈が s と t のとき（A が s と t で囲まれているとき）に限られる．このように，文脈により書き換えをコントロールすることができる．例 4.16 で見たように，この書き換えのコントロールにより，文脈依存文法 G_2 は系列 $a^n b^n c^n$ を導出することができた．

　1章の表1.1に示したように，文脈依存文法と同じレベルの計算モデルは線形拘束オートマトンである．この計算モデルの定義は省略するが，簡単に言うと，チューリング機械のテープを計算開始時に入力の系列が置かれたコマからなる領域に限定したものである．計算が開始すると，ヘッドの動きがこの領域に限定されること以外は，チューリング機械と同じように動作できる．このとき，説明は省略するが，

L が文脈依存文法で生成される

⇔　L が線形拘束オートマトンで受理される

という等価関係が成立する．

　文脈依存文法を超える計算能力をもった文法に**句構造文法**と呼ばれるものがある．この文法の定義は省略するが，文脈依存文法の場合の書き換え規則の右辺が左辺より短くなることはないという制約さえも取り払った（何も制約のない）文法である．そして，句構造文法の言語生成能力とチューリング機械の言語受理能力が同じとなる．チューリング機械はIII部で扱う計算モデルであり，その定義はそこで詳しく説明する．これら2つのモデルについては，

L が句構造文法で生成される

⇔　L がチューリング機械で受理される

という等価関係が成立する．

　この節では，4つのタイプの形式文法，正規文法，文脈自由文法，文脈依存文法，句構造文法について説明し，これらの文法の計算能力の間には，

正規文法 < 文脈自由文法 < 文脈依存文法 < 句構造文法

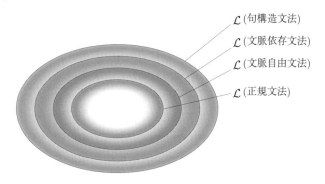

$\mathcal{L}$ (句構造文法)
$\mathcal{L}$ (文脈依存文法)
$\mathcal{L}$ (文脈自由文法)
$\mathcal{L}$ (正規文法)

図 4.11　チョムスキーの階層

の関係があることを説明した．形式文法のクラスを X で表し，このクラスの形式文法で生成される言語のクラスを $\mathcal{L}(X)$ と表すことにすると，上に述べた計算能力の大小関係により，言語のクラスの間には図 4.11 に表すような包含関係が成立する．すなわち，計算能力の間に $X < Y$ の関係にあると，対応する言語のクラスの間には $\mathcal{L}(X) \subsetneq \mathcal{L}(Y)$ の関係が成立する．このような形式文法の間の関係は**チョムスキーの階層**と呼ばれる．

問　　題

4.1 次の書き換え規則で与えられる文脈自由文法 G で系列 abaca を導出する導出木をすべて与えよ．また，それぞれの導出木に対応する最左導出を与えよ．

$$S \to S\mathsf{b}S \mid S\mathsf{c}S \mid \mathsf{a}$$

4.2 言語 L_1，L_2 がそれぞれ文脈自由文法 G_1，G_2 で生成されるとするとき，言語 $L_1 \cup L_2$ を生成する文脈自由文法を G_1 と G_2 を用いて構成せよ．

4.3 長さ n の系列 $w_1 w_2 \cdots w_n$ に対して $(w_1 w_2 \cdots w_n)^R = w_n \cdots w_2 w_1$ とする．$\{w \in \{\mathsf{a}, \mathsf{b}\}^* \mid w = w^R\}$ を生成する文脈自由文法を与えよ．

4.4 次の言語を生成する文脈自由文法を与えよ．

(1)†　$\{\mathsf{a}^i \mathsf{b}^j \mid 0 \le i \le j\}$

(2)†　$\{\mathsf{a}^i \mathsf{b}^j \mid 0 \le i \le j \le 2i\}$

(3)††　$\{\mathsf{a}^i \mathsf{b}^j \mathsf{c}^k \mid i, j, k$ は，$j = i + k$ を満たす非負整数$\}$

4.5††　$w \in \{(,)\}^*$ に関する次の条件 A と B が等価であることを証明せよ．

条件 A：w は文脈自由文法 $\{S \to (S) \mid SS \mid \varepsilon\}$ により導出される．

条件 B：w が次の **1** と **2** を満たす．

1.　w の任意のプレフィックス w' に対して，$N_{(}(w') - N_{)}(w') \ge 0$，

2.　$N_{(}(w) - N_{)}(w) = 0$．

ここで，$N_x(w)$ は，w に現れる x の個数を表す．また，w' が w のプレフィックスであるとは，適当な w'' に対して w が $w'w''$ と表されることである．

4.6 図 4.4 の 2 つの導出木 T_1 と T_2 の解釈それぞれについて，"1" と "2" のどちらが表示されるかを，$x > 0$ と $y > 0$ の不等式が成立するかしないかの 4 つの場合について示せ．

4.7 右辺の長さが 2 の書き換え規則 $A \to uv$ で，チョムスキーの標準形ではないすべてのタイプの書き換え規則を，チョムスキーの標準形の書き換え規則のセットに等価変換せよ．ここに，$u, v \in \Gamma \cup \Sigma$．

4.8　次の書き換え規則からなる文脈自由文法をチョムスキーの標準形へ等価変換せよ.

$$S \to aB \mid bA$$

$$A \to a \mid aS \mid bbA$$

$$B \to b \mid bS \mid aBB$$

4.9　次の言語は文脈自由言語ではないことを証明せよ. ただし, アルファベットは $\{a, b, c\}$ とする.

(1)　$\{a^i b^j c^k \mid i \le j \le k\}$

(2)　$\{w \mid N_a(w) = N_b(w) = N_c(w)\}$

4.10[††]　文脈自由言語について以下の問いに答えよ.

(1)　言語 $\{ww \mid w \in \{a, b\}^*\}$ は文脈自由言語ではないことを示せ.

(2)　言語 $\{a, b\}^* - \{ww \mid w \in \{a, b\}^*\}$ を生成する文脈自由文法を与えよ.

(3)　文脈自由言語は補集合をとる演算で閉じていないことを示せ.

4.11[†]　G をチョムスキーの標準形の文脈自由文法とし, その非終端記号の個数を k と表す. G が長さが $2^{k-1} + 1$ 以上の系列を生成するとき, G が生成する言語 $L(G)$ は無限個の系列からなることを導け.

4.12　正規文法の定義で書き換え規則のタイプを定義 4.13 のように $\{A \to aB, A \to \varepsilon\}$ と定義しても, $\{A \to aB, A \to a, A \to \varepsilon\}$ と定義しても生成する言語は同じであることを示せ.

4.13　右線形文法とは, $A \to bB$ と $A \to \varepsilon$ のタイプの書き換え規則からなる文法であり, 左線形文法とは, $B \to Ab$ と $B \to \varepsilon$ のタイプの書き換え規則からなる文法である. 一般に, 右線形文法は左線形文法に等価変換できる. たとえば, 右線形文法による導出

$$S \Rightarrow aA \Rightarrow abB \Rightarrow abcC \Rightarrow abc$$

は, 等価な左線形文法では

$$abc \Leftarrow Tabc \Leftarrow Abc \Leftarrow Bc \Leftarrow S$$

の導出に変わる. このように, この変換の結果, 終端記号は逆順に導出される.

　　上の例を参考にして, 右線形の書き換え規則から等価な左線形の書き換え規則への変換を一般的な変換ルールとして表せ.

4.14　定理 4.14 の $\Rightarrow$ を詳しく説明せよ.

4.15　次の書き換え規則で与えられる文法 G は, 正規文法ではない. しかし, この文法で生成される言語 $L(G)$ は正規言語である. 正規言語 $L(G)$ を生成する正規文法を与えよ.

$$S \to aSa \mid aSb \mid bSa \mid bSb \mid \varepsilon$$

5 プッシュダウンオートマトン

プッシュダウンオートマトンとは，入力テープの他に，スタックと呼ばれる補助テープを追加した計算モデルである．この章では，プッシュダウンオートマトンで受理されるということと，文脈自由文法で生成されるということが等価となることを導く．

5.1 プッシュダウンオートマトンの導入

　図5.1は有限オートマトンの計算モデルであり，テープ上の系列が入力として読み込まれる．一方，プッシュダウンオートマトンは図5.2で与えられ，有限オートマトンの場合のように，入力はテープのヘッドを通して読み込まれ，入力テープの他にスタックヘッドの置かれたスタックがついていて，系列が記憶できるようになっている．図5.3は，プッシュダウンオートマトンの典型的な1ステップの遷移を表している．この遷移を定めるものは，制御部の状態 q と入力ヘッドが見ている記号 a とスタックヘッドが見ている記号 b である．この3項組 (q, a, b) から次の状態 q' と b の代わりに置く系列 y が決まる．この決まり方を，状態遷移関数 δ で，$\delta(q, a, b) = (q', y)$ と指定する．また，図5.3に示すように，入力テープから記号 a が読み込まれると，入力ヘッドは1コマ右に移動する．b は，記号か空系列 ε であり，y は，長さが1以

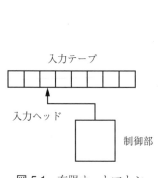

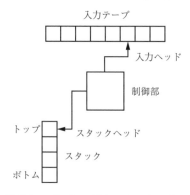

図 5.1　有限オートマトン　　　図 5.2　プッシュダウンオートマトン

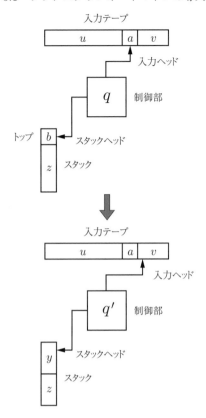

図 5.3　プッシュダウンオートマトンの $(q', y) \in \delta(q, a, b)$ による遷移

上の系列か空系列である。b が記号で y が空系列のときは，この遷移により，スタックから 1 記号 b を取り出すことになり，これを**ポップ**と呼ぶ。一方，b が空系列で y が記号（長さ 1 の系列）のときは 1 記号を押し込むことになるので，これを**プッシュ**と呼ぶ。

　ところで，プッシュダウンという用語はカフェテリアのカウンタにおいている積み重ねられたトレイを入れておく筒（スタック）に由来する。重ねられたトレイの底はバネで支えられており，上のトレイを 1 枚とると，バネが働いて残りのトレイがもち上がり，次の客がとりやすいようになっている。このようにバネが働くようになっているため，プッシュやポップの用語が使われるようになった。しかし，この本ではスタックの底は固定されているものとする。このほうが，以降の議論にとって都合がいいからである。この場合は，バネつきの筒の代わりに，車が 1 台やっと通れるくらいの狭い行き止まりの道に駐車された車列をイメージするといい。図 5.4

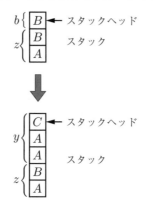

図 5.4　図 5.3 の遷移によるスタックの更新

は，図 5.3 のスタックの更新を $z = BA$,　$b = B$,　$y = CAA$ として表したもので
ある．車 B を出した後に，　A,　A,　C と駐車したことに対応している．スタック
への書き込みや取り出しに対する制約は，**後入れ先出し**（last-in, first-out）と呼ば
れる．あるいは，**先入れ後出し**（first-in, last-out）と言っても同じことである．と
ころで，図 5.3 では，　a や b は記号か空系列 ε である．　$a = \varepsilon$ の場合は，入力ヘッ
ドを動かさないと解釈し，　$b = \varepsilon$ の場合はポップしないと解釈する．たとえば，ど
ちらも空系列として，　$\delta(q, \varepsilon, \varepsilon) = (q', y)$ と指定されているとすると，入力ヘッドは
動かさず，スタックに系列 y を追加することになる．

　ところで，この本ではプッシュダウンオートマトンは非決定性のものを扱うので，状
態遷移関数が指定するものは

$$\delta(q, a, b) = \{(q_0, y_0), \ldots, (q_{m-1}, y_{m-1})\}$$

と表される．ここに，　$m = 0$ のとき $\{(q_0, y_0), \ldots, (q_{m-1}, y_{m-1})\}$ は空集合 $\emptyset$ を表
すと解釈する．したがって，この場合 $\delta(q, a, b)$ は未定義なので，次の動作として何
も許されないことを意味し，プッシュダウンオートマトンはこの時点で停止する．ま
た，簡単のためこれまでは，　$\delta(q, a, b) = (q', y)$ と表してきたが，非決定性プッシュ
ダウンオートマトンを扱うことにするので，これは $(q', y) \in \delta(q, a, b)$ と表すべきも
のである．これからはそのように表す．

　次に，プッシュダウンオートマトンの形式的定義を与える．

定義 5.1　プッシュダウンオートマトン（Push Down Automaton, **PDA**）とは，
6 項組 $(Q, \Sigma, \Gamma, \delta, q_0, F)$ のことである．ここに，

　1.　Q は状態の有限集合,

2. Σ は入力アルファベット,

3. Γ はスタックアルファベット,

4. $\delta : Q \times \Sigma_\varepsilon \times \Gamma_\varepsilon \to \mathcal{P}(Q \times \Gamma^*)$ は状態遷移関数,

5. $q_0 \in Q$ は開始状態,

6. $F \subseteq Q$ は受理状態集合

とする. ■

次に, プッシュダウンオートマトンの受理について定義する.

プッシュダウンオートマトン全体の状態を, 制御部の状態 q, 入力ヘッドが置かれたコマから右端のコマまでのまだ読んでいない系列 v, スタックの系列 z からなる 3 項組 (q, v, z) で表し, これを**様相**と呼ぶ. 図 5.3 の 1 ステップによる様相の**遷移**は

$$(q, av, bz) \to (q', v, yz)$$

と表される. ここに, $(q', y) \in \delta(q, a, b)$. なお, $a \in \Sigma_\varepsilon$ と $b \in \Gamma_\varepsilon$ は空系列となることもある.

開始様相は (q_0, w, ε) と表される様相とし, **受理様相**は, $q_f \in Q_F$ を受理状態として, $(q_f, \varepsilon, \varepsilon)$ と表される様相とする. 受理様相を $(q_f, \varepsilon, \varepsilon)$ とするのは, 受理の条件として, 状態が受理状態ということだけでなく, スタックが空となること (**空スタック受理**) も課すからである. なお, 受理の定義には, 状態が受理状態であればいいとする場合と, 状態が受理状態で, かつ, スタックが空となることとする場合があるが, どちらの定義を用いても, プッシュダウンオートマトンで受理される言語のクラスは一致することを導くことができる (問題 5.1).

受理の定義は, ロードマップをイメージするとわかりやすい. 様相はマップ上の点を表すものとし, 様相の遷移を 2 点間を結ぶ道に対応させる. すると, M が系列 w を受理するのは, 開始様相の点 (q_0, w, ε) から受理様相の点 $(q_f, \varepsilon, \varepsilon)$ へのルートが存在するときとなる.

次に, プッシュダウンオートマトンの受理を定義としてまとめておく.

定義 5.2 プッシュダウンオートマトンを $M = (Q, \Sigma, \Gamma, \delta, p_0, F)$ とする. $q, q' \in Q$, $s, s' \in \Sigma^*$, $t, t' \in \Gamma^*$ として, 様相の遷移を次のように定義する.

$$
\begin{aligned}
& a \in \Sigma_\varepsilon \ \text{と} \ b \in \Gamma_\varepsilon \ \text{に対して,}\\
(q, s, t) \to (q', s', t') \quad \Leftrightarrow \quad & s = av, \ \ t = bz, \ \ s' = v, \ \ t' = yz\\
& \text{と表されて,} \ \ (q', y) \in \delta(q, a, b).
\end{aligned}
$$

M が $w \in \Sigma^*$ を受理するのは, $q \in F$ が存在して,

$$(q_0, w, \varepsilon) \overset{*}{\longrightarrow} (q, \varepsilon, \varepsilon)$$

となる様相の遷移の系列が存在することである．また，M が受理する系列からなる集合を M が受理する言語と呼び，$L(M)$ と表す．　　　　　　　　　　■

　有限オートマトンの場合と同様，プッシュダウンオートマトンの場合も状態遷移図として表すと動きを捉えやすくなる．状態間の遷移の枝のラベルとして $a, b \to y$ を導入すると，状態遷移関数の指定と状態間の遷移の枝のラベルとの間には次のような等価関係が成立することとなる．

$$(q', y) \in \delta(q, a, b) \quad \Leftrightarrow \quad q \overset{a,b \to y}{\longrightarrow} q'$$

ここに $q, q' \in Q$，$a \in \Sigma_\varepsilon$，$b \in \Sigma_\varepsilon$，$y \in \Sigma^*$．状態間の遷移の枝 $q \overset{a,b \to y}{\longrightarrow} q'$ は状態遷移図では，図 5.5 のように表される．**PDA の状態遷移図**とは，状態間の遷移の枝をこのように表した状態遷移図である．開始状態や受理状態は有限オートマトンの場合と同様に指定する．

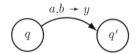

図 5.5　$(q', y) \in \delta(q, a, b)$ を表す状態遷移の枝

　次に，さまざまな PDA の例を説明する．

例 5.3　系列 $w_1 \cdots w_n \in \{0,1\}^*$ を左右逆転した系列 $w_n \cdots w_1$ を w^R と表すとする．系列 wcw^R を受理する PDA M_1 を構成する．すなわち，言語 $\{wcw^R \mid w \in \{0,1\}^*\}$ を受理する PDA である．系列 wcw^R は中央の記号 c の左側の部分と右側の部分が鏡像の関係にある系列である．このことに注意すると，次のように動作する PDA は wcw^R を受理することがわかる．すなわち，wcw^R が入力されたとき，w の部分では状態 q_1 で入力の記号を読み込むたびにそれをプッシュし，記号 c を読み込んだら，状態 q_2 に遷移し，状態 q_2 では入力の w^R の部分の記号とスタックのトップの記号が一致する場合は，入力の記号を読み込み（ヘッドを 1 マス右に移動し），ポップすることを繰り返す．

$$\text{任意の } a \in \{0,1\} \text{ に対して，} \quad (q_1, a) \in \delta(q_1, a, \varepsilon),$$
$$(q_2, \varepsilon) \in \delta(q_1, c, \varepsilon),$$
$$\text{任意の } a \in \{0,1\} \text{ に対して，} \quad (q_2, \varepsilon) \in \delta(q_2, a, a).$$

表 5.6 M_1 の状態遷移表

入力	0				1				ε				c
トップ	0	1	ε	$	0	1	ε	$	0	1	ε	$	ε
q_0											$(q_1,\$)$		
q_1			$(q_1,0)$				$(q_1,1)$						(q_2,ε)
q_2	(q_2,ε)					(q_2,ε)						(q_3,ε)	
q_3													

このように指定し，状態 q_1 から遷移を始めるとすると，入力の wcw^R のすべてを読み込んだ時点でスタックは空になる．そこで，$(q_3,\varepsilon) \in \delta(q_2,\varepsilon,\varepsilon)$ と指定すると，wcw^R を読み込んだ時点で，スタックは空となり，受理状態 q_3 に遷移し，この系列は受理される．

ところで，PDA の定義自体にスタックが空であることを識別する能力が組み込まれているわけではない．定義には組み込まれてはいないが，識別できるようにするテクニックがある．この例ではこのテクニックを使ってスタックが空であることを識別した上で受理の判定を下すように状態遷移関数を定める．底を識別するには，あらかじめ，スタックの底に特定の記号 (ここでは，$) を置いておき，その記号をヘッドが見たときに底と識別すればいい．具体的には，スタックの底は次の 2 つの指定により，識別できる．

$$(q_1,\$) \in \delta(q_0,\varepsilon,\varepsilon)$$
$$(q_3,\varepsilon) \in \delta(q_2,\varepsilon,\$)$$

このようにして，$\mathrm{PDA}\,M_1 = (Q,\Sigma,\Gamma,\delta,q_0,F)$ は次のように定義される．

$$Q = \{q_0,q_1,q_2,q_3\}$$
$$\Sigma = \{0,1\}$$
$$\Gamma = \{0,1,\$\}$$
$$F = \{q_3\}$$

また，δ は状態遷移表の表 5.6 で与えられる．なお，この表の空欄はすべて $\emptyset$（遷移は存在しない）と解釈するものとする．また，状態遷移関数 δ は，状態遷移図 5.7 として表される．　　■

例 5.4 例 5.3 の系列の中央の記号 c を取り除いた系列からなる言語 $\{ww^R \mid w \in \{0,1\}^*\}$ を受理する PDA を構成する．系列 wcw^R の場合は，記号 c により系列の中

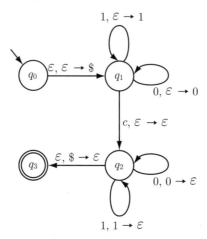

図 5.7　wcw^R を受理するプッシュダウンオートマトン M_1 の状態遷移図. ここに, $w \in \{0,1\}^*$.

央のポジションを識別できるため, 入力の記号をプッシュするフェーズからプッシュした記号をポップするフェーズに状態遷移することができた. 一方, 入力が ww^R の場合は, 中央の識別ができないのでこの状態遷移ができない. しかし, PDA の動作の非決定性により言語 $\{ww^R \mid w \in \{0,1\}^*\}$ を受理する PDAM_2 をつくることができる.

　PDAM_2 では, 入力系列 ww^R の記号間のすべてのポジションで中央と推測して, プッシュのフェーズからポップのフェーズに状態遷移するようにする. それ以外は前の例の M_1 と同様に働く.

　図 5.8 は, ww^R を受理する M_2 の状態遷移図である. 状態 q_1 では,

$$\{q_1 \overset{0,\varepsilon\to 0}{\longrightarrow} q_1, \ q_1 \overset{1,\varepsilon\to 1}{\longrightarrow} q_1, \ q_1 \overset{\varepsilon,\varepsilon\to\varepsilon}{\longrightarrow} q_2\}$$

と状態遷移する. 状態遷移 $q_1 \overset{\varepsilon,\varepsilon\to\varepsilon}{\longrightarrow} q_2$ は入力系列のすべてのポジションを中央と推測するということに対応している. なお, 定義より, 空系列 ε を受理するので, 開始状態も受理状態と指定している. このようなシンプルな例で, 非決定性 PDA の動きを感覚的につかんでおこう (実際は図 5.8 において, 開始状態を非受理状態としても, 空系列で $q_0 \to q_1 \to q_2 \to q_3$ と遷移するので, 空系列は受理される). ■

例 5.5　正しいカッコの系列 $w \in \{(,)\}^*$ を受理する PDAM_3 を構成する. 入力の系列 $w \in \{(,)\}^*$ が正しいカッコの系列であることは, 対応する左カッコと右カッコを消去することを繰り返して, 対応していない "(" や ")" が残ることなく (以下,

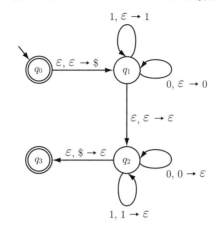

図 5.8 ww^R を受理するプッシュダウンオートマトン M_2 の状態遷移図. ここに, $w \in \{0,1\}^*$.

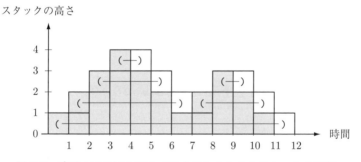

図 5.9 系列 $((((()))(()))$ が入力されたときのスタックの遷移

" "は省略),すべて消えることをチェックすればよい. M_3 は,このチェックを次のように実行する. すなわち,「入力が (ならその (をプッシュし,)ならトップの (をポップする」ことを繰り返し,入力の系列をすべて読み込んだところでスタックが空であれば受理する. スタックに (が残っていたり,スタックが空であるのに入力に) が残っていたら受理しない.

図 5.9 は,系列 $((((()))(()))$ が入力されたときのスタックの様子を表している. グレーの領域はスタックを表し,時刻 1 にスタックに記号 (がプッシュされ,時刻 12 に再び空になるまでの様子を表している. この図で水平のラインで結ばれた (と) は,プッシュされた入力記号 (とそれをポップしたときの入力記号の) である. この) が白のマスに置かれているのは,ポップされた後のスタックはこの白のマスより下に続く領域となるからである. このような (と) を**プッシュポップペア**

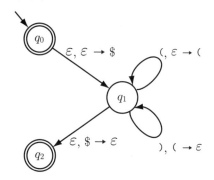

図 5.10　正しいカッコの系列を受理するプッシュダウンオートマトン M_3

と呼ぶことにする．この図のように，空スタックで始まり，空スタックで終わると
いうことはこの間に入力された系列 $w \in \{(,)\}^*$ は正しいカッコの系列であることを
意味している．図 5.10 は，正しいカッコの系列を受理するプッシュダウンオートマ
トンの状態遷移図である．この状態遷移図では，状態 q_1 では「入力が（ ならその（
をプッシュし，）ならトップの（ をポップする」という動作を繰り返す．また，ス
タックの底を識別するために前 2 つの例の場合と同様のテクニックを使う．　■

5.2　プッシュダウンオートマトンと文脈自由文法の等価性

　プッシュダウンオートマトンの言語受理能力と文脈自由文法の言語生成能力が同
じであること，すなわち，これら 2 つの計算モデルは等価であることを導く．この
ことを導くためには，互いに他を模倣できることを導けばよい．このことを，2 つ
の小節に分けて証明する．

文脈自由文法を模倣するプッシュダウンオートマトン

　この小節で導くことは次の定理としてまとめられる．

> **定理 5.6**　文脈自由文法により生成される言語 L に対して，L を受理するプッ
> シュダウンオートマトンが存在する．

【証明】　文脈自由文法をプッシュダウンオートマトンで模倣する場合，
- 非決定性
- スタックの後入れ先出し

の 2 つがポイントとなる．模倣に際し，この 2 つのポイントが巧妙に絡み合うの
で，模倣の動きが少しわかりにくくなる．そこで，まずこれら 2 つを切り分けて模

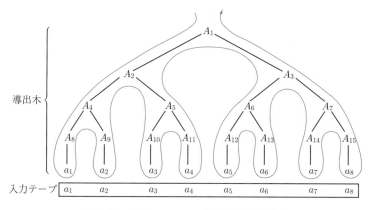

図 5.11　系列 $a_1 \cdots a_8$ を導出する導出木

倣の動作の基本を押さえておくことにする.

　初めに, 非決定性だけを使って系列が CFG で生成されるかどうかを判定する思考実験を説明し, この思考実験をスタックの後入れ先出しの制約を入れたものに変換すると, 非決定性動作で, かつ, スタックの後入れ先出しの制約を満たすものが得られるので, これを PDA の動作に置き換える.

　まず, 話を単純にするために, 文脈自由文法 G の書き換え規則はチョムスキーの標準形に変換されているものと仮定する (実際は, この仮定を置かなくても, 以下の議論はそのまま成立する). 図 5.11 に示す系列 $a_1 \cdots a_8$ とその導出木を取り上げる. この図では, $a_1, \ldots, a_8$, $A_1, \ldots, A_{15}$ というように後で引用するために記号はサフィックス付きで表しているが, 実際は, 入力アルファベット Σ やスタックアルファベット Γ の記号である. ただし, A_1 は G の開始記号 S とする.

　思考実験では, メモ用紙を何枚でも使えるとする. その 1 枚 1 枚に CFG G のありとあらゆる導出木を描く. メモ用紙の枚数には制限がないので, G の導出木のすべてを尽くすように用意する. したがって, 入力の系列が G で導出されるようなものであれば, 図 5.11 に示すように, メモ用紙の中の 1 枚は入力の系列を導出する導出木となっている. 思考実験では, 入力の系列と導出木が導出する系列が一致するものがあればこの入力を受理と判定し, 1 枚もなければ非受理と判定する. このような思考実験を実行すれば, 入力の系列が G で導出されるか, 導出されないかを正しく判定することができる.

　次に, この思考実験をプッシュダウンオートマトンの動作に置き換える. 思考実験と PDA で異なるのは, 思考実験では, 2 次元的な広がりをもつメモ用紙が使えたのに対し, PDA では, 記憶しておけるのはスタックの 1 次元の系列であり, し

かも，スタックの内容の更新には後入れ先出しの制約がつくことである．メモ用紙を使ったときのように，スタックに導出木全体をそのまま書き込むことはできないので，開始記号から初めて，書き換え規則を少しずつ適用して展開していくという方法をとる．この方法を，図5.11の導出木について具体的に見ていくことにする．

初め，開始記号の A_1 をスタックの底において開始するとする．次の $(1), \dots, (5)$ に開始記号の A_1 からスタートした導出の過程に対応するスタックの内容の推移を示す．このような導出を模倣できるように，PDA の状態遷移関数を指定すればよい．$(1), \dots, (5)$ の系列では，左端がスタックのトップに対応し，右端がボトムに対応する．

$$A_1 \rightarrow \quad A_2 A_3 \quad ((q_1, A_2 A_3) \in \delta(q_1, \varepsilon, A_1) \text{ より}) \tag{1}$$

$$\rightarrow \quad A_4 A_5 A_3 \quad ((q_1, A_4 A_5) \in \delta(q_1, \varepsilon, A_2) \text{ より}) \tag{2}$$

$$\rightarrow A_8 A_9 A_5 A_3 \quad ((q_1, A_8 A_9) \in \delta(q_1, \varepsilon, A_4) \text{ より}) \tag{3}$$

$$\rightarrow a_1 A_9 A_5 A_3 \quad ((q_1, a_1) \in \delta(q_1, \varepsilon, A_8) \text{ より}) \tag{4}$$

$$\rightarrow \quad A_9 A_5 A_3 \quad ((q_1, \varepsilon) \in \delta(q_1, a_1, a_1) \text{ より}) \tag{5}$$

(1) では，$(q_1, A_2 A_3) \in \delta(q_1, \varepsilon, A_1)$ の指定により，初めにスタックのトップの A_1 が $A_2 A_3$ に書き換えられる．このように指定されるのは，G の書き換え規則として $A_1 \rightarrow A_2 A_3$ があるからである．

同じように，(2) ではトップの A_2 が $A_4 A_5$ に置き換えられる．同じように繰り返すと (4) のようにスタックの系列は $a_1 A_9 A_5 A_3$ となる．次に，トップの a_1 がポップされて (5) のようになる．このように，入力 a_1 とスタックのトップの a_1 が一致するときはポップされるように $(q_1, \varepsilon) \in \delta(q_1, a_1, a_1)$ と指定しておく．(5) の後も同様に，$A \rightarrow y$ が G の書き換え規則のときは，$(q_1, y) \in \delta(q_1, \varepsilon, A)$ と指定して，トップの A を y で置き換えることを繰り返していく．この繰り返しにより，図5.11の導出木に沿ったカーブのような順序（これは**深さ優先探索**と呼ばれる探索順）でプッシュとポップを繰り返す．

このようにして，導出木の $a_1, \dots, a_8$ はこの順番でプッシュとポップが繰り返され，最後に a_8 がポップされるとスタックは空になる．

これまで説明してきたことを，一般化し，CFG G を模倣する PDA M を構成することができる．ここに，G の書き換え規則にはチョムスキーの標準化を施す必要はない．また，スタックが空かどうかの判定には，開始時にスタックの底にあらかじめ記号 \$ を置いておくテクニックを使う．

次に，M の動作をアルゴリズムとしてまとめる．

文脈自由文法 G を模倣するプッシュダウンオートマトン M の動作：
1. スタックに記号\$と開始記号 S をプッシュする．
2. 以下のことを繰り返す．
   トップが非終端記号 A ならば，G の書き換え規則 $A \to y$ を非決定的に選び，A を y で置き換える．一方，トップが終端記号 a ならば，入力ヘッドが見ている記号が a の場合，それを読み進め（ヘッドを 1 マス右に移動し），a をポップする．
3. トップの記号が\$ならば，受理状態へ遷移する．

次に，CFGG を模倣する PDAM を状態遷移図として表す．CFGG を $G = (\Gamma, \Sigma, P, S)$ とする．G に基づいて，PDA$M = (Q, \Sigma, \Gamma', \delta, q_0, F)$ を次のように定める．ここに，

$$Q = \{q_0, q_1, q_2\}, \quad F = \{q_2\}, \quad \Gamma' = \Sigma \cup \Gamma \cup \{\$\}$$

とする．図 5.12 は，G を模倣する M の状態遷移図である．この図では，G のすべての書き換え規則 $A \to y \in P$ に対して

$$q_1 \overset{\varepsilon, A \to y}{\longrightarrow} q_1$$

と指定し，また，すべての $a \in \Sigma$ に対して

$$q_1 \overset{a, a \to \varepsilon}{\longrightarrow} q_1$$

と指定する．これらの状態遷移を図 5.12 ではそれぞれ $q_1 \overset{\{\varepsilon, A \to y\}}{\longrightarrow} q_1$ と $q_1 \overset{\{a, a \to \varepsilon\}}{\longrightarrow} q_1$ と表している．このように M を構成すると，$L(M) = L(G)$ が成立する． □

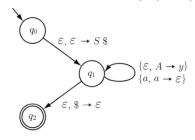

図 5.12 CFGG を模倣する PDAM の状態遷移図

例 5.7 CFG $G = (\Gamma, \Sigma, P, S)$ は

$$\Gamma = \{S\}, \quad \Sigma = \{\mathsf{a}, \mathsf{b}\}$$
$$P = \{S \to \mathsf{a}S\mathsf{a}, S \to \mathsf{b}S\mathsf{b}, S \to \varepsilon\}$$

と定義されるとする．この G は言語 $L = \{ww^R \mid w \in \{\mathsf{a}, \mathsf{b}\}^*\}$ を生成する．この G に等価な PDA を定理 5.6 のの証明の構成法でつくると図 5.13 の状態遷移図のようになる．ただし，$q_1 \to q_1$ の遷移の枝は 5 本をまとめて 1 本としている．

言語 $L = \{ww^R \mid w \in \{\mathsf{a}, \mathsf{b}\}^*\}$ を受理する PDA は，L を生成する書き換え規則経由ではなく，直接構成することもできる．それを図 5.14 の状態遷移図として示す．このように，入力の前半で入力記号をプッシュすることを繰り返し，後半で入力記号とトップの記号が一致するかをチェックした後にポップするということを繰り返すようにすればよい． ■

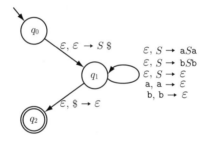

図 5.13 ww^R を受理する PDA の状態遷移図（書き換え規則に基づく）

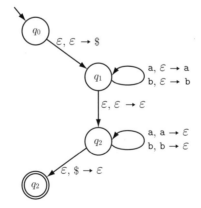

図 5.14 ww^R を受理する PDA の状態遷移図（書き換え規則に基づかない）

プッシュダウンオートマトンを模倣する文脈自由文法 ▬▬▬▬▬

定理 5.6 とは逆の命題を導くため，プッシュダウンオートマトンを模倣する文脈自由文法を構成する．プッシュダウンオートマトンには，入力テープの読み込みや系列を記憶しておくスタックや状態の遷移など，さまざまな仕組みが備わっている．そのため，プッシュダウンオートマトンの動きを $A \to y$ という形で表される書き換え規則だけを用いて模倣するためには，プッシュダウンオートマトンの動作を根本的に見直した上で，書き換え規則を巧妙に定める必要がある．

> **定理 5.8** プッシュダウンオートマトンにより受理される言語 L に対して，L を生成する文脈自由文法が存在する．

【証明】 PDA $M = (Q, \Sigma, \Gamma, \delta, q_0, F)$ から，これと等価な CFG $G = (\Gamma, \Sigma, P, S)$ を構成する．

初めに，正しいカッコの系列を受理する例 5.5 の PDA M_3 を例にして，これに等価な CFG G_3 の動きから M を模倣する G のイメージをつかむことにする．

図 5.15 は，正しいカッコの系列が受理されるまでのスタックの様子を表したものである．PDA M_3 では入力（がプッシュされると，この左カッコはいずれは入力）によりポップされる．

図 5.15 のように，PDA のプッシュとポップの様子を表した図を**スタック遷移図**と呼ぶ．証明の核心部分は，スタック遷移図が一般に山と呼ばれる領域に分割されることに注目することである．ここで，山とは，一連のプッシュポップペアで構成されるもので，プッシュを起こす記号で昇り，ポップを起こす記号で降りるような形をしている．図 5.15 の例では，R_1 から R_5 までの山に分割される．このように，山

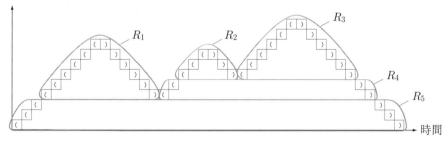

図 5.15 PDA M_3 のスタック遷移図

に分割されるのは，PDA を階段化条件と呼ばれる条件を満たすものに等価変換しているからである．山には 2 つのタイプがあり，ひとつは R_1，R_2，R_3 のように山頂がとがったタイプであり，ひとつは R_4 と R_5 のように山頂がフラットなタイプである．スタック遷移図からわかるように，それぞれの山では麓から山頂までのスロープを形成する，プッシュを繰り返した後，ポップを繰り返せばいい．

(1)　山においては，

$$A \to (B)$$

のタイプの書き換えを繰り返し，$(^m)^m$ を生成する．

(2)　R_4 が R_2 と R_3 に分かれるようなときは，

$$A \to BC$$

の書き換えにより，R_2 と R_3 の山を生成するための非終端記号 B と C を生成する．

(3)　とがった山の山頂では

$$B \to \varepsilon$$

のタイプの書き換えにより，非終端記号 B を消す．

以上，正しいカッコの系列という特定の場合に限定して，M を模倣する G の書き換え規則のタイプを説明した．以下では，これらの書き換え規則は，M を模倣する G の場合に一般化できることを導く．

まず一般に，PDA M は次に述べる階段化条件を満たすものに等価変換できることを導く．

階段化条件　　PDA M が階段化条件を満たすとは，各ステップで 1 記号をプッシュするか，1 記号をポップするかのどちらかで，両者が同時に起こることがないことである．すなわち，**階段化条件**とは任意の状態遷移が

$$p \xrightarrow{a, b \to \varepsilon} q \quad か \quad p \xrightarrow{a, \varepsilon \to c} q$$

のいずれかのタイプとなるという条件である．ここで，$a \in \Sigma_\varepsilon$ で，$b, c \in \Gamma$ である．このように，階段化条件を満たす場合，$p \xrightarrow{a, b \to c} q$ や $p \xrightarrow{a, \varepsilon \to \varepsilon} q$ のタイプの遷移は起こらない．

次に，一般に，書き換え規則を階段化条件を満たすものに等価変換できることを導く．まず，$p \xrightarrow{a, b \to c_1 \cdots c_m} q$ のタイプの状態遷移を $p \xrightarrow{a, b \to c} q$ のタイプの一連の状態遷移に変換できることを示した後，これを階段化条件を満たすものに変換する．ここに，$a \in \Sigma_\varepsilon$，$b \in \Gamma_\varepsilon$，$c_1, \ldots, c_m \in \Gamma$，$c \in \Gamma$．$m \geq 2$ のときは，図 5.16

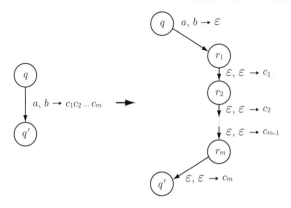

図 5.16　階段化条件を満たす PDA への変換 1

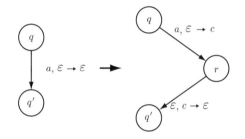

図 5.17　階段化条件を満たす PDA への変換 2

に表すように $m = 1$ となるタイプの一連の遷移に等価変換することができる（等価変換 1）．この図に現れる状態遷移は $p \xrightarrow{a, b \to c} q$ のタイプの状態遷移である．ここに，$a \in \Sigma_\varepsilon$ で，$b, c \in \Gamma_\varepsilon$ となる．したがって，b と c の長さ $|b|$ と $|c|$ のペアは，$(0,0)$，$(1,1)$，$(1,0)$，$(0,1)$ の 4 つの可能性がある．このうち $(1,0)$，$(0,1)$ の場合は階段化されている場合となる．

　残りの $(0,0)$ と $(1,1)$ の場合は，それぞれ図 5.17 と図 5.18 のように等価変換すれば（等価変換 2 と 3），階段化条件を満たす状態遷移に等価変換することができる．なお，これらの等価変換で導入される状態 $r_1, \dots, r_m$ や r は意図した状態遷移でしか使われないようにするために，すべて新しい状態を導入するようにする．

　このように，一般に，PDA M は階段化条件を満たすものに等価変換できる．以降では，PDA M は階段化条件を満たすと仮定して，これを模倣する CFG G を構成する．PDA M を模倣するために (1)，(2)，(3) で構成した書き換え規則がそれぞれタイプ 1，2，3 の書き換え規則として一般化され，M を模倣する G の書き換え

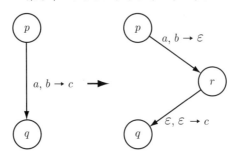

図 5.18　階段化条件を満たす PDA への変換 3

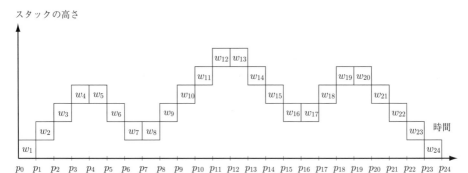

図 5.19　図 5.20 の $A_{p_7 p_{23}} \overset{*}{\Rightarrow} w_1 \cdots w_{24}$ の導出を模倣する PDA M のスタック遷移図

規則を構成できることを説明する.

　階段化条件を満たす M を模倣する G のイメージをつかむために, 図 5.19 に M が系列 $w_1 \cdots w_{24} \in \Sigma^*$ を受理するときの様子をスタック遷移図として表している. この図に示すように, 階段化条件を満たしていれば, 昇降部分のある山に分割される. 一方, 図 5.20 には, 系列 $w_1 \cdots w_{24}$ を導出する G の導出木を表している. M の動きを G 導出が模倣していることは, 次のようにしてわかる. まず, 図 5.20 を裏返しにした上で上下を逆転すると, 図 5.19 と同じような形となることがわかる. 図 5.20 の導出木では, プッシュポップペアをつくることを繰り返し, 系列 $w_1 \cdots w_{24}$ を導出している. この導出木では, 先に (1), (2), (3) で説明したタイプの書き換え規則が使われている. たとえば, プッシュポップペアの (w_8, w_{23}) は, (1) のタイプの書き換え規則 $A_{p_7 p_{23}} \to w_8 A_{p_8 p_{22}} w_{23} \in P$ でつくられる. また, フラットな山頂部分では, たとえば, (2) のタイプの書き換え規則 $A_{p_8 p_{22}} \to A_{p_8 p_{16}} A_{p_{16} p_{22}} \in P$ により, 2 つの山のスタートの記号となる $A_{p_8 p_{16}}$ と $A_{p_{16} p_{22}}$ もそれぞれつくられる. また, とがった山頂に相当する箇所では, (3) のタイプの書き換え規則 $A_{p_{12} p_{12}} \to \varepsilon$

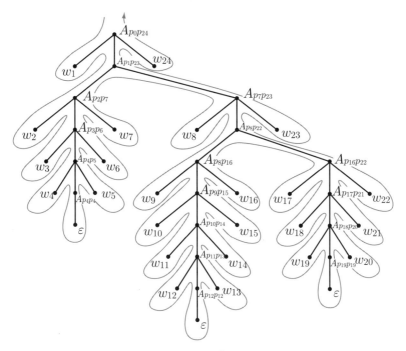

図 5.20 CFGG の $A_{p_7p_{23}} \overset{*}{\Rightarrow} w_1 \cdots w_{24}$ の導出木

や $A_{p_{19}p_{19}} \to \varepsilon$ などにより，非終端記号は消える．

このように図 5.19 で表される，PDAM の系列 $w_1 \cdots w_{24}$ を入力したときの動きを，図 5.20 で表される，CFGG の導出が模倣する．以降では，この模倣を一般化して，PDA$M = (Q, \Sigma, \Gamma, \delta, q_0, \{q_F\})$ から CFG$G = (\Gamma_G, \Sigma, P, A_{q_0q_F})$ を定義し，G は M を模倣することを導く．ここに，$\Gamma_G = \{A_{pq} \mid p, q \in Q\}$ とする．ただし，M の受理状態は 1 個で，その状態を q_F と表す．もし受理状態が 2 個以上存在するときは，図 5.21 に示す等価変換を行い，受理状態は 1 個の M' を構成した後，この M' を改めて M と表すことにする．ただし，元の M の受理状態を $q_{f_1}, \ldots, q_{f_m}$ とする．

初めに，M を模倣する G の書き換え規則を次のように定義する．G の書き換え規則には 3 つのタイプがある．これら 3 つのタイプはこれまでの (1)，(2)，(3) にそれぞれ対応する．

タイプ 1：任意の $a, a' \in \Sigma_\varepsilon$ と $p, q, r, s \in Q$ に対して，$b \in \Gamma$ が存在して

$$p \overset{a, \varepsilon \to b}{\longrightarrow} r, \quad s \overset{a', b \to \varepsilon}{\longrightarrow} q$$

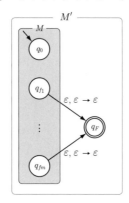

図 5.21　受理状態が複数個の PDAM から 1 個の PDAM' を構成

のとき，

$$A_{pq} \to aA_{rs}a' \in P$$

を書き換え規則とする．

タイプ 2：任意の $p, q, r \in Q$ に対して

$$A_{pq} \to A_{pr}A_{rq} \in P$$

を書き換え規則とする．

タイプ 3：任意の $p \in Q$ に対して

$$A_{pp} \to \varepsilon \in P$$

を書き換え規則とする．

　これら 3 つのタイプの書き換え規則の定義では，非終端記号として $\Gamma_G = \{A_{pq} \mid p, q \in Q\}$ の記号が用いられる．また，3 つのタイプとも条件を満たすものを書き換え規則としてすべて用意する（問題 5.6）．

　このように，タイプ 1，2，3 の書き換え規則を定めると，M と G が等価となることを直観的に説明する．この等価性を説明するために，次のような記法を導入する．空スタックの M が状態 p で系列 w を読み込み，空スタックで状態 q に遷移することを

$$p \xrightarrow[\text{emp}]{w} q$$

と表す．

すると，次の事実が成立する．この事実の証明は問題 5.7 にまわす．

事実　任意の $w \in \Sigma^*$，$p, q \in Q$ に対して
$$p \xrightarrow[\text{emp}]{w} q \quad \Leftrightarrow \quad A_{pq} \overset{*}{\Rightarrow} w.$$

この事実において，p を開始状態 q_0 とし，q を受理状態 q_F とすると，

$$q_0 \xrightarrow[\text{emp}]{w} q_F \quad \Leftrightarrow \quad A_{q_0 q_F} \overset{*}{\Rightarrow} w$$

となる．したがって，$L(M) = L(G)$ が成立する．　　　　　　　□

　この節では，文脈自由文法とプッシュダウンオートマトンという全く異なる計算モデルに関して，それぞれの言語生成能力と言語受理能力が一致するということを導いた．

問　　題

5.1 プッシュダウンオートマトンの 2 つの受理のタイプとして次のような 2 つのタイプを取り上げる．すなわち，受理状態 $q \in F$ が存在して，様相が $(q, \varepsilon, \varepsilon)$ となったとき受理するものをタイプ 1 とし，$q \in F$ と $u \in \Gamma^*$ が存在して，様相が (q, ε, u) となったとき受理するものをタイプ 2 とする．次の等価関係を証明せよ．

$$\begin{array}{ccc} L \subseteq \Sigma^* \text{はタイプ 1 で} & & L \subseteq \Sigma^* \text{はタイプ 2 で} \\ \text{受理される} & \Leftrightarrow & \text{受理される} \end{array}$$

5.2[††] 言語 $\{a^i b^j c^k \mid i, j, k$ は，$i = j$ または $j = k$ となる非負整数 $\}$ を受理するプッシュダウンオートマトンを構成せよ．

5.3[††] 言語 $\{a^i b^j c^k d^l \mid i, j, k, l$ は，$i + j = k + l$ となる非負整数 $\}$ を受理するプッシュダウンオートマトンを構成せよ．

5.4[††] 言語 $\{a^i b^j \mid i, j$ は $i \neq j$ となる非負整数 $\}$ を受理するプッシュダウンオートマトンを構成せよ．

5.5 図 5.13 の PDA と図 5.14 の PDA の動作の違いを簡潔に説明せよ．

5.6 $|Q| = k$ とするとき，定理 5.8 の証明のタイプ 2 の書き換え規則の個数を与えよ．

5.7[††] 定理 5.8 の証明の中の事実を証明せよ．

5.8[†] $\Sigma = \{a, b, \cdot, +, *, \varepsilon, \emptyset, (,)\}$ とする．アルファベット $\{a, b\}$ 上の正規表現の集合を受理するプッシュダウンオートマトンを構成せよ．ただし，正規表現は定義 3.16 によるものとし，右カッコと左カッコは省略しないものとする．

第 III 部

計算可能性

6 チューリング機械

チューリング機械とは，機械的な手順で実行できることを定式化した計算モデルである．この計算モデルはシンプルであるにもかかわらず，機械的な手順で計算できるものはすべて計算できるという万能な計算モデルである．

6.1 チューリング機械の基本

チューリング機械（Turing Machine, **TM**）は，機械的な手順で計算できるものであればどのようなことでも計算することができる．図 6.1 はチューリング機械を表したものである．この図を見ると，一見チューリング機械は有限オートマトンとあまり違いはないようにも見える．しかし，チューリング機械は有限オートマトンにはない次の 2 つの特性があり，これらの計算モデルの計算能力の間には決定的な違いがある．

- テープは右方向に無限に続く．
- ヘッドはコマの記号を書き換え，左隣りか右隣りに 1 マス移動する．

有限オートマトンの場合は，開始状態でヘッドを入力系列の左端において計算を開始すると，ヘッドを右移動しながら状態遷移を繰り返し，入力の右端に到達したところで計算が終わる．これに対して，チューリング機械の計算は，開始状態でヘッドを左端のコマにおいて計算を開始するというのは同じであるが，開始後はヘッドは右移動だけではなく，左移動することもあり，記号も読むだけではなく，書き換えることもある．そのため，右に移動したり，左に移動したりを永久に続けることもある．

次に，チューリング機械の動作について説明する．図 6.2 は，チューリング機械

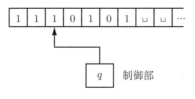

図 6.1 チューリング機械

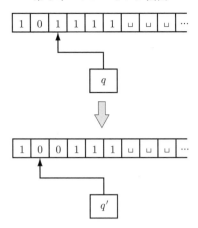

図 6.2 $\delta(q, 1) = (q', 0, \mathrm{L})$ の指定による遷移

の 1 ステップの動作の例を表したものである．状態が q でヘッドが 1 を見ているとき，状態 q' に遷移して，見ていた記号 1 を 0 に変えて，ヘッドは 1 マス左に移動する．このことを，状態遷移関数 δ で $\delta(q, 1) = (q', 0, \mathrm{L})$ と指定する．このようにチューリング機械の状態遷移関数は，現在の状態とヘッドが見ている記号の各ペアに対して，遷移先の状態，現在のヘッドのコマに書き込む記号，それにヘッドは左移動か右移動かを指定するものである．

定義 6.1 チューリング機械とは，7 項組 $(Q, \Sigma, \Gamma, \delta, q_0, q_{accept}, q_{reject})$ である．ここで，

  1. Q は状態の有限集合，
  2. Σ は入力アルファベットで，$\sqcup \notin \Sigma$，
  3. Γ はテープアルファベットで，$\sqcup \in \Gamma$，かつ，$\Sigma \subseteq \Gamma$，
  4. $\delta : Q \times \Gamma \to Q \times \Gamma \times \{\mathrm{L}, \mathrm{R}\}$ は状態遷移関数，
  5. $q_0 \in Q$ は開始状態，
  6. $q_{accept} \in Q$ は受理状態，
  7. $q_{reject} \in Q$ は非受理状態で，$q_{reject} \neq q_{accept}$

とする．なお，$\sqcup$ は空白を表す記号である．　■

　このように定義されるチューリング機械の計算は次の通りである．最初は，テープに左詰めで入力の系列 $w = w_1 \cdots w_n \in \Sigma^*$ を置き，開始状態 q_0 でヘッドは左端のコマに置く（すなわち，w_1 の上）．この系列 w 以外のマスにはすべて空白記号 $\sqcup$ を置く．ヘッドを左端のコマに置いて計算を開始して，状態遷移関数に従って遷移を繰り

返し，状態が受理状態か非受理状態となったらそこで計算を停止する．一方，受理状態も非受理状態も現れないで，状態遷移を永久に繰り返すこともある．したがって，状態遷移関数を，受理状態や非受理状態の場合は遷移先を指定しないようにして

$$\delta : (Q - \{q_{accept}, q_{reject}\}) \times \Gamma \to Q \times \Gamma \times \{\text{L}, \text{R}\}$$

としてもよい．

制御部の状態，テープの記号の系列の内容，ヘッドの位置をまとめて**様相**と呼ぶことにする．図 6.2 の様相の更新は

$$10q1111 \to 1q'00111$$

と表される．まず，テープの内容は特に空白記号が必要となる場合を除き，空白以外の記号の系列として表すとする．状態 q をヘッドが置かれた記号の左隣りに割り込ませて表す．

次に，このような様相の遷移を一般的に説明する．$u, v \in \Gamma^*$ とし，$a, b \in \Gamma$, $q, q' \in Q$ とすると，

$$\delta(q, b) = (q', b', \text{R}) \ \text{ならば，} \ uaqbv \to uab'q'v.$$

一方，

$$\delta(q, b) = (q', b', \text{L}) \ \text{ならば，} \ uaqbv \to uq'ab'v.$$

特別の場合として，ヘッドが系列の左端や入力系列の右隣りの空白記号に置かれている場合について説明する．まず，ヘッドが入力の系列の左端を見ている場合は，様相の遷移を次のように定義する．

$$\delta(q, b) = (q', b', \text{L}) \ \text{ならば，} \ qbv \to q'b'v$$

すなわち，左端からヘッドが飛び出すように状態遷移関数が定義されていても，遷移先の状態と記号の書き換えは定義に従って行い，ヘッドの移動については，現在のコマに留まるようにする．一方，ヘッドが入力系列の右隣りの空白記号を見ている場合で，様相が uaq と表されるときは，この様相を $uaq_\sqcup$ と見なして，上に説明した一般ルールを適用する．

次に，チューリング機械 M が受理する言語を定義する．計算を開始する様相を**開始様相**と呼ぶ．開始状態 q_0 で，テープに系列 w を置き，左端の記号にヘッドを置いて計算を開始するので，開始様相は $q_0 w$ と表される．そして，遷移を繰り返し，様

相に受理状態か非受理状態が現れた時点で計算を停止する．そのときの様相をそれ
ぞれ**受理様相**と**非受理様相**と呼ぶ．

定義 6.2　チューリング機械 M が系列 w を受理するとは，様相の系列 $C_0, \ldots, C_j$
が存在して，次の **1**，**2**，**3** の条件を満たすときである．

   1.　C_0 は，入力が w のときの M の開始様相である．

   2.　様相 C_i は C_{i+1} へ遷移する．ここに，$0 \leq i < j$.

   3.　C_j は受理様相である．

また，チューリング機械 M が受理する系列からなる集合を **M が受理する言語**，ま
たは，**M が認識する言語**と呼び，**$L(M)$** と表す．　　　　　　　　　　■

定義 6.3　チューリング機械 M が任意の入力 $w \in \Sigma^*$ に対して，受理状態，また
は，非受理状態で停止するとき，この M を**停止性チューリング機械**と呼ぶ．停止性
チューリング機械 M は，受理する言語 $L(M)$ を**決定する**と呼ぶ．　　　　　■

　なお，チューリング機械で受理（認識）される言語を**帰納的列挙可能言語**（recur-
sively enumerable language）と呼び，チューリング機械で決定される言語を**帰納
的言語**（recursive language）と呼ぶ．

　ここで，チューリング機械が言語を受理することと，決定することとの違いを押さ
えておこう．一般に，チューリング機械は，入力が与えられて計算を開始すると，受
理状態か非受理状態で停止するか，状態遷移を永久に続けるかの2つの可能性があ
る．受理する言語とは，受理状態で停止するような入力の系列をすべて集めた集合
である．一方，チューリング機械が停止性の場合は，各入力の系列に対して，チュー
リング機械は受理状態で停止するか，非受理状態で停止するかの2つの可能性しかな
く，決定する言語は受理状態で停止する入力の系列をすべて集めた集合である．した
がって，M が言語を決定する場合は，受理される場合も，受理されない場合も，M
はいずれは停止し，そのときの状態により受理か非受理かが決まる．したがって，言
語 L を受理する場合と決定する場合の違いは，$w \notin L$ となる系列 w が入力された
とき，決定する場合はいずれは NO と出力されるが，受理する場合は M は永久に
動き続け，NO が出力されないこともあり得ることである．

　ところで，チューリング機械はほとんどの場合，YES/NO 問題を解くものとし
て扱うが，関数も計算する．

定義 6.4　チューリング機械 M が関数 $f: \Sigma^* \to \Sigma^*$ を計算するとは，停止性 M が
存在して，入力の系列 w をテープ上に左詰めで置き，ヘッドを左端のマスにおいて

計算を開始すると，系列 $f(w)$ を左詰めで置いて停止することである. ▮

有限オートマトンやプッシュダウンオートマトンの場合と同様，チューリング機械をつくるときは状態遷移関数ではなく状態遷移図を用いる．そこで，チューリング機械の状態遷移図の描き方をまとめておく．状態遷移の枝は

$$\delta(q,a) = (q',b,D) \text{ のとき，} q \xrightarrow{a/b} q'$$

とするというのが基本である．このように，遷移の枝のラベルとしてヘッドの移動の向き $D \in \{L,R\}$ が現れていないことに注意しよう．これは，遷移先の状態 q' ごとに，L か R かがあらかじめ決められているからである．たとえば，$\delta(q_1,a_1) = (q,b_1,R)$ で，かつ，$\delta(q_2,a_2) = (q,b_2,L)$ というように指定されることはないということである．ヘッドの移動の向き D は遷移先の状態の円の中に書き込む．チューリング機械の定義 6.1 によれば，一般に，このように遷移先の状態によりヘッドの移動の向きが決まるとは限らない．しかし，この本では，チューリング機械はすべてヘッドの移動の向きは遷移先の状態により決まるものとする．このような条件を満たすものに限定すると，状態遷移図の動きがわかりやすいからである．また，一般に任意のチューリング機械はこのような条件を満たすものに等価変換することができる（問題 6.2）.

このように仮定した上で，状態遷移関数 δ を状態遷移図として表すとき，遷移の枝を次のように描くことにする．

状態遷移図の遷移の枝の描き方：

1. $\delta(q,a) = (q',b,D)$ の場合，$q \neq q'$，$a \neq b$ のときは，遷移の枝は $q \xrightarrow{a/b} q'$ とする.
2. $\delta(q,a) = (q',a,D)$ の場合，$q \neq q'$ のときは，遷移の枝は $q \xrightarrow{a} q'$ とする.
3. $\delta(q,a) = (q,b,D)$ の場合，$a \neq b$ のときは，遷移の枝は $q \xrightarrow{a/b} q$ とする.
4. $\delta(q,a) = (q,a,D)$ の場合，遷移の枝 $q \xrightarrow{a/a} q$ は省略する.

例 6.5 入力の系列が正しいカッコの系列か，そうでないかを判定する TMM_1 をつくる．M_1 は，入力の系列が正しいカッコの系列であれば受理状態に遷移して停止し，そうでなければ非受理状態に遷移して停止する．この TMM_1 をつくるのに，まず初めに，この判定問題を解くアルゴリズムを設計し，そのアルゴリズムに基づいて状態遷移図をつくる．カッコの系列が正しいか正しくないかを判定するには，右カッコ "$)$" とそれに対応する左カッコ "$($" を見つけては消すということを繰り返し，すべてのカッコが消えるかどうかをチェックすればよい．この方針で，正しいカッコの系列を判定するアルゴリズム *PROPERLY-NESTED-PARENTHESES* を次に示す.

アルゴリズム *PROPERLY-NESTED-PARENTHESES*：

入力：$\{(,)\}^*$ の系列

1. 対応するカッコの対がある限り以下を繰り返す.

　　最も内側の対応する右カッコと左カッコを見つけてそれぞれ X に書き換える.

2. すべてのカッコが X に書き換えられたら，YES を出力し，そうでないときは，NO を出力する.

　具体的には，以下のようにする．入力の系列を左端から右方向に移動を繰り返し，最初の右カッコを X に書き換え，次に左方向に移動して最初の左カッコを X に書き換える．これ以降もこれを繰り返すが，その際，記号 X は読み飛ばす.

　図 6.3 は，この M_1 に系列 $((())())$ を入力したときの様相の系列を表したものである．ただし，状態は記号の左隣りではなく真下に書いている．M_1 は，テープを左右に往復しながら，対応するカッコを記号 X に書き換えることを繰り返す．ただし，ポイントとなる様相だけ抜き出したスナップショットを描いている.

　このアルゴリズムの **2** では，X に書き換えられずに残っているカッコが存在しないことをチェックする．そのためには，系列の両端を識別することが必要となる．右端については隣接する空白記号により識別できる．また，左端を識別するため，左

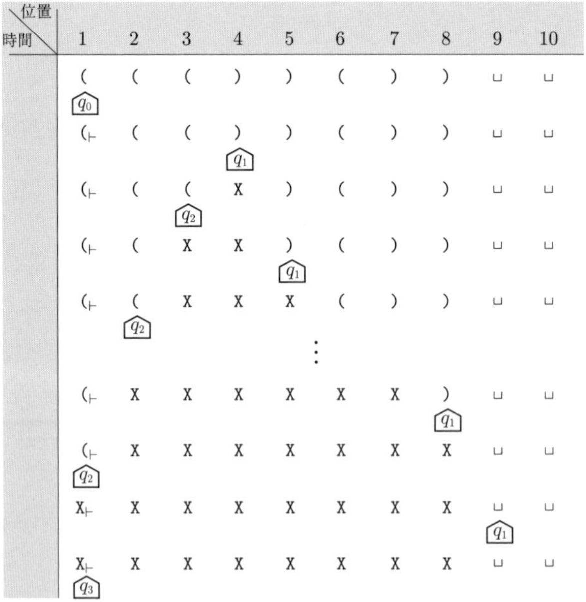

位置 時間	1	2	3	4	5	6	7	8	9	10
	(	(	(	)	)	(	)	)	␣	␣
	q_0									
	(⊢	(	(	)	)	(	)	)	␣	␣
				q_1						
	(⊢	(	(	X	)	(	)	)	␣	␣
			q_2							
	(⊢	(	X	X	)	(	)	)	␣	␣
					q_1					
	(⊢	(	X	X	X	(	)	)	␣	␣
		q_2								
					⋮					
	(⊢	X	X	X	X	X	X	)	␣	␣
								q_1		
	(⊢	X	X	X	X	X	X	X	␣	␣
	q_2									
	X⊢	X	X	X	X	X	X	X	␣	␣
									q_1	
	X⊢	X	X	X	X	X	X	X	␣	␣
	q_3									

図 6.3　TMM_1 の様相の系列

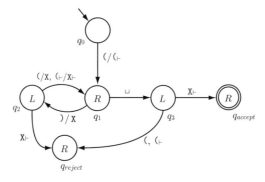

図 6.4　正しいカッコの系列を判定する状態遷移図

端の記号に，（⊦ や X⊦ などのようにサフィックス⊦ をつけ，左端であることを識別
できるようにする．具体的には，（ → （⊦ や（⊦ → X⊦ などの書き換えを行う．この
左端を識別するテクニックは，これ以降もしばしば用いられる．

図 6.4 は，正しいカッコの系列を判定する M_1 の状態遷移図である．この状態遷移
図では，$q_1 \to q_2 \to q_1$ のサイクルで，右カッコ）とそれに対応する左カッコ（の
ペアを X に書き換えることを繰り返す．このサイクルの動きを，入力の系列が（（））
の場合について追ってみることにする．状態 q_1 でヘッドの右移動を繰り返しながら
右カッコを探した後，状態 q_2 に遷移し，左移動を繰り返しながら対応する左カッコ
を探すということを繰り返す．このように，状態遷移の枝の描き方の **2**，**3**，**4** から
わかるように，状態 q_1 では），または，␣ が現れるまで右移動を繰り返す．図 6.5
にこのときの 10 ステップにわたる動作を示す．ステップ 10 以降は，$q_1 \xrightarrow{␣} q_3$ に
より，状態 q_1 で右移動しながら空白記号␣ を見るまで右カッコを探し，見つからな
かったら，次に，$q_3 \xrightarrow{X⊦} q_{accept}$ により，状態 q_3 で X⊦ を見るまで左カッコを探して
左移動を繰り返し，見つからなかったら，受理状態 q_{accept} に遷移し，受理する．な
お，この状態遷移図では，状態遷移の枝が煩雑になるので，受理に至らない場合の
遷移の枝を省略しているものもある．対応する遷移の枝が存在しない場合は，すべ
て入力の系列は受理されないと解釈する．　　　　　　　　　　　　　　　■

例 6.6　乗算を実行する TMM_2 をつくる．数を系列の長さで表すことにし，a^i，
b^j が入力されたとき，$c^{i \times j}$ を出力するようにする．ここに，$i, j \geq 1$.

この例でも，初めに乗算を計算するアルゴリズム *MULT* をまず示し，その後でそ
の計算をする状態遷移図を導く．

MULT の動作の流れは次の通りである．a^i の 1 つの a につき，b^j の長さ分の

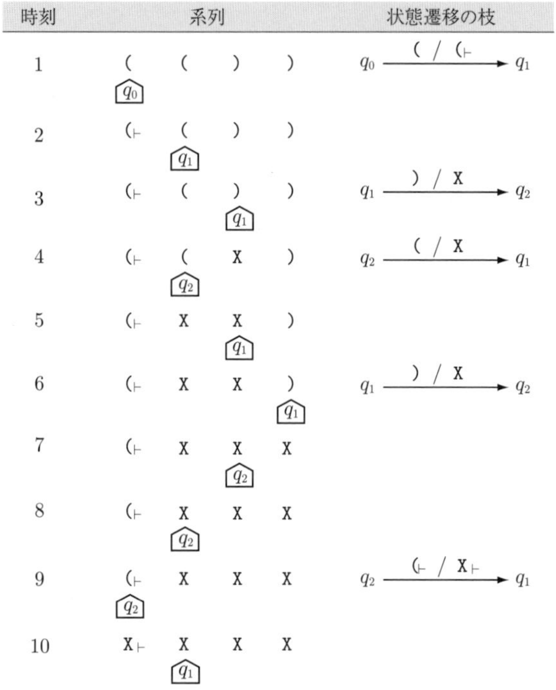

時刻	系列	状態遷移の枝
1	$($ $($ $)$ $)$ 〔q_0〕	$q_0 \xrightarrow{\ (\ /\ \vdash\ } q_1$
2	$(\vdash$ $($ $)$ $)$ 〔q_1〕	
3	$(\vdash$ $($ $)$ $)$ 〔q_1〕	$q_1 \xrightarrow{\ )\ /\ X\ } q_2$
4	$(\vdash$ $($ X $)$ 〔q_2〕	$q_2 \xrightarrow{\ (\ /\ X\ } q_1$
5	$(\vdash$ X X $)$ 〔q_1〕	
6	$(\vdash$ X X $)$ 〔q_1〕	$q_1 \xrightarrow{\ )\ /\ X\ } q_2$
7	$(\vdash$ X X X 〔q_2〕	
8	$(\vdash$ X X X 〔q_2〕	
9	$(\vdash$ X X X 〔q_2〕	$q_2 \xrightarrow{\ \vdash\ /\ X\vdash\ } q_1$
10	X$\vdash$ X X X 〔q_1〕	

図 6.5　系列 $(())$ が正しいカッコの系列かの判定

系列 c^j を空白記号の領域につくることを，a^i の長さ分だけ（すなわち，i 回）実行する．すると，空白記号の領域に $c^{i \times j}$ がつくられる．実際には，b^j の各記号について c を 1 個つくることを j 回繰り返し，c^j をつくる．これを，a^i の長さ分（i 回）繰り返し，$c^{i \times j}$ をつくる．最後に，この系列 $c^{i \times j}$ を左詰めし，左端から始まる $c^{i \times j}$ をつくる．

　この動作では，繰り返しの回数をカウントする必要がある．このカウントをテープ上においた系列 a^i や b^j に端から印をつけることにより行う．ただし，印をつけることを a → A や b → B の変換と解釈する．たとえば，$i = 3$，$j = 4$ とすると，$c^{i \times j}$ をつくる途中でテープの内容が

$$A\vdash AaBBBb\underline{cccc}\,\underline{ccc}\,_\sqcup \cdots$$

となる時点がくる．これは，a のカウンタは 2 までカウントし，b のカウンタは 3 までカウントした時点のテープ内容である（a カウンタの 1 個目で，$\underline{cccc}$ がつくられ，2 個目で b カウンタによる $\underline{ccc}$ がつくられる）．なお，c のアンダーラインは

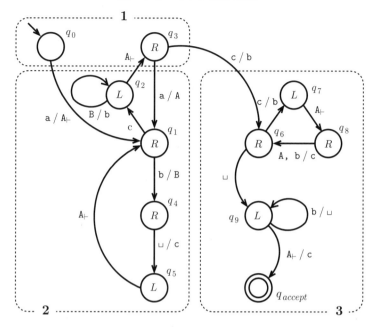

図 6.6　乗算の状態遷移図

説明のためのもので，実際にアンダーラインを引くわけではない．

次に，アルゴリズム $MULT$ を示す．ただし，無印の記号 a や b に印をつけたものをそれぞれ A や B とする．また，a や A が書き込まれたマスからなる領域を a 領域と呼ぶ．b 領域，c 領域，␣ 領域も同様とする．

アルゴリズム $MULT$ ：

　入力：a^i, b^j,

　出力：$c^{i \times j}$

1. 印のついていない a が残っているときは，その先頭の a に印をつけ，**2** へ進む．

　　無印の a が残っていないときは，**3** へ進む．

2. 先頭の b に印をつけた後に，␣ 領域の先頭を c に書き換えるということを，

　　無印の b がなくなるまで繰り返す．その後，すべての b を無印に戻し，**1** へ進む．

3. 得られた c の系列を左詰めする（左端のコマから始まる領域にシフト）．

図 6.6 は乗算を計算する TMM_2 の状態遷移図である．$MULT$ の **1**，**2**，**3** がそれぞれこの状態遷移図の **1**，**2**，**3** に対応する．この状態遷移図で a^i，b^j が入力されたとき，$c^{i \times j}$ を ␣ 領域につくる動きをたどる．この計算では，$q_1 \rightarrow q_2 \rightarrow q_3 \rightarrow q_1$

と $q_1 \to q_4 \to q_5 \to q_1$ の2つのサイクルに沿った状態遷移を繰り返す．サイクル $q_1 \to q_2 \to q_3 \to q_1$ を1回まわると，系列 a^i の初めの a を $\mathsf{a} \to \mathsf{A}$ と変換する．一方，$q_1 \to q_4 \to q_5 \to q_1$ のサイクルを1回まわると，b^j の初めの b を $\mathsf{b} \to \mathsf{B}$ と変換し，$\sqcup$ 領域に c を1つ置く．サイクル $q_1 \to q_4 \to q_5 \to q_1$ を全部で j 回まわると，これによって $\sqcup$ 領域に系列 c^j がつくられる．j 回まわった後は，$q_1 \to q_2 \to q_3 \to q_1$ のサイクルに戻る．これは，$\mathsf{b} \to \mathsf{B}$ の変換を j 回行うと，b^j がすべて B^j に変換されるからである．このため，サイクルを j 回まわった後は，状態 q_1 からの2つの遷移 $q_1 \xrightarrow{\mathsf{b}/\mathsf{B}} q_4$ と $q_1 \xrightarrow{\sqcup} q_2$ のうちの後者が選ばれ，サイクル $q_1 \to q_2 \to q_3 \to q_1$ に戻る．結局，図 6.6 の状態遷移図の2つのサイクルのまわり方は，

> 「サイクル $q_1 \to q_4 \to q_5 \to q_1$ を j 回まわりその後，『サイクル $q_1 \to q_2 \to q_3 \to q_1$ を1回まわった後，サイクル $q_1 \to q_4 \to q_5 \to q_1$ を j 回まわる』ことを $i-1$ 回繰り返す」

となる．『　』が $i-1$ 回繰り返されるのは，$q_0 \xrightarrow{\mathsf{a}/\mathsf{A}_{\vdash}} q_1$ により，最初の a^i の a が $\mathsf{a} \to \mathsf{A}_{\vdash}$ と変換されるからである．残りの a^{i-1} が『　』の $i-1$ 回実行に対応する．これらのことが実行された後は a^i は $\mathsf{A}_{\vdash}\mathsf{A}^{i-1}$ に置き換えられ記号 a はなくなる．その後，3 に遷移し，つくられた $\mathsf{c}^{i \times j}$ を左詰めする．　　　　■

6.2　チューリング機械のロバスト性

　定義 6.1 のチューリング機械の定義はいろいろと一般化することができる．しかし，一般化してもチューリング機械の計算能力が変わることはない．このことは，チューリング機械という概念がロバストであることを示している．

多テープチューリング機械

　多テープチューリング機械とは，読み書きできるヘッドを備えたテープを複数本備えているチューリング機械である．k テープチューリング機械の状態遷移関数は，任意の $q, a_1, \ldots, a_k$ に対して

$$\delta(q, a_1, \ldots, a_k) = (q', a'_1, \ldots, a'_k, D_1, \ldots, D_k)$$

と指定する．この指定は，状態が q で，k 本のテープのヘッドがそれぞれ記号 $a_1, \ldots, a_k$ を見ているとき，状態は q' へ遷移し，k のヘッドが見ている記号をそれぞれ $a'_1, \ldots, a'_k$ に書き換え，k のヘッドはそれぞれ $D_1, \ldots, D_k$ 方向の隣接したコ

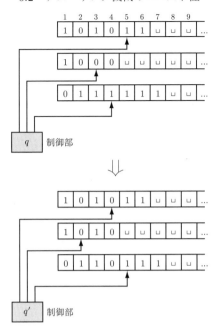

図 6.7 M_3 の 1 ステップ

マに移すことを意味する．このように定義される多テープチューリング機械は，使えるテープが多いので，見かけ上の計算能力はこれまでに定義した 1 テープチューリング機械より大きい．しかし，実質的な計算能力は変わらない．このことを，次の定理として取りまとめる．

> **定理 6.7** 任意の多テープチューリング機械に対して，それと等価な 1 テープチューリング機械が存在する．

【証明】 $k = 3$ として，3 テープ TM M_3 を模倣する 1 テープ TM M_1 を構成する．k は一般化できるので，これにより定理は証明される．

　図 6.7 に M_3 の 1 ステップの遷移の例を示し，図 6.8 にはこれを模倣する M_1 の遷移を表している．この 2 つの図のテープの内容を比べると，テープが 3 本か，1 本のテープが 3 トラックに分かれているのかの違いはあるが，実質的な内容は同じである．ここで，図 6.7 でヘッドが置かれたマスの記号に対応するのが，図 6.8 のトラックの ^ がつけられている記号である．M_3 では各テープにはヘッドが備えられているので，この遷移を 1 ステップで実現できる．一方，M_1 ではヘッドは 1 個しか

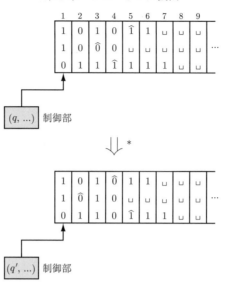

図 6.8　M_1 の 1 ステップ

ないので，テープ全体を走査して M_3 のヘッドが見ている情報をすべて収集し，全部情報が揃ったところで状態遷移するようにすればよい．

　図 6.7 の M_3 の 1 ステップを M_1 が複数ステップをかけて模倣する様子を見ていこう．図 6.8 に示すように M_1 は左端のコマにヘッドを置いて模倣を開始し，記号が書き込まれた領域を往復して，M_3 の 1 ステップを模倣する．右端までの前半のフェーズではすべてのトラックの ^ のついた 3 つの記号 a_1，a_2，a_3 を読み込み，M_3 の状態遷移関数 δ_3 が指定する

$$\delta_3(q, a_1, a_2, a_3) = (q', a_1', a_2', a_3', D_1, D_2, D_3)$$

を M_1 の状態の中に書き込み，後半の戻りのフェーズで $(a_1', a_2', a_3', D_1, D_2, D_3)$ に従って，各トラックの ^ のついた記号を a_1'，a_2'，a_3' に書き換えた後，(D_1, D_2, D_3) に従って ^ を左右にそれぞれ移動し，M_3 の 1 ステップの模倣を終える．

　次に，M_1 の状態遷移を具体的に指定する．

　M_3 の状態集合とテープアルファベットをそれぞれ Q_3 と Γ_3 とする．また，M_1 のテープアルファベット Γ を

$$\Gamma = (\Gamma_3 \cup \widehat{\Gamma}_3)^3$$

と定める．ここに，$\widehat{\Gamma}_3 = \{\hat{a} \mid a \in \Gamma_3\}$ は，M_3 のテープアルファベットの各記号

に＾をつけたものからなる集合である．また，Q_3 の状態 q に R または L のサフィックスをつけたものの集合を

$$Q_{\mathrm{L,R}} = \{q_{\mathrm{R}} \mid q \in Q_3\} \cup \{q_{\mathrm{L}} \mid q \in Q_3\}$$

と表す．ここで，q_{R} や q_{L} の q は，M_3 の状態であり，サフィックスの R や L は模倣のフェーズを表すものである．q_{R} は情報収集や更新をしながら右方向へヘッドのシフトを繰り返すフェーズであり，q_{L} はヘッドを左端まで左シフトを繰り返して戻すフェーズである．

TMM$_1$ は，これまで説明してきた情報を自分の状態の中に取り込むこととし，その状態集合 Q を

$$Q = Q_{\mathrm{L,R}} \times (\Gamma_3 \cup \widehat{\Gamma}_3 \cup \{\#\})^3 \times \{\mathrm{L}, \mathrm{R}, \#\}^3$$

と定義する．図 6.7 の M_3 の 1 ステップを模倣する M_1 の動作は以下の通りである．

模倣の動作は，M_1 の制御部にこもって模倣を仕切る人になったつもりになるとイメージしやすい．この仕切る人が利用できる情報は，M_1 の状態 $(q, a_1, a_2, a_3, D_1, D_2, D_3) \in Q_{\mathrm{L,R}} \times (\Gamma_3 \cup \widehat{\Gamma}_3 \cup \{\#\})^3 \times \{\mathrm{L}, \mathrm{R}, \#\}^3$ と M_1 の 1 個のヘッドが見ている記号 $(a_1, a_2, a_3) \in (\Gamma_3 \cup \widehat{\Gamma}_3)^3$ である．また，仕切る人は M_3 の状態遷移関数 δ_3 も利用することができる．図 6.8 の更新の開始時に，M_1 は状態 $(q_{\mathrm{R}}, \#, \#, \#, \#, \#, \#)$ で，ヘッドは左端のコマに置かれている．M_1 は記号の書き込まれた領域を 1 往復して M_3 の 1 ステップを模倣するが，往復するのは図 6.8 の 1 番目から 8 番目のコマからなる領域である．

M_3 の 1 ステップを模倣する M_1 の動作：

1. 状態 q_{R} は，ヘッドの右移動を繰り返し，各トラックの ＾ のついた記号 (a_1, a_2, a_3) を読み込み，

$$(q_{\mathrm{R}}, \#, \#, \#, \#, \#, \#) \xrightarrow{\;*\;} (q_{\mathrm{R}}, a_1, a_2, a_3, \#, \#, \#)$$

と状態遷移する．ここに，＾の記号が現れたトラックからその下の記号 a_i を状態として読み込み，$\# \to a_i$ と更新する（問題 6.3）．

2. M_3 の状態遷移関数の指定 $\delta_3(q, a_1, a_2, a_3) = (q', a_1', a_2', a_3', D_1, D_2, D_3)$ に従って，

$$(q_{\mathrm{R}}, a_1, a_2, a_3, \#, \#, \#) \longrightarrow (q_{\mathrm{L}}', a_1', a_2', a_3', D_1, D_2, D_3)$$

と状態遷移する．ここに，q_{L}' は，$(q', a_1', a_2', a_3', D_1, D_2, D_3)$ の q' にサフィッ

クス L をつけたもので，L は模倣の後半のフェーズであることを表す.

3. 模倣の後半のフェーズでは，

$$(q'_L, a'_1, a'_2, a'_3, D_1, D_2, D_3) \xrightarrow{*} (q_L, \#, \#, \#, \#, \#, \#)$$

と状態遷移する．前半のフェーズと同様，^ の記号の現れたトラックからその記号の下に a'_i を書き込み，各トラックで ^ を D_i に従って右，または，左隣のコマに移動する．ここに，$1 \leq i \leq 3$. これらの動作が各トラックで終了した時点で，そのトラックに相当する a'_i, D_i を #, # に書き換える.

最後に，次のステップの模倣に備えて，

$$(q'_L, \#, \#, \#, \#, \#, \#) \longrightarrow (q'_R, \#, \#, \#, \#, \#, \#)$$

と状態遷移する.

以上，3 テープ TM M_3 の 1 ステップを模倣する 1 テープ TM M_1 の動作であるが，この動作を繰り返して，M_1 は M_3 を模倣する．また，この模倣は，3 テープ TM から k テープ TM の場合に一般化できる.　　　　　　　□

非決定性チューリング機械

非決定性チューリング機械とは，次の動作として複数のものが許される計算モデルである．すなわち，その状態遷移関数 δ は，各 $(q, a) \in Q \times \Gamma$ に対して

$$\delta(q, a) = \{(q_0, a_0, D_0), \ldots, (q_{m-1}, a_{m-1}, D_{m-1})\}$$

と指定される．このように，非決定性チューリング機械は，決定性の定義 6.1 の状態遷移関数を

$$\delta : Q \times \Gamma \to \mathcal{P}(Q \times \Gamma \times \{L, R\})$$

と置き換えて定義される計算モデルである．他の項目は決定性の場合と同じである．この本を通して，状態遷移関数で指定される遷移先の個数 m は，0 または 2 に限定するものとする．このように限定しても一般性が失われない（問題 6.4）．このように限定することにより議論の展開がすっきりしてくるので，この本では以降，非決定性チューリング機械はこのように限定されているものと仮定する.

非決定性チューリング機械の計算を開始様相で始まる様相の遷移の系列と捉える．様相 $C = rbqav$ に対して，

$$\delta(q, a) = \{(q_0, a_0, D_0), (q_1, a_1, D_1)\}$$

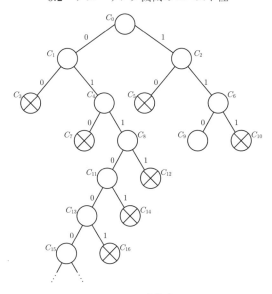

図 6.9 計算木

とするとき，(q_0, a_0, D_0) を使うか (q_1, a_1, D_1) を使うかで，C の遷移先の様相は C' か C'' の二股に分かれる．すなわち，たとえば，$D_0 = R$，$D_1 = L$ とすると

$$C = rbqav \to C' = rba_0 q_0 v,$$
$$C = rbqav \to C'' = rq_1 ba_1 v$$

のどちらの遷移も可能となる．

計算木を図 6.9 のように表される木とする．このように，計算木とは可能性のある遷移をすべて書き出したものである．ここに，計算木の点は様相であり，2 つの点 C から C' への枝には，$C \to C'$ の遷移で使われた $\{(q_0, a_0, D_0), (q_1, a_1, D_1)\}$ の 3 項組のサフィックス $b \in \{0, 1\}$ が割り当てる．また，根は開始様相 $C_0 = q_0 w_1 \cdots w_n$ とする．計算パスとは，開始様相で始まる計算パス $C_0 \xrightarrow{u_1} C_1 \longrightarrow \cdots \xrightarrow{u_j} C_j$ である．この計算パスは枝のラベルの系列 $u_1 \cdots u_j \in \{0, 1\}^*$ で表す．

定義 6.8 非決定性チューリング機械 N が系列 w を受理するとは，N と w から定まる計算木に受理様相に至る計算パスが存在することである．また，N が受理する言語とは，N が受理するすべての系列からなる集合であり，$L(N)$ と表す． ■

定義 6.8 の受理の定義はわかりにくいところもある．非決定性チューリング機械 N の受理について定義しているにもかかわらず，N 自身が受理か非受理かを判定

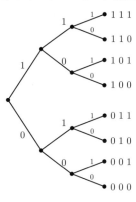

図 6.10　辞書式順序

しているわけではない. と言うのは, 定義 6.8 が意味することは, N と w から決まる計算木全体を見ることができるものが, 計算木に受理様相が現れるなら受理とし, 現れなかったら非受理と判定するとしているからだ (永久に状態遷移を繰り返すこともあるので, 無限に続く計算木全体を見ることができるという前提).

> **定理 6.9**　任意の非決定性チューリング機械に対して, それと等価な決定性チューリング機械が存在する.

【証明】　非決定性 TM N からそれと等価な決定性 TM D をつくる.

　N と w から定まる計算木を T と表す. D は, T の根から始まるすべてのパス $u = u_1 \cdots u_j \in \{0,1\}^*$ を順次生成し, u に基づいた様相の系列 $C_0 \xrightarrow{u_1} C_1 \xrightarrow{u_2} \cdots \xrightarrow{u_j} C_j$ をつくることを C_j が受理様相となるまで繰り返し, 受理様相が現れたら YES と出力する. ただし, 様相の系列が途中で打ち出せなくなったとき (次の遷移が定義されていないため) は, 次の u に進む. したがって, そのような受理様相が現れないときは, この繰り返しを永久に続けることとなる. ここで, $\{0,1\}^*$ の系列をすべて**列挙**する必要があるが, その順序として

$$\{\varepsilon, 0, 1, 00, 01, 10, 11, 000, 001, \ldots\}$$

と表されるものを考えることにする. この順番でパス u の次のパスを表す関数を $next : \{0,1\}^* \to \{0,1\}^*$ と表す (問題 6.5). たとえば, $next(10) = 11$, $next(11) = 000$ となる. また, 長さ 3 の系列の順序は図 6.10 に表されるものとなる. この順序は**辞書式順序**と呼ばれる.

決定性 TMD は，3 テープ TM として構成する．テープ 1 には入力 w を置き，この w を読むだけで，書き換えることはしない．テープ 2 は，テープ 3 に置かれている $u \in \{0,1\}^*$ に従って N の様相を更新するための作業用テープとする．また，テープ 3 では，テープ 2 での様相の更新が終わったら $u \leftarrow next(u)$ の更新を実行する．

次に，3 テープ TMD の動作をまとめる．

非決定性 TMN と等価な決定性 3 テープ TMD の動作：

1. テープ 1 には入力 w を置き，テープ 2 と 3 にはそれぞれ空系列 ε を置く．
2. テープ 1 の入力 w をテープ 2 にコピーする．
3. 開始様相 C_0 をつくり，テープ 3 の u に従って $C_0 \xrightarrow{u_1} C_1 \xrightarrow{u_2} \cdots \xrightarrow{u_j} C_j$ の様相を次々とつくり，C_j が受理様相であれば，停止して YES を出力し，そうでなければ，**4** へ進む．ただし，$u = u_1 \cdots u_j$ とする．
4. $u \leftarrow next(u)$ と u を更新し，**2** へジャンプする．

このように定義される決定性 3 テープ TMD に対して，定理 6.7 よりそれを模倣する 1 テープ決定性 TM が存在するので，その TM を D とすれば，定理は証明される．　　　　□

6.3　チャーチ・チューリングの提唱

チューリングは「機械的な手順で計算できる」ことを数学的に定式化するものとしてチューリング機械を導入し，

> 機械的な手順で計算できる　　⇔　　チューリング機械で計算できる

となると提唱した．一般に，「$A \Leftrightarrow B$」の等価関係が成立するためには，A も B もきっちりと定義されたものでなければならない．ところが，機械的な手順という概念は，感覚的には捉えることはできるが，厳密に定義されたものではない．したがって，上にあげた等価関係は，元々証明できるものではない．そこで，⇔ で結ばれた左辺と右辺は同じものと認めてしまおうというのが，**チャーチ・チューリングの提唱**である．すなわち，機械的な手順で計算できることとは，チューリング機械で計算できることとしようという提唱である．これにより，機械的な手順で計算できるということが数学的に定式化される．

チャーチ・チューリングの提唱は広く認められている．その理由のひとつに機械的な手順を定式化したものとして，チューリング機械の他にも，**帰納的関数**や **λ 定義**

可能関数など，全く異なる定式化のもとで定義されたものがあるが，これらがすべて互いに等価であることが証明されているということがある．このことは，機械的な手順という概念は，チューリング機械，帰納的関数，それに λ 定義可能関数という形式化の違いを超えた本質的でロバストな概念であることを示している．チャーチ・チューリングの提唱を前提にしないと，チューリング機械では計算できないが，機械的な手順で計算できる問題が存在する可能性が残る．チャーチ・チューリングの提唱はそのようなものは一切ないと言い切るものである．この提唱を受け入れると，機械的な手順で計算できる問題のクラスは，チューリング機械で計算できる問題のクラスと一致することになる．このことより，次に説明するような深遠な事実も導かれることになる．

　少し先回りして7章で扱う停止問題と定理7.1を取り上げよう．**停止問題**とは，チューリング機械 M と入力 w が与えられて計算を開始したとき，いずれは停止するのか，あるいは，永久に遷移を繰り返すのかを判定する問題である．定理7.1は，停止問題はチューリング機械では計算できないと主張するものである．一方，チャーチ・チューリングの提唱により，チューリング機械で計算できる問題のクラスと機械的な手順で計算できる問題のクラスは一致するので，停止問題は機械的な手順で計算できる問題のクラスの外側に置かれる問題となる．すなわち，停止問題はどんな機械的な手順を使ったとしても計算できないということになる．ところで，チューリング機械 M に系列 w を入力して計算すると，いずれは停止するか，永久に状態遷移を繰り返すかのどちらかである．したがって，停止問題は定義できる問題である．このように，停止問題は，定義はできるが，計算はできない問題と言える．チャーチ・チューリングの提唱により，問題を定義することと，それを計算することとは本質的に異なるということになる．

6.1 チューリング機械の定義で，ヘッドの移動を $\{L, R\}$ から $\{L, R, S\}$ に一般化しても計算能力は変わらないことを導け．ここに，S は状態遷移でヘッドの位置は変えないことを表す．

6.2 決定性チューリング機械のヘッドの移動の向きが遷移先の状態により決定されるとは，$\delta'(q, a) = (q', a', D)$ という任意の指定について，D が L か R かは遷移先の状態 q' により決定されるということである．一般に，任意のチューリング機械はこの条件を満たすチューリング機械に等価変換できることを導け．

6.3 定理 6.7 の証明で図 6.7 の M_3 を模倣する M_1 は，図 6.8 に示すように状態 $(q_R, \#, \#, \#, \#, \#, \#)$ で1ステップの模倣の開始時にヘッドは左端に置かれている．このポジションから右移動を繰り返しながら初めて ˆ のついた記号が現れるトラック 2 の内容を更新する．この場合のトラック 2 の更新動作のあらましを説明せよ．

6.4 (1)　遷移先が 4 通りある非決定性チューリング機械は，遷移先が 2 通りの非決定性チューリング機械に等価変換できることを示せ．

(2)　任意の非決定性チューリング機械は，遷移先の個数 $|\delta(q, a)|$ が 2 または 0 であるような非決定性チューリング機械に等価変換できることを示せ．

6.5 n 桁の 2 進数 $b_1 \cdots b_n \in \{0, 1\}^n$ に対して，$next(b_1 \cdots b_n)$ を定義せよ．

7 チューリング機械の万能性とその限界

この章では，この本の中でも特に重要な 2 つの結果を導く．ひとつは，すべての
チューリング機械を模倣することのできるチューリング機械をつくれるという結果
である．このようなチューリング機械は万能チューリング機械と呼ばれる．もうひ
とつは，どんなチューリング機械も停止問題を解くことはできないという結果であ
る．ここで，停止問題とは，与えられた任意のチューリング機械がいずれは停止す
るのか，あるいは，永久に動き続けるかを問う YES/NO 問題である．

7.1　万能チューリング機械

チューリング機械 M の時刻 t の様相 C_t が与えられれば時刻 $t+1$ の様相 C_{t+1} は
機械的につくることができる．1 ステップの様相の変換が機械的にできるので，開
始様相から始まる様相の系列 $C_0, C_1, \ldots$ を次々とつくることも機械的にできる．**万
能チューリング機械**とは，任意のチューリング機械 M と任意の入力の系列 w に対
して，この様相の系列 $C_0, C_1, \ldots$ を次々とつくるチューリング機械である．この様
相の系列は機械的に求めることができるので，チャーチ・チューリングの提唱によ
れば，この系列をつくるチューイング機械（すなわち，万能チューリング機械）は
存在することになる．この節では，この事実をチャーチ・チューリングの提唱によ
るのではなく，万能チューリング機械を具体的に設計することにより導く．

万能チューリング機械を U で表し，万能チューリング機械 U が模倣するチューリ
ング機械を M と表す．

図 7.1 は，開始様相から始まる M の様相の系列 $C_0, C_1, \ldots$ の C_t と C_{t+1} を具体
的に表したものである．U は，テープ上で $C_0, C_1, \ldots$ というように次々と様相を更
新することにより，M を模倣する．この図に示すように，U のテープは，時点記
述部，命令記述部，テープ記述部の 3 つに分かれている．命令記述部には，M の状
態遷移を表す 5 項組のリストが置かれている．時点記述部には，現時点の M の状
態 p_i とヘッドが見ている記号 a_j が書き込まれている．テープ記述部には，模倣さ
れる M のテープの内容が置かれている．また，この図に示すように，□ で囲った

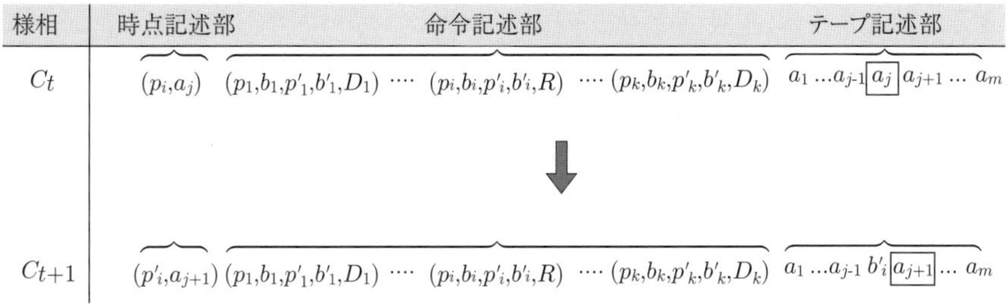

様相	時点記述部	命令記述部			テープ記述部
C_t	(p_i,a_j)	(p_1,b_1,p'_1,b'_1,D_1)	$\cdots$ (p_i,b_i,p'_i,b'_i,R)	$\cdots$ (p_k,b_k,p'_k,b'_k,D_k)	$a_1 \ldots a_{j-1} \boxed{a_j} a_{j+1} \ldots a_m$
C_{t+1}	(p'_i,a_{j+1})	(p_1,b_1,p'_1,b'_1,D_1)	$\cdots$ (p_i,b_i,p'_i,b'_i,R)	$\cdots$ (p_k,b_k,p'_k,b'_k,D_k)	$a_1 \ldots a_{j-1} b'_i \boxed{a_{j+1}} \ldots a_m$

図 7.1 5 項組 $(p_i, b_i, p'_i, b'_i, R)$ による TMU のテープの更新，ただし，$a_j = b_i$ とする.

記号は M のヘッドが見ている記号である．$b_i = a_j$ とする．この場合，C_t には命令記述部の 5 項組 $(p_i, b_i, p'_i, b'_i, R)$ が適用され $(D_i = R)$，C_{t+1} に更新される．この更新によって，時点記述部とテープ記述部も更新される．しかし，命令記述部は読み出し専用でその内容は固定されたままで，更新されることはない．

以上の説明から，M を模倣する U の動きは自然に導かれる．M の 1 ステップを模倣する M の動きの基本は，時点表示部の 2 項組 (p_i, a_j) と初めの 2 項目が一致する命令記述部の 5 項組 $(p_i, b_i, p'_i, b'_i, D_i)$ を見つけ出し $((p_i, a_j) = (p_i, b_i))$，更新の内容 (p'_i, b'_i, D_i) に従って，テープ記述部と時点記述部を更新することである．

開始様相 C_0 から始めて，この更新を繰り返した場合，最後はどのようなことが起こるのであろうか．2 つのケースがある．ひとつは，時点記述部の 2 項組 (p_i, a_j) と最初の 2 項目が一致する 5 項組が命令記述部に存在しない場合である．これは，状態 p_i が受理状態，または，非受理状態になった場合で，次の遷移が定義されていないため，その時点で停止する．もうひとつは，状態遷移が永久に繰り返される場合である．この場合は，入力の系列が受理されない．

このように $C_i \rightarrow C_{i+1}$ の更新は機械的にできるので，この更新を実行する万能チューリング機械も簡単につくれるように見えるが簡単ではない．まず，U のアルファベットの問題がある．図 7.1 は，M の状態 p_i を用いて説明した．しかし，この p_i をそのまま U のアルファベットに加えるわけにはいかない．U のアルファベットは固定されているのに，模倣される M 状態の個数は任意のものを扱わなければならないからである．これから説明する U のアルファベット Γ を

$$\Gamma = \{0, 1, \boxed{0}, \boxed{1}, \vdash, \mathsf{X}, \mathsf{Y}, \sqcup\}$$

と定める．このように定めて，M の状態は 0 と 1 の系列として表すことにすると，任意の個数の状態のセットを，固定したアルファベット Γ を用いて表すことが

できる. 同じように, M のテープの記号も 0 と 1 の系列として表すことができる
が, M のテープアルファベットは $\{0, 1, \sqcup\}$ と仮定する. このように仮定しても一
般性を失わない（問題 7.1）. 一般に, チューリング機械の状態の個数とテープ上の
記号の個数の間にはトレードオフ（一方が大きくなると他方は小さくなるという二
律背反）の関係があるが, 簡単のため, M のテープアルファベットは固定して, 状
態の個数にのみ任意性をもたせることにする.

　図 7.1 に基づいた説明では, U の $C_t \rightarrow C_{t+1}$ の更新の動作のあらましはわかる
が, その詳細まではわからない. そこで, 次のような思考実験を行い, 更新動作の
ポイントをつかむことにする. この思考実験では, U のテープを紙のテープとして
つくり, 鉛筆と消しゴムを使って記号を書き込んだり書き換えたりするとする. 紙
テープには図 7.1 と同じようなフォーマットで模倣するチューリング機械 M につい
て書き込んだとする. M は 2^{10} 個の状態をもっているとし, 状態は長さ 10 の 2 進
列で表すとする. M のテープアルファベットは $\Sigma = \{0, 1\}$ とし, a_i や b_i の記号
は 0 か 1 の 1 ビットで表すと仮定する. そして, 命令記述部に 5 項組のリストを書
き込んだところ, 図 7.1 のテープの記述がこの本の幅 15 センチをはるかに超え, そ
の長さは 10 メートルに達したとする. このような設定で, 図 7.1 のような C_t から
C_{t+1} への更新を行うことにする. この更新を実行するため, 時点記述部の (p_0, a_0)
の 11 ビットを覚えておき, 命令記述部を移動しながら $(p_0, a_0) = (p_i, b_i)$ となる 5
項組 $(p_i, b_i, p_i', b_i', D_i)$ を探す. 11 ビットならばがんばって覚えられるかもしれない
が, もし状態が長さ 100 の 2 進列で表されているとすると, (p_0, a_0) を覚えるのは
もはや無理がある. 長さが 101 の 2 進列 (p_0, a_0) と (p_i, b_i) が等しいかどうかは, 一
瞬で判定することはできない. この長さになると, 1 ビットずつ一致するかどうか
を判定しては, 判定済みのビットに ✓ のチェックを入れるということを繰り返すし
かない. このようにして, $(p_0, a_0) = (p_i, b_i)$ となる 5 項組 $(p_i, b_i, p_i', b_i', D_i)$ を探し
出したら, 次に, (p_i', b_i', D_i) に従って時点記述部とテープ記述部を更新する.

　この更新でも, 更新済みのビットに ✓ を入れて, 1 ビットずつの更新をする. こ
れが思考実験における 1 ステップの更新のあらましである. ただし, U では記号に
チェックを入れることを □ で囲って表す.

　この思考実験を踏まえた上で, 図 7.1 のように $C_t \rightarrow C_{t+1}$ と更新することにする
と, 万能 TM U の動作のあらましを次のようにまとめることができる.

万能チューリング機械 U の動作の概要：

次の **1**, ..., **4** を $(p_0, a_0) = (p_i, b_i)$ となる 5 項組 $(p_i, b_i, p_i', b_i', D_i)$ が見つかる限り繰り返し実行する．

1. 時点記述部には (p_0, a_0) が書き込まれているとするとき，$(p_0, a_0) = (p_i, b_i)$ となる 5 項組を命令記述部から探し出す．その 5 項組を $(p_i, b_i, p_i', b_i', D_i)$ とする．

2. **1** で探した $(p_i, b_i, p_i', b_i', D_i)$ の (p_i', b_i') を，まず，時点記述部の (p_0, a_0) に上書きする．

3. **1** で探した $(p_i, b_i, p_i', b_i', D_i)$ の b_i' と D_i を状態として覚えておき，テープ記述部の $\boxed{a_j}$ のコマに b_i' を上書きする．そのコマの D_i 方向に隣接するコマの記号を a_ℓ とするとき，a_ℓ を $\boxed{a_\ell}$ に書き換えると同時に，a_ℓ を状態として覚える．

4. **3** で覚えた記号 a_ℓ を，時点記述部の (p_i', b_i') の b_i' に上書きする．

以降の説明では，図 7.2 の $C_t \to C_{t+1}$ の更新の例を用いる．説明の際は，p_i, a_i, b_i などの記号を用いて，2 進列や 0，1 を指すこととする．たとえば，p_0 は時点記述部の "10" を表し，$\boxed{a_2}$ はテープ記述部の端から 2 番目のヘッドが置かれているマスの "$\boxed{0}$" を表す．この例では，各状態は長さ 2 の 2 進列で表される場合となっているが，これから説明する状態遷移図は M の状態が任意の長さ m の 2 進列で表されているとしても，そのまま動く．ヘッドの移動方向に関しては，

$$L = 0, \quad R = 1$$

と表す．

図 7.2 の時刻 t から $t+1$ にかけての更新を見てみよう．まず，$(p_0, a_0) = (p_1, b_1)$ が成立するかどうかをチェックするが，成立しないので，次に，$(p_0, a_0) = (p_2, b_2)$ が成立するかどうかをチェックし，これが成立するので，5 項組 $(p_2, b_2, p_2', b_2', D_2)$ に基づいて更新されている．まず，$D_2 = 1 \ (= R)$ なので，ヘッドの位置を表す

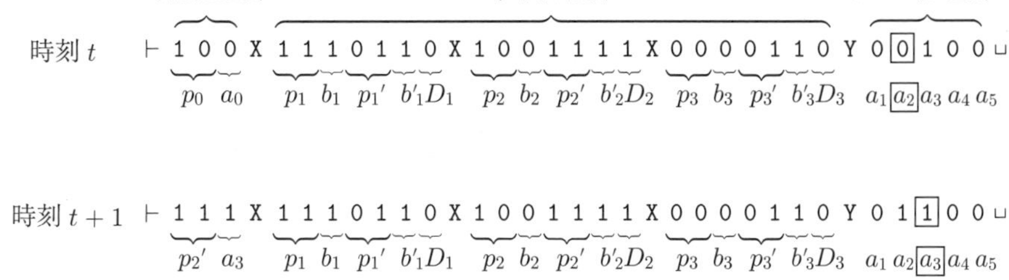

図 7.2　M の遷移 $C_t \to C_{t+1}$ の模倣

時刻 t_1　⊢ 1̲0̲0̲ X 1̲1̲1̲0̲1̲1̲0̲ X 1 0 0 1 1 1 1 X 0 0 0 0 1 1 0 Y 0 0̲ 1 0 0 ⊔
　　　　　⇑　　　　　　　　　　↑

時刻 t_2　⊢ 1 0̲0̲ X 1̲1̲1̲0̲1̲1̲0̲ X 1 0 0 1 1 1 1 X 0 0 0 0 1 1 0 Y 0 0̲ 1 0 0 ⊔
　　　　　　⇑　　　　　　　　　↑

時刻 t_3　⊢ 1 0 0̲ X 1̲1̲1̲0̲1̲1̲0̲ X 1 0̲ 0 1 1 1 1 X 0 0 0 0 1 1 0 Y 0 0̲ 1 0 0 ⊔
　　　　　　　⇑　　　　　　　　↑

時刻 t_4　⊢ 1 0 0 X 1̲1̲1̲0̲1̲1̲0̲ X 1 0̲0̲ 1 1 1 1 X 0 0 0 0 1 1 0 Y 0 0̲ 1 0 0 ⊔

図 7.3　ステージ 1 のスナップショット

記号は a_2 から右隣りの a_3 に更新されている．時点記述部の (p_0, a_0) の p_0 は p_2' に書き換えられ，a_0 は新しいヘッド位置の a_3 の □ を外した記号 a_3 に書き換えられている．

　次に，万能 TMU の動作の概要の 1, … ,4 について詳しく説明する．図 7.2 で示した TMM の 1 ステップを，万能 TMU は以下の 4 つのステージに分けて模倣する．

ステージ 1 の動作： ステージ 1 では，$(p_0, a_0) = (p_i, b_i)$ となる 5 項組 $(p_i, b_i, p_i', b_i', D_i)$ を 5 個組のリストの中から探し出す．そのために命令記述部の左端の 5 項組から始めて順次探していく．$i = 1$ の場合は一致しないので，$i = 2$ の場合のチェックを始めたものとする．この場合，(p_0, a_0) と (p_2, b_2) はどちらも 3 ビットなので，対応する 1 ビットが一致するかのチェックを 3 回行い，どのチェックも一致するので，$(p_0, a_0) = (p_2, b_2)$ と判定される．図 7.3 に示すように，これら 3 回のチェックでは ⇑ のビットと ↑ のビットが一致するかをチェックする．ここに，⇑ や ↑ は説明のためだけの矢印である．ヘッドは左端の ⊢ から始めて，右移動を繰り返して ⇑ の記号を状態として覚え，その後右移動を繰り返し ↑ の記号が，覚えた記号と一致するかどうかをチェックする．このとき，U は ⇑ と ↑ のポジションをどのようにして識別するのだろうか．⇑ は，左端のコマからの右移動を繰り返したとき最初に現れる □ ありの記号であり，↑ は，その後に右移動を繰り返したとき最初に現れる □ なしの記号である（ただし，X は読み飛ばす）．このように，U は，記号の種類の境目で ⇑ と ↑ のポジションを識別する．図 7.3 の時刻 t_1, t_2, t_3 は，3 ビット分のチェックをそれぞれ開始する時刻である．この図は，4 つの場面のスナップショットで，この図では省略されている時刻もある．U は 3 ビット分のチェックをしながら，適当に記号を書き換えている（□ をつけたり，外したりの書き換え）．このように，⇑ と ↑ のポジションが一致するかどうかのチェックを 3 回実行し，この

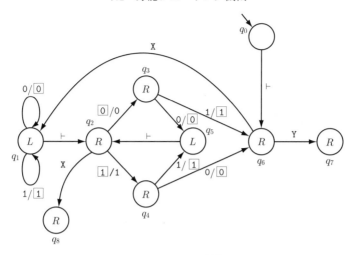

図 7.4 ステージ 1 の状態遷移図

場合はすべて一致するので，$(p_0, a_0) = (p_2, b_2)$（$= 100$）と判定される．

　図 7.4 に，$(p_0, a_0) = (p_i, b_i)$ となる 5 項組 $(p_i, b_i, p_i', b_i', D_i)$ を探し出すステージ 1 の状態遷移図を示してある．ここで，模倣される M の状態は p_i で表すのに対し，万能 TMU の状態は q_i で表すことにする．

　この状態遷移図の働きをたどってみよう．状態 q_1 でヘッドは左端の⊢に置かれている．これが，一致のチェックのサイクルの起点となる．次のステップで $q_1 \xrightarrow{} q_2$ と遷移し，ヘッドは図 7.3 の時刻 t_1 の⇑のコマに移動する．次に，$q_2 \xrightarrow{1/1} q_4$ と遷移し，記号 1 が状態 q_4 として覚えられ，1 の □ が外される．続いて $q_4 \xrightarrow{1/1} q_5$ と遷移するのであるが，その前に，この状態遷移図では省略されている枝に沿った遷移を繰り返す．すなわち，$q_4 \xrightarrow{0/0} q_4$，$q_4 \xrightarrow{1/1} q_4$，$q_4 \xrightarrow{X/X} q_4$ の遷移を記号 1 か 0 を見るまで右移動しながら繰り返す．このように状態 q_4 では，記号 1 か 0 を見るまで，記号の書き換えなしに右移動を繰り返した後，$q_4 \xrightarrow{1/1} q_5$，または，$q_4 \xrightarrow{0/0} q_6$ と遷移する．状態 q_4 は記号 1 を覚えた状態なので，前者は⇑と↑の記号の一致という判定であり，後者は不一致という判定である．この場合は，一致するので状態 q_5 に遷移し，その後，左端の⊢まで左移動を繰り返し，$q_5 \xrightarrow{⊢} q_2$ と遷移し，⇑と↑の記号の一致をチェックするサイクルが終わる．続いて，時刻 t_2 で始まるサイクルと時刻 t_3 で始まるサイクルでも同じように一致のチェックが行われる．この 3 つのサイクルでいずれも一致と判定された時点のテープの内容が時刻 t_4 の系列である．この時刻 t_4 で（$q_5 \xrightarrow{⊢} q_2$ の遷移の直後），U の状態は q_2 でヘッドは⊢に置かれてい

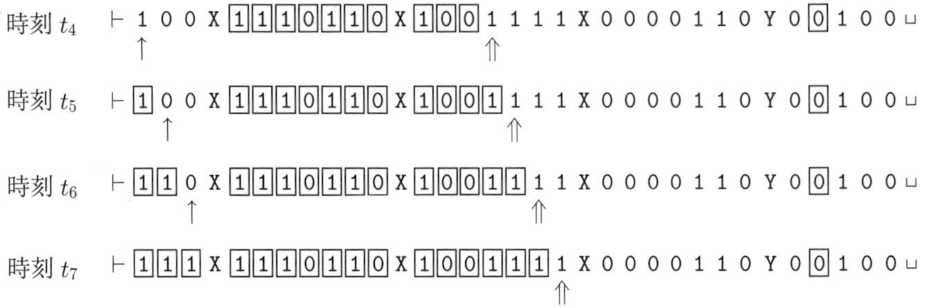

時刻 t_4 ⊢ 1 0 0 X [1][1][1][0][1][1][0] X [1][0][0] 1 1 1 1 X 0 0 0 0 1 1 0 Y 0 [0] 1 0 0 ␣
　　　　　↑　　　　　　　　　　　　　　⇑

時刻 t_5 ⊢ [1] 0 0 X [1][1][1][0][1][1][0] X [1][0][0][1] 1 1 1 X 0 0 0 0 1 1 0 Y 0 [0] 1 0 0 ␣
　　　　　　↑　　　　　　　　　　　　　　⇑

時刻 t_6 ⊢ [1][1] 0 X [1][1][1][0][1][1][0] X [1][0][0][1][1] 1 1 X 0 0 0 0 1 1 0 Y 0 [0] 1 0 0 ␣
　　　　　　↑　　　　　　　　　　　　　　⇑

時刻 t_7 ⊢ [1][1][1] X [1][1][1][0][1][1][0] X [1][0][0][1][1][1] 1 X 0 0 0 0 1 1 0 Y 0 [0] 1 0 0 ␣
　　　　　　　　　　　　　　　　　　　　　⇑

図 7.5　ステージ 2 のスナップショット

る．この時点で，U はさらに次のチェックのサイクルに入ろうとしているのであるが，時点記述部には [0] や [1] の記号は残っていないため，ヘッドが区切り記号 X を見た時点で $q_2 \xrightarrow{\text{X}} q_8$ と遷移し，次のステージ 2 に進む．万能 TM U は，この時点で ⊢ と X の間には $\{[0], [1]\}$ の記号が残っていないので，すべてのチェックが終わり，$(p_0, a_0) = (p_2, b_2)$ が成立すると判断し，次のステージ 2 の状態 q_8 に遷移する．

　ここで少しさかのぼり，$(p_0, a_0) \neq (p_i, b_i)$ と判定されるときの動きも追っておく．これは，1 番目の 5 項組についてチェックするときに起こる．この場合は，$(p_0, a_0) = 100$ で $(p_1, a_1) = 111$ なので，2 番目のビットのチェックで不一致と判定される．(p_0, a_0) の 2 番目のビットとして "0" を状態で覚えたのに，(p_1, a_1) の 2 番目のビットが "1" なので不一致と判定されるのは，$q_3 \xrightarrow{1/[1]} q_6$ の遷移による．この遷移の後は，X が現れるまで右移動を繰り返し，X が現れたら ⊢ が現れるまで左移動を繰り返しながら，0 または 1 が現れたら □ で囲う．この繰り返しにより，チェックされずに残っていた 1 番目の 5 項組の 0 や 1 はすべて □ で囲まれる．⊢ が現れるまでこれを繰り返した後，$q_1 \xrightarrow{\ \vdash\ } q_2$ と遷移すると，そのときのテープは図 7.3 の時刻 t_1 のようになる．

　以上が，図 7.4 の状態遷移図で表されるステージ 1 の動作の説明である．

ステージ 2 の動作：ステージ 2 では，まず，1 で見つけた 5 項組 $(p_i, b_i, p_i', b_i', D_i)$ の (p_i', b_i') を時点表示部の (p_0, a_0) にいったん上書きする．この上書きも前のステージと同様，1 ビットずつ行う．その様子を，図 7.5 に示している．時刻 t_4 はステージ 1 の最後のスナップショットである．この図と前のステージの図 7.3 を比べると，⇑ と ↑ の位置が左右逆転している．これは，⇑ は時間的に早い動作に，↑ は遅い動作に対応しているからである．このステージでは，状態として覚えた ⇑ のコマの記号を ↑ のコマに上書きする．このように 1 ビットのコピー・アンド・ペーストのサイクルを繰り返す．⇑ の位置も ↑ の位置も，$\{[0], [1]\}$ 系から $\{0, 1\}$ 系に切り換わる

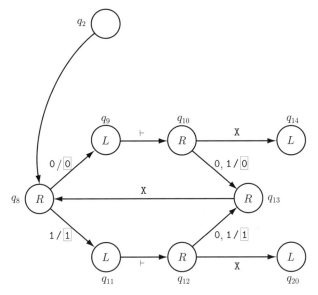

図 7.6 ステージ **2** の状態遷移図

コマとなっている.

　図 7.6 は,ステージ **2** の動作を表す状態遷移図である.このステージは,状態 q_8 でヘッドが記号 X(時点記述部の右端の区切り記号)を見ている時点から始まる.この状況から 0 や 1 の記号が現れるまで,右移動を繰り返し,初めて現れる 0 または 1 の記号($\Uparrow$ の記号)を $q_8 \xrightarrow{0/\boxed{0}} q_9$,または,$q_8 \xrightarrow{1/\boxed{1}} q_9$ の遷移で状態として覚え,覚えた記号を $q_{10} \xrightarrow{0,1/\boxed{0}} q_{13}$ や $q_{12} \xrightarrow{0,1/\boxed{1}} q_{13}$ の遷移で $\uparrow$ の記号に上書きするという,サイクルを繰り返す.この最後のサイクルは時刻 t_7 で始まり,このサイクルでは $\Uparrow$ の記号を状態として覚えるが,覚えた記号を上書きする $\{0, 1\}$ の記号は残っていないため,ヘッドを記号 X(時点記述部の右端の区切り記号)のところまで移動させ,$\Uparrow$ の記号を状態として覚えたままで次のステージ **3** へ進む.この記号はヘッドの移動の向きを表す D_i であるが,この場合は,$D_i = 1$ で,$q_{12} \xrightarrow{X} q_{20}$ の遷移でステージ **3** に進む.

ステージ 3 と 4 の動作:ステージ **3** と **4** では,これまでに見つけた 5 項組 $(p_i, b_i, p'_i, b'_i, D_i)$ の (p'_i, b'_i, D_i) に従って,テープの内容を更新する.この 2 つのステージは密接に関係しているので,まとめて説明する.ステージ **3** と **4** の動作は次のようにまとめられる.

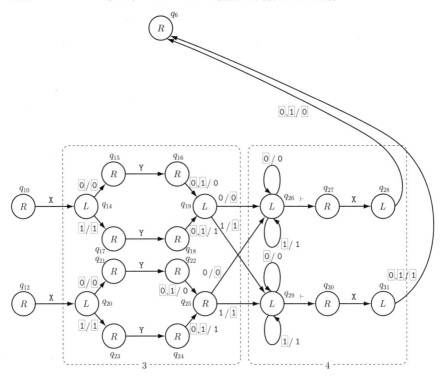

図 7.7　ステージ 3 と 4 の状態遷移図

(1)　ステージ 3 の開始時には，ステージ 1 と 2 で見つけた 5 項組 $(p_i, b_i, p_i', b_i', D_i)$ の (p_i', b_i') が時点記述部に □ で囲まれた記号として書き込まれており，D_i は状態として覚えられている．(1) の動作は，次の (a) と (b) に分けられる．

(a)　時点記述部の $\boxed{b_i'}$ を状態として覚え，ヘッドの位置のコマの $\boxed{a_j}$ に上書きする．

(b)　ステージ 2 で状態として覚えた D_i の方向にヘッドを移動し，移動先のコマを □ で囲むと共に，その記号を状態として覚える．

(2)　(b) で，状態として覚えた新しいヘッド位置の記号を時点記述部の $\boxed{b_i'}$ に上書きする．

図 7.7 は，ステージ 3 と 4 の動作を表す状態遷移図である．ステージ 3 は，状態 q_{14}，または，状態 q_{20} でヘッドを区切り記号 X（時点記述部の左端の区切り記号）の上において動作を開始する．状態 q_{14} は $D_i = L\ (= 0)$ ということを覚えており，q_{20} は $D_i = R\ (= 1)$ ということを覚えている．D_i 方向へのヘッドの移動

は，$D_i = L$ のときは状態 q_{19} へ遷移するときに，また，$D_i = R$ のときは状態 q_{25} へ遷移するときに，それぞれ実行される．図 7.7 のステージ 3 の状態遷移図の上半分でヘッドを左方向に移動し，下半分で右方向に移動するようになっている．さらに，ヘッドをこのように左や右方向に移動する一連の動作の中に，(1) の (a) の動作を割り込ませている．割り込ませる動作は，時点記述部の区切り記号 X の左隣りの記号 b_i' を状態として覚えて，それをヘッドの位置を表す $\boxed{a_j}$ に上書きするというものである．

$$q_{16} \xrightarrow{\boxed{0},\boxed{1}/0} q_{19}, \quad q_{22} \xrightarrow{\boxed{0},\boxed{1}/0} q_{25}$$

の遷移は，$b_i' = 0$ を状態として覚えていたので，0 を上書きする遷移であり，

$$q_{18} \xrightarrow{\boxed{0},\boxed{1}/1} q_{19}, \quad q_{24} \xrightarrow{\boxed{0},\boxed{1}/1} q_{25}$$

の遷移は，$b_i' = 1$ を状態として覚えていたので，1 を上書きする遷移である．残されている仕事は，更新後のヘッド位置に置かれている記号を時点記述部の (p_i', b_i') の b_i' のコマに上書きすることである．このため，更新後のヘッド位置の記号を状態として覚える必要がある．図 7.7 の $\{q_{19}, q_{25}\}$ から $\{q_{26}, q_{29}\}$ への遷移で，更新後のヘッド位置にある記号が 0 か 1 かを状態として覚える．更新でヘッドが左移動するか，右移動するかにかかわらず，更新後のヘッド位置にある記号が 0 であるならばこれを状態 q_{26} として覚え，1 であるならば状態 q_{29} として覚える．そのため，図 7.7 に示す通り平行する枝か，たすき掛けの枝で $\{q_{19}, q_{25}\}$ から $\{q_{26}, q_{29}\}$ へ遷移する．これでステージ 3 の動作は終わる．

最後のステージ 4 では，状態として覚えた 0 または 1 の記号を時点記述部の b_i' に上書きする．図 7.7 の 4 の部分でこの上書きを実行する．

これまで説明してきた各ステージの状態遷移図をつなぎ合わせると万能チューリング機械 U の状態遷移図をつくることができる．それが図 7.8 の状態遷移図である．

これまでの説明では，状態は長さが 2 の 2 進列で表すとして説明してきたが，状態の長さを一般化して長さ m の 2 進列で表すとしてもこの状態遷移図はそのまま働く（問題 7.2）．チューリング機械 M に長さが n の 2 進列 $w_1 \cdots w_n$ を入力したとし，時点記述部を (q_0, w_1) とし，テープ記述部を $\boxed{w_1} w_2 \cdots w_n$ と初期設定する．さらに，命令記述部に M の 5 項組のリストを書き込めば，図 7.8 の状態遷移図は M の動作を模倣する．　　　　　　　　　　　　　　　　　　　　　　□

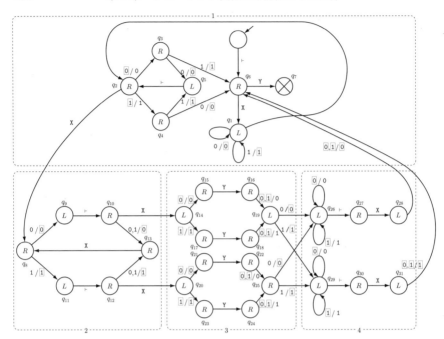

図 7.8 万能 TMU

現代のコンピュータは，チューリングの万能チューリング機械に着想を得たプログラム記憶という方式をその基盤としている．しかし，コンピュータ開発の歴史の黎明期の最初の電子式コンピュータと言われている ENIAC は，プログラム記憶方式と言えるものではなかった．ENIAC でさまざまな問題を解くには，プラグが配置されているボードからプラグを引き抜いては，ジャック（ソケット）が配置されているボードの適当なジャックに差し込むことを繰り返して，問題ごとにプラグとジャックの間の接続を組み立て直すようになっている．プラグにはコードがつながれているため，これによって，プラグがジャックに電気的に接続され，与えられた問題を解く手順にセットされることになる．プラグとジャックの間の接続パタンが，万能チューリング機械の命令記述部の記述内容に対応していて，プラグをソケットに差し込むことにより物理的にコンピュータを再構成できるようになっていた．コンピュータの黎明期の ENIAC は，計算の原始的な仕組みを与えている万能チューリングとよく対応している．このように，歴史をさかのぼり原点に戻ると，現在のコンピュータを動かしているコアとなるアイディア "プログラム内蔵方式" が浮かび上がってくる．

7.2 停止問題の決定不能性

　チャーチ・チューリングの提唱によると，機械的な手順で計算できるものはすべてチューリング機械でも計算できる．したがって，どんな問題でもチューリング機械で計算できるようにも思われるが，実際はそうではないこと，つまり，どんなチューリング機械にも解けない問題が存在することをこの節で導く．その問題は，**停止問題**と呼ばれる問題である．停止問題とは，任意のチューリング機械 M と任意の入力の系列 w が与えられ，テープ上に w を置いて M の計算を開始したとき，M はいずれは停止するか，それとも永久に動き続けるかを判定する問題である．この停止問題は問題として定義はできるが，それを解く機械的な手順が存在しない問題である．

　この問題は，一見，万能チューリング機械を用いると解けるようにも思われる．と言うのは，M と w が与えられたとき，U の命令記述部に $\langle M \rangle$ を置き，テープ記述部に w を置き，時点記述部を初期設定すると，U は M の動きを忠実に模倣するので，いずれは停止するのか，永久に動き続けるのかを判定できるように思われるからである．しかし，実際は，このやり方で判定することはできない．なぜならば，M が停止するときは，停止の判定（YES）は下せるが，停止しないときは永久に動き続けるという判定（NO）は下せないからである．永久に動き続ける場合は，膨大なステップ数にわたり模倣を繰り返したとしても，次のステップで停止する可能性があるので，NO の判定はいつまでたっても下せない．停止問題を解くチューリング機械とは，M が停止するときも，永久に動き続けるときも，止まって YES/NO を出力しなければならないので，このように，単純に万能チューリング機械で模倣するという方法では，停止問題を解くことはできない．しかし，この議論からどんなチューリング機械も停止問題を解けないという結論を下すことはできない．この議論は，M を単純に万能チューリング機械で模倣する方法では，停止問題を判定することはできないと主張しているのであって，どのようにチューリング機械を動かしたとしても判定できないと言っているわけではない．

　次に，チューリング機械は停止問題を判定することはできないこと，すなわち，停止問題を判定することは不可能であることを定理としてまとめ，証明する．この証明はかなりわかりにくいので，定理を証明した後に，さまざまな視点から証明の論法を振り返り説明することにする．

定理 7.1　停止問題は決定不可能である．

【証明】　背理法で証明する．停止問題は，決定可能である，すなわち，停止問題を

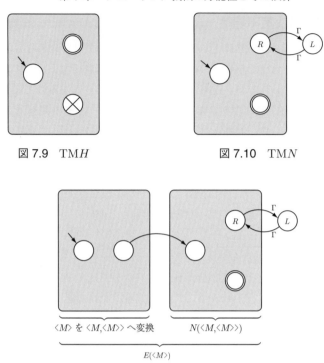

図 7.9　TMH　　　　　　　図 7.10　TMN

$\langle M \rangle$ を $\langle M,\langle M \rangle\rangle$ へ変換　　　$N(\langle M,\langle M \rangle\rangle)$

$E(\langle M \rangle)$

図 7.11　TMN

計算する TMH が存在すると仮定して矛盾を導く.

　一般に，TMM に系列 w を入力したとき，その計算はいずれは止まるか，それとも永久に動き続けるかのどちらかである.これらをそれぞれ *halt* と *loop* で表すことにし，この証明では，この *halt* や *loop* を $M(w)$ で表すことにする.

　図 7.9 は，停止問題を決定する TM として仮定した H を表している.H に $\langle M,w \rangle$ を入力すると，$M(w)$ が *halt* か，*loop* かにより，それぞれ受理状態か，非受理状態に遷移していずれの場合も停止する.この図では，開始状態，受理状態，非受理状態以外はすべて省略している.

　次に，図 7.10 に示すように，TMH を修正した TM をつくり，この TM を N で表す.この図に示すように，N は，$\langle M,w \rangle$ を入力すると，$M(w) = $ *halt* のときは永久に動き続け，$M(w) = $ *loop* のときは停止するような TM である.

　最後に，図 7.11 に示すように，入力の $\langle M \rangle$ を $\langle M,\langle M \rangle\rangle$ に変換した後，その $\langle M,\langle M \rangle\rangle$ を TMN に入力して，N を働かせるような TM をつくる.この TM を E と表す.このとき，TME に，E 自身の記述 $\langle E \rangle$ を入力すると，次のように矛

盾が導かれるので，定理は証明される．

$$E(\langle E \rangle) = N(\langle E, \langle E \rangle \rangle) \qquad (\text{TM}E \text{ の定義より})$$
$$= \overline{E(\langle E \rangle)} \qquad (\text{TM}N \text{ の定義より})$$

ここで，$E(\langle E \rangle)$ は *halt*，または，*loop* となるが，‾ は反転を表す記号であり，$\overline{halt} = loop$，$\overline{loop} = halt$ とする． □

　この定理の証明はなかなかわかりにくい．その理由のひとつは，背理法により，存在し得ないチューリング機械 H を仮定して矛盾を導き出すために，存在し得ないチューリング機械をつくっているところにある．そこで，この証明の論理の流れについて 2 つの異なる視点から説明する．すなわち，対角線論法と呼ばれる視点と床屋のたとえ話に基づいた視点である．

　定理 7.1 を対角線論法で証明するとすると，その証明のあらすじは次のようになる．これは背理法に基づいた証明となっている．背理法の仮定として，任意の TMM とその入力 w に対して，$M(w)$ を決定する TMH が存在すると仮定する．ここまでは，定理 7.1 の証明と同じである．表 7.12 は，各 TMM_i と各 TMM_j の記述 $\langle M_j \rangle$ に対して，$M_i(\langle M_j \rangle)$ が *halt* が *loop* かを表したものである．すなわち，TMM_i に $\langle M_j \rangle$ を入力したとき，その計算はいずれは停止するか，それとも永久に動き続けるかを表している．ここで，TM の並び $M_1, M_2, \ldots$ はすべての TM を尽くしているとする．そこで，TME として，$\langle M_j \rangle$ が入力されたとき，H を呼び出して，まず，$M_j(\langle M_j \rangle)$ を計算させて，その $M_j(\langle M_j \rangle)$ を反転して出力する TM を構成す

表 7.12　$M_i(\langle M_j \rangle)$ の *halt*/*loop* の表

TM ＼ TM の記述	$\langle M_1 \rangle$	$\langle M_2 \rangle$	$\langle M_3 \rangle$	$\langle M_4 \rangle$	$\langle M_5 \rangle$	$\cdots$	$\langle M_k \rangle$ $(=E)$	$\cdots$
M_1	**halt**	loop	loop	halt	halt			
M_2	halt	**halt**	halt	halt	loop			
M_3	halt	halt	**loop**	loop	loop	$\cdots$		
M_4	halt	loop	loop	**halt**	halt			
M_5	loop	halt	halt	halt	**loop**			
$\vdots$			$\vdots$			$\ddots$		
M_k $(=E)$	**loop**	**loop**	**halt**	**loop**	**halt**	$\cdots$	?	
$\vdots$			$\vdots$					$\ddots$

る．この E の動作は，「H ＋"H の出力の反転"」となるので，これを実行する TM をつくることができる．一方，表 7.12 は TM を尽くしているので，その TME もこの表のある行に対応している．そこで，その TM を M_k とする．すると，M_k の行には対角線上の *halt* と *loop* を反転したものが並ぶことになる．一方，この表の元々の意味から k 行 k 列の要素は $M_k(\langle M_k \rangle)$ でなければならない．したがって，k 行 k 列の要素は *halt* でも *loop* でも矛盾することになる．このように，この論法では表の対角線上の出力に注目した議論が展開されるので，**対角線論法**と呼ばれる．定理 7.1 の証明と対角線論法による証明を比べると，両者は大筋では同じ論法であるが，後者のほうが見通しのよい証明になっている．しかし，両者の証明では，議論の前提に微妙な違いがあるので，この本では対角線論法を使わないで定理 7.1 を証明した（問題 7.3）．

次に，床屋のたとえ話からの視点に進む．このたとえ話では，ある島の床屋が島の住人に対して「自分の髭を剃らない全ての人の髭を剃ってやる」と宣言したとする．するとこれだけで，矛盾が生じることが次のようにしてわかる．ここで注意しておきたいことは，床屋は島の住人でもあるということだ．そのため，床屋としての剃る剃らないという行為と，島の住人としての剃る剃らないという行為の両方がこの宣言により制約されることになる．宣言では，剃る剃らないという行為が床屋としての立場と島の住人としての立場で正反対でなければならないと言っている．しかし，同一人物の行為が正反対ということはあり得ないので矛盾が導かれることになる．定理 7.1 の証明では，このたとえ話と同じ状況をつくる TM を構成して矛盾を導いた．髭を剃ることを TM が停止することに対応させ，剃らないことを TM が永久に動き続けることに対応させると，定理の証明が床屋のたとえ話と対応していることがわかる．

7.3 帰　着

Q と Q' を YES/NO 問題とする．問題 Q が Q' に帰着できるとは，簡単にいうと，問題 Q' の答えが問題 Q の答えとして使えるということである．具体的にいうと，Q のインスタンス w の出力（YES/NO）として，Q' のインスタンス w' の出力を使えるということである．ここに，インスタンス w' はインスタンス w から簡単につくることができるようになっている．

帰着ということは日常のさまざまな場面で起きる．たとえば，カーナビを使って運転する場合，ドライバーの目的地までのルート探索問題がカーナビのルート探索問題に帰着される．カーナビを使い始めると道を覚えられなくなるのは，カーナビ

に帰着させているからに他ならない.

　この本では，w から $w'(=f(w))$ への書き換えを表す関数 f として，次の2つのタイプを取り上げる.

定義 7.2　関数 $f: \Sigma^* \to \Sigma^*$ が**計算可能**であるとは，決定性チューリング機械 M が存在して，M が $w \in \Sigma^*$ を入力としてテープ上に置いて計算を開始すると，$f(w)$ をテープの上に置いて停止することである.　また，関数 $f: \Sigma^* \to \Sigma^*$ が**多項式時間計算可能**であるとは，多項式関数 $p: \mathcal{N} \to \mathcal{N}$ が存在して，f が計算可能で，かつ，任意の入力 $w \in \Sigma^*$ に対して，w の長さを n とすると，停止までのその計算のステップ数が $p(n)$ 以下に抑えられることである.　　　　　　■

　III 部ではチューリング機械で計算可能かどうかという観点から，IV 部では効率よく計算可能かどうかという観点から計算を捉える.　上の定義の多項式時間計算可能という概念は，効率よく計算できるということであり，これについては IV 部で詳しく定義する.　しかし，III 部の計算可能性と IV 部の多項式時間計算可能性の両者を取り上げると，この節の帰着の概念を統一的に扱うことができるので，IV 部に先んじて多項式時間計算可能性を取り上げる.

定義 7.3　A と B を YES/NO 問題とする.　問題 A が問題 B に**帰着**するとは，定義 7.2 のどちらかのタイプの計算可能な関数 $f: \Sigma^* \to \Sigma^*$ が存在して，任意の $w \in \Sigma^*$ に対して

$$A(w) = \text{YES} \quad \Leftrightarrow \quad B(f(w)) = \text{YES}$$

となることである.　ここで，f を**帰着関数**という.　帰着関数が計算可能であるとき，問題 A は B に**写像帰着**できるといい，$A \leq_{mapping} B$ と表す.　同様に，帰着関数が多項式時間計算可能であるとき，問題 A は B に**多項式時間帰着**できるといい，$A \leq_{poly} B$ と表す.　前後の文脈から明らかな場合は，写像帰着や多項式時間帰着を単に**帰着**といい，$A \leq B$ と表す.　　　　　　■

　このように，$\leq_{mapping}$ の関係にしろ，$\leq_{poly}$ の関係にしろ，問題 A が B に帰着する場合は，帰着関数を f とすると，$A(w)$ の答えと $B(f(w))$ の答えが一致する.　図 7.13 は，問題 A が B に帰着する場合は，問題 A の答えを問題 B の答えを使って計算する仕組みを模式的に表したものである.　この図は，問題 A と問題 B を解くチューリング機械をそれぞれ M_A と M_B と表すとき，チューリング機械 M_A はチューリング機械 M_B を組み込むことにより構成できることを説明したものである.

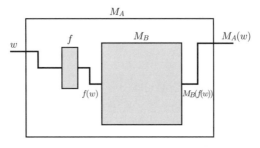

図 7.13　M_A

帰着は，計算理論において鍵となる概念である．帰着関数 f が計算可能な関数の場合にしろ，多項式時間計算可能な関数の場合にしろ，両者に共通する性質がある．その共通した性質を説明するために，関係 $\leq_{mapping}$ や $\leq_{poly}$ を帰着の関係としてまとめて捉え，$\leq$ と表すことにする．これらの帰着に共通する性質を，まず，直観的に説明し，次いで，それを定理として取りまとめる．

帰着の関係 $A \leq B$ が成立するときは，入力 w に対して，$A(w)$ の YES/NO を $B(f(w))$ の YES/NO で答えることができる．このことより，直観的には，問題 B は A より難しい（正確には，やさしくはない）ということになる．このように $A \leq B$ を直観的に解釈すると，

$$A \leq B, \text{ かつ，問題 } B \text{ は決定可能} \quad \Rightarrow \quad \text{問題 } A \text{ は決定可能}$$

が成立することになる．問題 A より難しい問題 B が決定可能なので，それよりやさしい問題 A は決定可能となるという論理の運びである．同じような理由で，

$$A \leq B, \text{ かつ，問題 } A \text{ は決定不可能} \quad \Rightarrow \quad \text{問題 } B \text{ は決定不可能}$$

が成立する．前者を**帰着の肯定的な適用**と呼び，後者を**帰着の否定的な適用**と呼ぶ．それぞれ肯定的な命題や否定的な命題が導かれるからである．

これらの帰着に関する性質は，それぞれ次の2つの定理としてまとめられる．

> **定理 7.4**　$A \leq_{mapping} B$ が成立し，かつ，問題 B が決定可能であるとき，問題 A は決定可能となる．また，$A \leq_{poly} B$ が成立し，かつ，問題 B が多項式時間で決定できるとき，問題 A は多項式時間で決定できる．

【証明】　$A \leq_{mapping} B$ の帰着関数を f とし，関数 f を計算する TM を M_f と表す．また，問題 B を決定する TM を M_B と表す．このとき，問題 A は次の M_A に

よって決定できる.

TMM_A:

入力：w

1. TMM_f に w を入力し，$f(w)$ を計算する.
2. TMM_B に $f(w)$ を入力し，その出力を M_A の出力とする.

このように定義した TMM_A が問題 A を決定することは明らかである. 定理の後半部も同様に証明することができる. $\qquad\square$

> **定理 7.5**　$A \leq_{mapping} B$ が成立し，かつ，問題 A が決定不可能であるとき，問題 B は決定不可能となる. また，$A \leq_{poly} B$ が成立し，かつ，問題 A が多項式時間で決定できないとき，問題 B は多項式時間で決定できない.

【証明】　定理 7.4 を用いて，背理法により次のように証明される. 定理の仮定が満たされているのに，問題 B が決定可能とすると，定理 7.4 より問題 A が決定可能となり，定理の仮定に矛盾する. 定理の後半も同様に証明される. $\qquad\square$

　一般に，$A \leq B$，かつ，$B \leq C$ ならば，$A \leq C$ が成立するとき，関係 $\leq$ は**推移律**を満たすという. 次の定理に示す通り，帰着の関係は推移律を満たす.

> **定理 7.6**　3 つの問題 A, B, C に対して，$A \leq_{mapping} B$，かつ，$B \leq_{mapping} C$ のとき，$A \leq_{mapping} C$ となる. 同様に，$A \leq_{poly} B$，かつ，$B \leq_{poly} C$ のとき，$A \leq_{poly} C$ となる.

【証明】　$A \leq_{mapping} B$，かつ，$B \leq_{mapping} C$ とし，それぞれの帰着関数を f と g とする. このとき，

$$
\begin{aligned}
A(w) = \text{YES} \quad &\Leftrightarrow \quad B(f(w)) = \text{YES} \quad (A \leq_{mapping} B \text{ より}) \\
&\Leftrightarrow \quad C(g(f(w))) = \text{YES} \quad (B \leq_{mapping} C \text{ より})
\end{aligned}
$$

したがって，帰着関数を $g(f(w))$ とすると，$A \leq_{mapping} C$ となる. ここで，f と g を計算する TM をそれぞれ M_f と M_g とすると，gf を計算する TMM_{gf} は次のように構成すればよい. M_f で入力 w から $f(w)$ を計算し，それを M_g に入力して $g(f(w))$ を計算するようにする. 以上で帰着の関係 $\leq_{mapping}$ に関する証明が終わる.

　以上の議論は，後半部の帰着の関係 $\leq_{poly}$ についても同じように成立する．まず，計算のステップ数に関する条件を除けば，上の議論はそのまま帰着の関係 $\leq_{poly}$ についても適用されるからである．計算時間については，f と g をそれぞれ計算する TMM_f と TMM_g の計算のステップ数が多項式関数で抑えられるとき，M_{gf} の計算のステップ数も多項式関数で抑えられることが導かれる（問題 7.7）．　　　□

　この節では，帰着の概念を導入し，帰着の肯定的な適用と否定的な適用に関する定理を証明した．

7.4　ポストの対応問題

　停止問題をだれかに説明しようとすると，その説明は相当に長いものとなる．まずは，チューリング機械の定義の説明から始めなければならないからである．しかし，これから説明するポストの対応問題（Post Correspondence Problem，PCP と略記）は，一見パズルのような問題で，問題自体の説明は簡単だ．この節では，ポストの対応問題が停止問題を模倣できることを証明し，帰着の否定的な適用によりポストの対応問題が計算不可能であることを導く．

　まず，具体例を取り上げて PCP について説明する．PCP のインスタンスは，

$$\left\{ \left[\frac{a}{abc} \right], \left[\frac{bc}{cb} \right], \left[\frac{c}{cc} \right], \left[\frac{ccba}{a} \right] \right\}$$

のように**タイル**と呼ばれるものの集まりである．各タイルは上段の系列と下段の系列からなる．PCP は，インスタンスのタイルを適当に並べて（同じタイルを 2 回以上使ってもよい）

$$\left[\frac{a}{abc} \right] \left[\frac{bc}{cb} \right] \left[\frac{c}{cc} \right] \left[\frac{bc}{cb} \right] \left[\frac{ccba}{a} \right]$$

のように，上段をつないだ系列と下段をつないだ系列を一致させることができるかどうかを問う YES/NO 問題である．上段と下段で一致することは，図 7.14 のよう

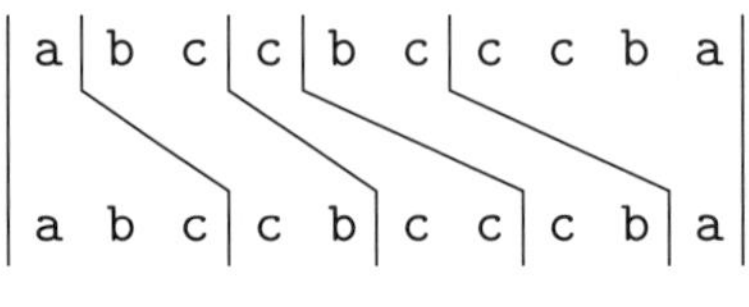

図 7.14　マッチの系列の例

に表すとわかりやすい.

一方, インスタンスの中には

$$\left\{ \left[\frac{abc}{ac} \right], \left[\frac{ca}{b} \right], \left[\frac{bc}{cb} \right], \left[\frac{b}{abb} \right] \right\}$$

のように上段と下段を一致させることができないことがすぐわかるものもある. この例の場合は, 初めに置けるタイルが存在しないことから NO であることがすぐにわかる.

次に, PCP 問題を一般的に説明する. PCP 問題のインスタンスはタイルの集まりで,

$$P = \left\{ \left[\frac{u_1}{v_1} \right], \ldots, \left[\frac{u_k}{v_k} \right] \right\}$$

と表される. ここに, $u_1, \ldots, u_k, v_1, \ldots, v_k \in \Sigma^*$ とする. また, アルファベットを Σ とし, k は自然数. $i_1, i_2, \ldots, i_j$ と表されるタイルのリストが

$$u_{i_1} u_{i_2} \cdots u_{i_j} = v_{i_1} v_{i_2} \cdots v_{i_j}$$

の条件を満たす (上段の系列をつないだものと下段の系列をつないだものが一致) とき, そのタイルのリストを**マッチ**と呼ぶ. **ポストの対応問題 (PCP)** とは, 与えられたインスタンスにマッチが存在するかどうかを問う YES/NO 問題である. 以降では, チューリング機械を模倣する PCP のインスタンスを構成する. しかし, チューリング機械と PCP は全く別のもののように見えるので, これまでの説明だけではチューリング機械を模倣する PCP のインスタンスを思い描くのは難しい. そこで, 簡単なインスタンスの例を取り上げて, まずイメージをつかんでもらう.

例 7.7 取り上げるのは 6 つのタイル

$$t_1 = \left[\frac{\sharp}{\sharp 00 \sharp} \right], t_2 = \left[\frac{00}{01} \right], t_3 = \left[\frac{01}{10} \right], t_4 = \left[\frac{10}{11} \right],$$

$$t_5 = \left[\frac{11}{00} \right], t_6 = \left[\frac{\sharp}{\sharp} \right]$$

からなるインスタンス $\{t_1, \ldots, t_6\}$ である. この場合は, タイル t_1 から始めると仮定すると, 図 7.15 に示すように同じ系列が繰り返し現れ, 終了しない. しかし, この仮定を置かないと, t_6 のタイル 1 個でマッチとなる. そこで, 7 番目のタイルとして

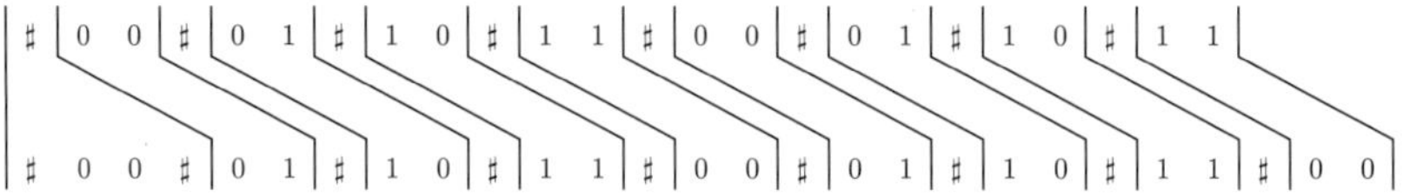

図 7.15　$\{t_1, \ldots, t_6\}$ のときは，タイル t_1 から始めると，上段と下段を一致させるために，タイルは無限に続く．

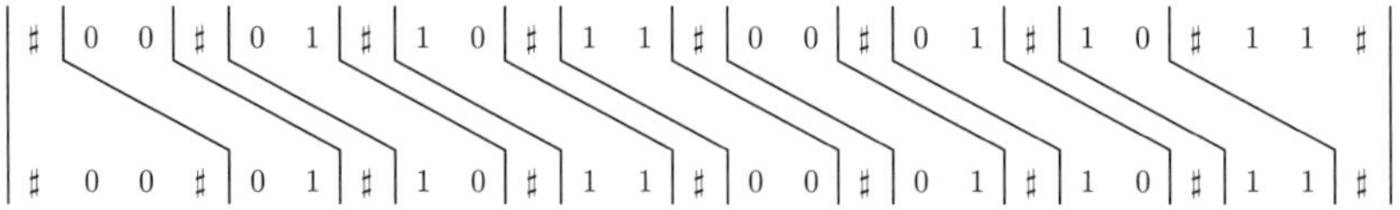

図 7.16　$\{t_1, \ldots, t_7\}$ のときのマッチの系列

$$t_7 = \left[\frac{\sharp 11 \sharp}{\sharp} \right]$$

を追加し，インスタンス $\{t_1, \ldots, t_7\}$ を考えてみる．この場合は，図 7.16 のようにマッチが存在する．このように，タイル t_1 から開始するという仮定を置くと，インスタンス $\{t_1, \ldots, t_6\}$ の場合はマッチが存在せず，インスタンス $\{t_1, \ldots, t_7\}$ の場合は存在する．

　図 7.15 や図 7.16 に現れる系列で，$\sharp$ で囲まれた領域をフレームと呼ぶ．インスタンスが $\{t_1, \ldots, t_6\}$ の場合，タイル t_1 から始めるとすると，次に適用されるタイルは t_2 に限定される．と言うのは，t_1 の次に適用されるタイルのフレームの上段の内容は 00 でなければならないからである．同様に，次に適用されるタイルは t_3 となる．以下，適用されるタイルが次々と決まっていく．このようにインスタンスが $\{t_1, \ldots, t_6\}$ の場合は，タイル 1 から始める場合という前提を置くと，タイルをいくら追加しても上段の系列が下段の系列より 1 フレーム分遅れるので，いつまでたってもマッチをつくることはない．しかし，インスタンスが $\{t_1, \ldots, t_7\}$ の場合はタイル t_7 が上段の 1 フレーム分の遅れを取り戻してくれるのでマッチをつくることができる．

　ところで，図 7.16 の系列では，フレームの内容が 00，01，10，11 で 1 サイクルを形成し，系列全体は 2 サイクルからなる．インスタンスが $\{t_1, \ldots, t_7\}$ の場合は，任意の回数のサイクルを繰り返すマッチをつくることができる．

　これまでの議論では，最初にタイル t_1 から始めるという前提を置いた．もちろん，一般に，PCP にはこのような前提はついていない．そこで，この前提なしで，これら 2 つのインスタンスを考えてみると PCP の答えはどちらのインスタンスに対

しても YES となる．どちらのインスタンスの場合でも，1 個のタイル t_6 からなるマッチが存在するからである．　　　　　　　　　　　　　　　　　　　　　■

　次に，例 7.7 の PCP のインスタンスとチューリング機械を模倣する PCP のインスタンスの関連を説明し，チューリング機械の動きを模倣する PCP のインスタンスのイメージをつかむことにする．

　TM M が開始様相 C_0 から始めて m ステップで停止し，そのときの様相の系列が $C_0, C_1, \ldots, C_m$ のときは，M を模倣する PCP のインスタンスのマッチの系列は，実質的には，これらの系列が♯で囲まれてつらなるようになっている．例 7.7 のインスタンスの場合は，フレームの系列は 00，01，10，11 のサイクルの繰り返しとなる．この例では，簡単にするため，現在のフレームの 2 進数に 1 を加えたもの（を 4 で割った余り）が，次のフレームの 2 進数となるようにタイルを指定している．次のフレームをどのような系列にするかは，タイルの上段と下段をどのように指定するかで決まることになるが，M を模倣するインスタンスでは，様相 C_t の次に，次のステップの様相 C_{t+1} が現れるようにタイルを指定する．

　ところで，例 7.7 ではマッチは t_1 から始まるという前提を置いた．ポストの対応問題が決定不可能であると主張する次の定理でもこの前提が必要となる．と言うのは，開始様相 C_0 に相当するタイルを最初に置く必要があるからである．この定理の証明では，まずこの前提を仮定して，TM を模倣するインスタンスが構成できることを導き，次いでこの前提を取り除くことができることを導く．

定理 7.8　ポストの対応問題は決定不可能である．

【証明】　「停止問題 $\leq_{mapping}$ ポストの対応問題」を証明する．これが証明されると，停止問題は決定不可能である（定理 7.1）ので，帰着の否定的な適応（定理 7.5）により，ポストの対応問題は決定不可能となる．

　そこで，TM M と入力の系列 w から PCP のインスタンス P をつくり

$$M \text{ は } w \text{ を入力すると停止する}　\Leftrightarrow　P \text{ のマッチが存在する}$$

となることを導く．この等価関係が成り立つためには，P のマッチに開始様相に相当するタイルから始めるという条件を課す必要が出てくる．そこで，PCP のマッチの条件に 1 番目のタイルから開始するという条件を追加したものを **MPCP**（Modified PCP）として導入する．このようにして，MPCP のインスタンスの 1 番目のタイルとして開始様相に相当するものを指定しておくようにする．したがって MPCP の

マッチとは，P のタイルを並べたもので上段の系列と下段の系列が一致し，かつ，タイルの並びの最初は 1 番目のタイルとなっているものである.

証明では，TM M を模倣する MPCP のインスタンス P' をまずつくり，P' をPCP のインスタンス P に等価変換して，このようにして構成された P に対して上に述べた等価関係が成立することを導く.

ところで，一般に，TM の計算は最終的に，

- 受理状態で停止，
- 非受理状態で停止，
- 永久に状態遷移を繰り返す，

の 3 通りのいずれかとなる. 停止問題とは，初めの 2 つの場合となる（停止する）か，あるいは，最後の場合となる（停止しない）かを判定する問題である. そこで，停止したときの状態を**停止状態**と呼ぶことにし，停止状態に遷移している様相を**停止様相**と呼ぶ.

TM M が系列 w を入力したとき停止するのは，次の **1**，**2**，**3** の条件を満たす様相 $C_0, C_1, \ldots, C_m$ が存在するときである. ここに，w の長さを n とし，$w = w_1 \cdots w_n$ とする. また，様相 C から 1 ステップの動作で様相 C' へ遷移するとき，$C \to C'$ と表す.

1. C_0 は $q_0 w_1 \cdots w_n$ と表される開始様相である.

2. $0 \le i < m$ に対して，$C_i \to C_{i+1}$.

3. C_m は停止様相である.

証明では，TM M と入力 w から MPCP のインスタンス P' をつくり，

$$
\begin{pmatrix} M \text{ に } w \text{ を入力すると，開始} \\ \text{様相から停止様相までの系列} \\ C_0, \ldots, C_m \text{ を経て停止する} \end{pmatrix} \Leftrightarrow \begin{pmatrix} \sharp C_0 \sharp \cdots \sharp C_m \sharp C'_{m+1} \sharp \cdots \sharp C'_{m+r} \sharp \\ \text{が } P' \text{ のマッチの系列となる} \end{pmatrix}
$$

が成立することを導く. ただし，様相 C_i は $u, v \in \Gamma^*$ と $q \in Q$ に対して uqv と表される. 様相 uqv は，テープ内容が uv で，状態が q で，ヘッドは v の左端の記号に置かれていることを表している. なお，$C'_{m+1}, \ldots, C'_{m+r}$ は様相もどきのもので，これについては後で説明する.

TM M は，状態集合が Q で，状態遷移関数は $\delta : (Q - \{q_{accept}, q_{reject}\}) \times \Gamma \to Q \times \Gamma \times \{L, R\}$ と与えられているとする. MPCP のインスタンス P' は以下に述べる 6 つのタイプのタイルから構成する.

タイプ1：開始様相を設定するタイル

$$\left[\ \dfrac{\sharp}{\sharp q_0 w_1 \cdots w_n \sharp}\ \right]$$

で，このタイルを1番目のタイルとして指定する．MPCPの条件より，このタイルがマッチの最初に現れる．

タイプ2：様相の更新を指定するタイルで，ヘッドが右移動か左移動かにより．次の2種類のタイルがある．すべての $a, a', b \in \Gamma$，$q \in Q - \{q_{accept}, q_{reject}\}$，$q' \in Q$ に対して，$\delta(q, a) = (q', a', R)$ ならば，

$$\left[\ \dfrac{qa}{a'q'}\ \right]$$

をタイルとし，$\delta(q, a) = (q', a', L)$ ならば，

$$\left[\ \dfrac{bqa}{q'ba'}\ \right]$$

をタイルとする．

タイプ3：すべての $a \in \Gamma \cup \{\sharp\}$ に対して，

$$\left[\ \dfrac{a}{a}\ \right]$$

をタイルとする．

　図7.17 は，以上の3つのタイプのタイルの適用例である．

　$w = ababab$ として，初めにタイプ1のタイルを適用し，次にタイプ2のタイル，残りはタイプ3のタイルを適用している．タイプ2のタイルに関しては，TMM の状態遷移関数が $\delta(q_0, a) = (q_1, c, R)$ と指定されていると仮定している．

　TMM を模倣するインスタンス P' のマッチでは，下段の系列が1フレーム分だけ先行し，最後のタイルで上段の系列の遅れ分が取り戻されるようになっている．図7.18

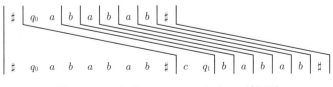

図7.17　タイプ1，2，3のタイルの適用例

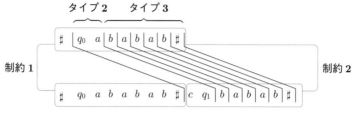

図 7.18　制約 1 と制約 2

に示すように，この1フレーム分のズレが存在する間は，タイルを追加する際に次の2つのタイプの制約が課せられる．

制約 1　遅れた上段の1フレーム分としては，進んでいる下段の1フレーム分に一致するようにタイルを置く．

制約 2　進んでいる下段の1フレーム分としては，制約1で置かれた上段の1フレームから決まるタイルの下段を置く．

　残りのタイプのタイルについて説明を続けよう．

タイプ 4：フレームを区切る記号♯の左隣りに空白記号␣を生成させるタイルで，

$$\left[\frac{\sharp}{\text{␣}\sharp} \right]$$

と表される．このタイルにより空白記号␣を無限に供給できるため，右方向に無限に続いているテープ上で動作する TMM を模倣することができる．

　制約1と2より，マッチのタイルを並べていく過程で，上段の系列は下段の系列より1フレーム分遅れるが，この遅れを取り戻すのが次のタイプ5と6のタイルである．これらのタイプの表示では，受理状態 q_{accept} や非受理状態 q_{reject} の停止状態を q_H と表している．

タイプ 5：停止状態を q_H と表すこととし，q_H に接する記号を消すタイルで，すべての $a \in \Gamma$ に対して，

$$\left[\frac{aq_H}{q_H} \right], \quad \left[\frac{q_H a}{q_H} \right]$$

と表される．

タイプ 6：マッチの系列の上段の遅れ分を取り戻すタイルで，

$$\left[\frac{q_H \sharp\sharp}{\sharp} \right]$$

と表される．

　タイプ **5** のタイルを繰り返し適用してフレームの内容が q_H だけになったら，タイプ **6** のタイルをマッチの最後のタイルとして追加して，上段と下段の系列を一致させる．図 7.19 にタイプ **5** と **6** のタイルを適用して遅れを取り戻す例を示している．この遅れを取り戻す過程でフレームに現れる様相は，模倣される元の TM の様相には対応しないもので，これを**擬似様相**と呼ぶことにする．

　以上で，MPCP のインスタンス P' の説明は終わる．

　これまで説明してきた P' に関して，タイプ **1** のタイルを最初に使うという条件は必須である．と言うのは，この条件を外すとタイプ **3** のタイル 1 個でマッチとなる（タイルの一部だけを使ってもマッチになり得る）が，このマッチの系列は M の動きを模倣しないからである．そこで，MPCP の P' を PCP の P へ変換して，変換後は 1 番目のタイルを最初に使うという条件を外しても，この条件を課した場合と実質的に同じマッチの系列が得られるようにする．

　そのための仕組みを，まず簡単な例で説明する．MPCP のインスタンス P_1 を

$$P_1 = \left\{ \left[\frac{\mathsf{a}}{\mathsf{aa}} \right], \left[\frac{\mathsf{a}}{\mathsf{ba}} \right], \left[\frac{\mathsf{a}}{\mathsf{ab}} \right], \left[\frac{\mathsf{bab}}{\mathsf{b}} \right] \right\}$$

とする．この P_1 には 1 番目のタイルが最初という条件が課せられているため，マッチの系列は図 7.20 の (a) のようになる．しかし，この条件を外すと，(b) のようなマッチの系列も存在する．問題は，1 番目のタイルから始めるという条件がなくとも，条件を課した P_1 に等価となる P_2 をどのようにつくるかということである．そのような P_2 は次のように与えられる．

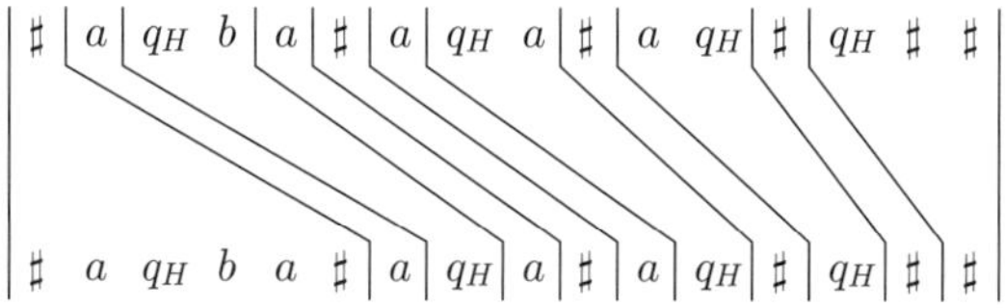

図 7.19　フレームの消去

(a)	(b)

図 7.20　P_1 の 2 つのマッチの系列　　　　図 7.21　P_2 のマッチの系列

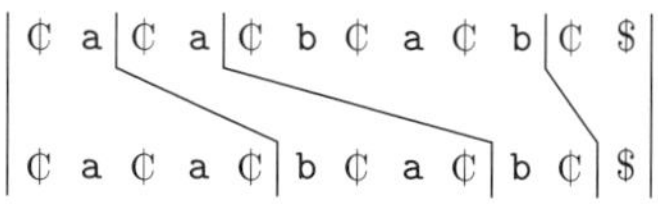

$$P_2 \;=\; \left\{ \left[\frac{\mathbb{C}\,a}{\mathbb{C}\,a\mathbb{C}\,a\mathbb{C}} \right], \right.$$

$$\left[\frac{\mathbb{C}\,a}{a\mathbb{C}\,a\mathbb{C}} \right], \left[\frac{\mathbb{C}\,a}{b\mathbb{C}\,a\mathbb{C}} \right], \left[\frac{\mathbb{C}\,a}{a\mathbb{C}\,b\mathbb{C}} \right], \left[\frac{\mathbb{C}\,b\mathbb{C}\,a\mathbb{C}\,b}{b\mathbb{C}} \right],$$

$$\left. \left[\frac{\mathbb{C}\,\$}{\$} \right] \right\}$$

この P_2 のマッチの系列を図 7.21 に示す．この図からわかるように，マッチの系列では，各 a と b の記号が $\mathbb{C}$ の区切り記号ではさみ込まれるようになっている．タイルの上段と下段で $\mathbb{C}$ を差し込むフェーズをずらしており，このズレを利用して 1 番目のタイルがマッチの最初に現れるという条件をつけなくとも，そうなるようにしている．P_2 のタイルの中でマッチの最初のタイルとなり得るのは，1 番目のタイルだけである（他のタイルは上段と下段で最初の記号が異なるため）．このため 1 番目のタイルは最初に使うという条件がなくとも，最初に一度だけ使われる．P_2 の 2 行目の 4 つのタイルは，P_1 の 4 つのタイルにそれぞれ対応しており，これらのタイルでは上段では a や b の各記号の前に $\mathbb{C}$ を置き，下段では後に $\mathbb{C}$ を置いている．また，P_2 の 3 行目のタイルを最後に置くと上段と下段の系列が一致して，マッチを形成するようになっている．

このように，インスタンス P_1 から P_2 への変換は MPCP を PCP に等価変換するひとつの例である．この変換を一般化して，これまでに説明したインスタンス P' に適用すると，最終的な目標の PCP のインスタンス P が得られ，証明は終わる．そこで，P_1 から P_2 への変換は一般化できることを説明する．

そのために，次のような記法を導入する．長さ i の系列 $s = s_1 \cdots s_i$ に対して

$$\mathbb{C}s = \mathbb{C}s_1\mathbb{C}s_2 \cdots \mathbb{C}s_i,$$
$$s\mathbb{C} = s_1\mathbb{C}s_2\mathbb{C} \cdots s_i\mathbb{C},$$
$$\mathbb{C}s\mathbb{C} = \mathbb{C}s_1\mathbb{C}s_2\mathbb{C} \cdots \mathbb{C}s_i\mathbb{C}$$

とする．MPCP のインスタンス P' を

$$P' = \left\{ \left[\frac{u_1}{v_1} \right], \ldots, \left[\frac{u_k}{v_k} \right] \right\}$$

とする．このとき，P を

$$P = \left\{ \left[\frac{\mathbb{C}u_1}{\mathbb{C}v_1\mathbb{C}} \right], \right.$$

$$\left[\frac{\mathbb{C}u_1}{v_1\mathbb{C}} \right], \dots, \left[\frac{\mathbb{C}u_k}{v_k\mathbb{C}} \right],$$

$$\left. \left[\frac{\mathbb{C}\$}{\$} \right] \right\}$$

と定義する. このように変換を一般化し, これまでに定義した MPCP の P' を PCP の P へ変換すればよい. これで証明を終わる.　　　　　　　　　□

この節では, 停止問題が決定不可能という定理 7.1 より, 否定的な帰着を適用して, ポストの対応問題が決定不可能となることを証明した.

問　　題

7.1[†] 任意のアルファベットの決定性チューリング機械は, アルファベットが $\Sigma = \{0,1\}$ の決定性チューリング機械で模倣できることを示せ.

7.2 7.1 節の万能 TMU は, 模倣する TMM の状態は $\{0,1\}^2$ の系列で表した. これを一般化し, M の状態を $\{0,1\}^m$ の系列で表すとすると, 命令記述部の 1 つの 5 項組の長さはいくらとなるか. また, m が任意に指定されても, 万能 TMU は図 7.8 を一切変更しないで M を模倣することができる. なぜ模倣できるかを簡潔に説明せよ.

7.3[††] 定理 7.1 の証明の後に, この定理は対角線論法と呼ばれる方法でも証明できることを説明した. 後者の証明では, 前者の証明では使われていなかった前提が必要となる. その前提は何かを説明せよ.

7.4 下図は否定ゲートの出力と入力をラインで結んだ回路である. この回路の構成よりライン上の論理値 a と b が満たさなければならない 2 条件を示せ. また, この 2 条件が矛盾することより, これは矛盾した回路であることを示せ.

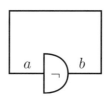

7.5 表と裏に次のような文が書かれている 1 枚のカードが与えられたとする.

表：反対側に書かれた文は真である.

裏：反対側に書かれた文は偽である.

カードに書かれていることより矛盾が導かれることを示せ.

7.6[†] 停止問題とは，TM M と入力 w に対して，M に w を入力したときいずれは停止するのか，永久に動き続けるのかを問う問題である．これを，一般の停止問題と呼ぶことにし，特に，w を空系列に固定した問題を空テープ停止問題と呼ぶことにする．空テープ停止問題は決定不能であることを導け.

7.7 関数 f と g がそれぞれ計算時間が多項式関数のチューリング機械 M_f と M_g で計算されるとする．関数 gf を，$gf(w) = g(f(w))$ と定義すると，関数 gf は多項式時間のチューリング機械で計算できることを導け.

7.8[†] TM M の状態集合は $\{q_0, q_1, q_{accept}\}$ で，テープアルファベットは $\{0, 1, \sqcup\}$ で，状態遷移関数は次の表で与えられるとする.

状態 \ 記号	0	1	$\sqcup$
q_0	$(q_1, 1, R)$	$(q_1, 0, L)$	$(q_1, 1, L)$
q_1	$(q_A, 0, L)$	$(q_0, 0, R)$	$(q_1, 0, R)$

ただし，q_{accept} は q_A で表している.

   (1)　入力 w を 01 とし，M と w に対応する MPCP のタイプ **1**, ..., タイプ **6** のタイルをすべて与えよ.

   (2)　TM M の様相の遷移

$$q_0 01 \Rightarrow 1 q_1 1 \Rightarrow 10 q_0 \Rightarrow 1 q_1 01 \Rightarrow q_A 101$$

に対応する MPCP のマッチの系列を与えよ.

第 IV 部
計算の複雑さ

8 クラス P とクラス NP

III 部ではチューリング機械で計算できるか，できないかを問題にしたが，IV 部では効率よく計算できるか，できないかを問題にする．したがって，扱うのは計算できる問題に限るということが前提となる．その上で，効率よく計算できる問題からなるクラス P と，効率よく計算はできないが，ヒントを与えられればできるという問題のクラス NP を導入する．また，計算の複雑さの理論の最重要問題，P 対 NP 問題を説明する．

8.1 現実的に計算できる問題とできない問題の例

まず，P の問題と NP の問題のイメージをつかむため，具体的な問題を取り上げる．

オイラー閉路問題とハミルトン閉路問題

オイラー閉路問題とは，与えられたグラフにすべての辺をちょうど 1 回ずつ通る閉路（オイラー閉路と呼ぶ）が存在するかどうかを問う問題である．一方，ハミルトン閉路問題は，与えられたグラフにすべての点をちょうど 1 回ずつ通る閉路（ハミルトン閉路と呼ぶ）が存在するかどうかを問う問題である．これら 2 つの問題には，閉路がすべての辺を通るのか，すべての点を通るのかの違いしかない．しかし，この違いだけで，オイラー閉路問題は効率よく解けるクラス P に属するのに対し，ハミルトン閉路問題は効率よくは解けないクラス NP に属する．

図 8.1 の無向グラフについて，オイラー閉路問題は効率よく解けることを説明する．この図の (1) では外枠の四角形の閉路をグレーのラインで示している．(2) では，さらにその内側に星形の閉路を示している．(3) に示すように，これら 2 つの閉路を合併して 1 つの閉路にすることができる．同じようにして，合併してできた閉路と (4) の内側の四角形の閉路を合併して，(5) のように 1 つの閉路にすることができる．このようにして得られたグラフは，元のグラフのオイラー閉路となっている．この方法で，オイラー閉路が得られない場合は，元のグラフにオイラー閉路が存在しない．

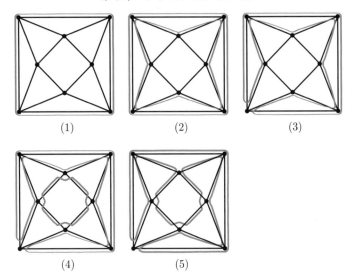

(1)　　　　　　　　　(2)　　　　　　　　　(3)

(4)　　　　　　　　　(5)

図 8.1　オイラー閉路の描画

　上で説明した方法はグラフにオイラー閉路が存在するか，しないかを判定する一般的な方法となっている（問題 8.1）．一般に，各段階で選ぶ閉路は上で説明したもの以外にもいろいろあるが，どの閉路を選んだとしても，この方法で正しく判定することができる．

　一方，ハミルトン閉路問題を効率よく解く方法は見つかっていない．しかし，効率を問題にしないのであればこの問題は次のようにして解くことができる．グラフが n 個の点 $v_1, \ldots, v_n$ からなるとするとき，これを並び換えた点の並び（順列）$m!$ 個を総当たりでチェックすればよいからである．すなわち，$v_{i_1}, v_{i_2}, \ldots, v_{i_n}$ の並び換えをすべてチェックし，少なくとも 1 つはハミルトン閉路となっているものが存在すれば YES と出力し，存在しなければ NO と出力すればよい．個々の並びに対するチェックは，隣同士の v_{i_j} と $v_{i_{j+1}}$ との間が辺で結ばれているかどうかをすべての $j = 1, \ldots, m$ について確かめればよい．ただし，$j = m$ のときは，v_{i_m} と v_{i_1} の間が辺で結ばれているかどうかをチェックする．しかし，このような総当たりの方法では，グラフの点の個数 m が大きくなると，計算時間が現実的な範囲を超えてしまい実際上は計算できないことになってしまう．

充足可能性問題

論理式が，論理変数への論理値の割り当てにより真となるとき，その論理式はその割り当てにより**充足する**という．**充足可能性問題**とは，論理式を充足する論理変数への割り当てが存在するかどうかを問う判定問題である．次の論理式 F_1 について充足可能性問題を考えてみよう．

$$F_1 = (x_1 \lor x_2 \lor x_3) \land (\overline{x}_1 \lor \overline{x}_2 \lor \overline{x}_3) \land (x_2 \lor \overline{x}_3 \lor x_4)$$

$$\land (x_2 \lor \overline{x}_3 \lor \overline{x}_4) \land (\overline{x}_2 \lor x_3 \lor x_4) \land (\overline{x}_1 \lor x_3 \lor \overline{x}_4) \land (x_1 \lor \overline{x}_2 \lor \overline{x}_4)$$

この論理式のように，リテラル（論理変数またはその否定）に論理和（$\lor$）を施したものに論理積（$\land$）を施して得られる論理式を**和積形論理式**と呼ぶ．また，リテラルに論理和を施したものを**節**と呼び，**節のサイズ**とは節に含まれるリテラルの個数とする．一般に，すべての節のサイズが m の和積形論理式を **m 和積形論理式**と呼ぶ．上の論理式は 3 和積形論理式である．

F_1 を充足するためには，この論理式の 7 個の節すべてを充足しなければならない．$x_1 = 0$, $x_2 = 1$, $x_3 = 1$, $x_4 = 0$ はそのような割り当てのひとつである．この割り当てが F_1 を充足することは，各節に $\{\overline{x}_1, x_2, x_3, \overline{x}_4\}$ のリテラルが少なくとも 1 つ現れることからわかる．

充足可能性問題は，一般に，論理式の論理変数を $x_1, \ldots, x_n$ とするとき，2^n 個の割り当て $(b_1, \ldots, b_n) \in \{0, 1\}^n$ を総当たりして論理式の真偽をチェックすれば YES/NO を判定できる．しかし，このような総当たりの方法では現実的な時間内に判定することはできない．一方，論理式を 2 和積形論理式に限定すると充足可能性問題は効率よく判定することができる．次にこのことを説明する．

2 和積形論理式の具体例として論理式

$$F_2 = (\overline{x}_1 \lor \overline{x}_2) \land (x_2 \lor \overline{x}_3) \land (\overline{x}_3 \lor \overline{x}_4) \land (x_4 \lor x_1)$$

を取り上げる．F_2 の節 $(x_4 \lor x_1)$ に注目しよう．この節が充足するためには，$x_4 = 0$ ならば $x_1 = 1$ でなければならず，$x_1 = 0$ ならば $x_4 = 1$ でなければならない．この関係をすっきりと表すために，割り当て $x = 1$ をリテラル x で表し，割り当て $x = 0$ をリテラル $\overline{x}$ と表すことにする．すると，節 $(x_4 \lor x_1)$ が充足するためのこれらの 2 条件は

$$\overline{x}_4 \implies x_1,$$
$$\overline{x}_1 \implies x_4$$

と表すことができる．ここで，$\overline{x}_4 \Longrightarrow x_1$ に注目して，この後に続く "ならば" の連鎖を追ってみることにする．すると，節 $(\overline{x}_1 \vee \overline{x}_2)$ より，$x_1 \Longrightarrow \overline{x}_2$ が導かれ，節 $(x_2 \vee \overline{x}_3)$ より $\overline{x}_2 \Longrightarrow \overline{x}_3$ が導かれる．まとめると，

$$\overline{x}_4 \Longrightarrow x_1, \quad x_1 \Longrightarrow \overline{x}_2, \quad \overline{x}_2 \Longrightarrow \overline{x}_3$$

となる．したがって，割り当て $\overline{x}_4$ を仮定すると，上の $\Longrightarrow$ の関係の連鎖より，

$$x_4 = 0, \quad x_1 = 1, \quad x_2 = 0, \quad x_3 = 0$$

の割り当てが導かれ，確かにこの割り当てにより F_2 は充足する．また，充足しない 2 和積形論理式に対しては，$\Longrightarrow$ で表される "ならば" の連鎖から矛盾が導かれることを示すこともできる．以上の議論は一般化することができ，2 和積形論理式の場合は $\Longrightarrow$ の連鎖を分析することにより，充足可能性問題を総当たりすることなしに効率よく解くことができる．詳しくは，問題 8.5 を参照してもらいたい．

　まとめると，3 和積形論理式の充足可能性問題を解く方法は割り当てを総当たりでチェックする方法しか知られていないのに対し，2 和積形論理式の充足可能性問題は効率よく判定する方法がある．したがって，m 和積形論理式の充足可能性問題は，$m = 2$ か $m = 3$ かが，効率よく解けるか，解けないかの境界となる．

部分和問題

　部分和問題とは，自然数の集合 $A = \{a_1, \ldots, a_m\}$ と自然数 t が与えられたとき，A から自然数を適当に選んでできる部分集合で，その総和が t と一致するようなものが存在するかどうかを判定する問題である．選んだ自然数のサフィックスを $\{1, \ldots, m\}$ の部分集合 S で表すことにすると，

$$\sum_{i \in S} a_i = t$$

となる $S \subseteq \{1, \ldots, m\}$ が存在するかどうかを決定する判定問題である．
　たとえば，

$$A = \{2, 5, 7, 9, 13\}, \quad t = 29$$

の場合は，$2 + 5 + 9 + 13 = 29$ なので，YES となり，一方，

$$A = \{2, 5, 7, 9, 13\}, \quad t = 33$$

の場合は NO となる．

　この問題も，効率の良い判定法は知られておらず，総当たりで解くしかない．総

当たりして判定するには，問題のインスタンスが $A = \{a_1, \ldots, a_m\}$ と t で与えられたとき，2^m 個のすべての部分集合 $S \subseteq \{1, \ldots, m\}$ に対して

$$\sum_{i \in S} a_i = t$$

が成立するかどうかをチェックし，少なくとも 1 つ成立する部分集合 S が存在したら YES を出力し，存在しなかったら NO を出力すればよい．

　この節では，現実的に計算できる問題と，現実的には計算できない問題をいくつか説明した．次の節では，問題を解くための計算時間を定式化する．

8.2　時間を限定した計算

　IV 部の目標は，計算のための資源（リソース）を制限したとき，何が計算できて，何が計算できないのかを明らかにすることである．計算のリソースとしては時間とメモリ量があるが，この本では基本的な主要結果を扱うことにし，制限するリソースは時間に限ることにする．

　まず，チューリング機械の計算時間を定義する．チューリング機械の入力が長くなると，停止するまでの計算ステップ数も増大するので，計算時間を入力の長さ n の関数として定義する．この章では，$\mathcal{N}$ を $\mathcal{N} = \{0, 1, 2, \ldots\}$ とする．

定義 8.1　チューリング機械 M を任意の入力に対して停止する決定性チューリング機械とする．関数 $f : \mathcal{N} \to \mathcal{N}$ を，M に長さ n の系列が入力されたとき停止するまでのステップ数の中の最大値を与える関数とする．すなわち，系列 $w \in \Sigma^n$ を入力したとき停止するまでのステップ数が最大となる w のステップ数で $f(n)$ を定義する（Σ は入力アルファベット）．このとき，M の計算時間は $\boldsymbol{f(n)}$ となるといい，M を $\boldsymbol{f(n)}$ 時間チューリング機械という．∎

　このように定義される計算時間 $f(n)$ は，入力の w を Σ^n の系列にわたって動かしたときの計算ステップ数の最大値として定義されるので，**最悪値評価**と呼ばれる．その他，計算ステップの平均値を取る**平均値評価**と呼ばれるものもあるが，計算の複雑さの理論は主に最悪値評価に基づいて組み立てられる．

　このように定義した計算時間はチューリング機械 M により一意に定まる．一般に，M が与えられたとき，M の計算時間 $f(n)$ は複雑な式になる．計算時間で重要なことは，n が大きくなったときの $f(n)$ の漸近的な増加の様子である．そこで，計算時間 $f(n)$ を，漸近的に $f(n)$ と同じように増加するよりシンプルな関数 $g(n)$ で評価することにする．次の定義の $g(n)$ は，そのような関数を与えるものである．$\mathcal{R}^+$

は，正の実数の集合を表す．

定義 8.2 f と g を，$f, g : \mathcal{N} \to \mathcal{R}^+$ と表される関数とする．$c > 0$ と正整数 n_0 が存在して，任意の $n \geq n_0$ に対して，

$$f(n) \leq cg(n)$$

となるとき，$f(n) = O(g(n))$ と表す．このとき，$g(n)$ を $f(n)$ の**漸近的な上界**という．　　　　　　　　　　　　　　　　　　　　　　　　　　　　　　　　■

　$f(n) = O(g(n))$ という記法（ビッグオー）は，次の 2 つの特例条項をつけた上で，「$g(n)$ は $f(n)$ を上から抑える」と解釈される．

(1)　決まった正整数 n_0 を定めて，0 から $n_0 - 1$ の範囲を無視する（定義の不等式は成立しなくともよいとする）．

(2)　決まった倍率 $c > 0$ を定めて，$g(n)$ の値に c 倍というゲタをはかせる（$c \times g(n)$ と見なす）．

これらの特例条項をつけた上で $f(n) \leq g(n)$ が成立するという条件全体（正確には定義 8.2 の条件）を $f(n) = O(g(n))$ と表す．この $f(n) = O(g(n))$ の関係は一見複雑に見えるが，大雑把に $f(n) \leq g(n)$ と捉えてしまえば単純な関係である．

例 8.3　$f_1(n) = 2n^4 + 20n^2 + 5n + 10$ とすると，f_1 の最高次数の項は $2n^4$ なので，$f_1 = O(n^4)$ となる．これは定義 8.2 に基づいて確かめることができる．と言うのは，$n_0 = 5$，$c = 3$ とおくと，任意の $n \geq n_0$ に対して，$2n^4 + 20n^2 + 5n + 10 \leq 3n^4$ が成立するからである．この定義によれば，$f_1(n) = O(n^5)$ は成立するが，$f_1(n) = O(n^3)$ は成立しない．また，$f_2(n) = O(2^n)$ とすると，k をいくら大きくとっても $f_2(n) = O(n^k)$ は成立しない．一般に，f が多項式関数 $f(n) = a_k n^k + a_{k-1} n^{k-1} + \cdots + a_1 n + a_0$ のときは，$f(n) = O(n^k)$ となる．　■

　チューリング機械は"言語"を受理し，アルゴリズムは"問題"を解く．これらの用語から連想されるイメージには少し違いがある．言語という用語からは，チューリング機械のテープ上に置かれる入力系列の中で受理されるものを集めてできる集合が思い浮かび，問題という用語の場合は，問題が問いかけている内容に意識が向く．しかし，この本では言語と問題は同じものと見なす．実際，言語 L は，$w \in L$ か $w \notin L$ かを判定する**受理問題**に対応するし，一方，たとえば，ハミルトン閉路問題を例にとると，この問題には言語

$$\{ \langle G \rangle \mid \text{グラフ } G \text{ にハミルトン閉路が存在する} \}$$

が対応する．ここに，$\langle G \rangle$ は，グラフ G を適当に系列として表したものである．このように見てくると，計算するという立場からは "言語" と "問題" の間には本質的な違いはないことがわかる．

定義 8.1 と 8.2 に基づいて，計算時間を $t(n)$ に限定したときの言語のクラスを次のように定義する．

定義 8.4　関数 $t(n) : \mathcal{N} \to \mathcal{R}^+$ に対して，

$$\mathbf{TIME}(t(n)) = \{L \mid \text{言語 } L \text{ は決定性 } O(t(n)) \text{ 時間 TM で受理される }\}.$$

■

一般に，解こうとする問題には固有の複雑さが潜んでいる．計算の複雑さの理論の究極の目標は，その複雑さを明らかにすることである．問題 Q を入力のすべてのサイズ n に対して最小ステップ数で解く理想的なチューリング機械が存在すると仮定して，その計算時間を $f(n)$ とする．この計算時間 $f(n)$ は，問題に内在している複雑さを計算の量として表していると見なすことができるので，これをその問題 Q の**時間計算量**と呼ぶ．このようなことから，計算の複雑さの理論は**計算量理論**とも呼ばれる．

一般に，与えられた問題に対して，このような $f(n)$ を実際に導くことができるのはまれである．そのようなまれな例として，n 個の自然数 $a_1, \ldots, a_n$ を大きさの順に $a_{i_1} < \cdots < a_{i_n}$ と並べる（ソートする）問題がある．導出は省略するが，この問題の時間計算量 $f(n)$ は，$f(n) = \Theta(n \log n)$ となることを導くことができる．ここに，$f(n) = \Theta(g(n))$ は，$f(n) = O(g(n))$，かつ，$g(n) = O(f(n))$ と定義される．この $\Theta(\ )$ は，ビッグシータと呼ばれる．これは，前に定義した $O(\ )$（ビッグオー）の特例条項つきの解釈を踏まえると，$f(n)$ と $g(n)$ の増加の仕方は漸近的に一致すると解釈される．なお，このソート問題を解くときの計算のステップは，チューリング機械の代わりに，大小関係の判定と代入の操作が許されている計算モデルを採用し，計算時間は計算終了までの大小判定の回数で定義するものとする．

この節では，IV 部の議論の基盤となる計算時間の定義を与えた．特に，定義 8.4 は以降の議論の基本となる．この定義では，計算時間が $O(t(n))$ のチューリング機械で計算される言語のクラスを表すのに，$\mathrm{TIME}(O(t(n)))$ ではなく，$\mathrm{TIME}(t(n))$ とビッグオーを省略して表していることに注意してほしい．次の節では，この定義に基づいて，問題のクラス P と NP を定義する．

8.3　クラス P とクラス NP

　この節では，効率よく解ける問題のクラス P と効率よく解くことはできない問題の
クラス NP を定義し，これらのクラスの間の関係を通して，コンピュータサイエンス
の最大の未解決問題である P 対 NP 問題の核心に迫る．**P 対 NP 問題**とは，図 8.2
に示すように，2 つの問題のクラスの関係が，P $\subsetneq$ NP なのか，P $=$ NP なのかに
決着をつけよという問題である．

定義 8.5　（クラス P の定義）

$$P = \bigcup_{k \geq 1} \mathrm{TIME}(n^k).$$

■

　次に，インスタンスのサイズとして何をとるか，すなわち，計算時間を表す関数
$f(n)$ の n として何をとるかについて説明する．計算の対象を言語と捉える場合で
も，問題と捉える場合でも，インスタンスを表す系列の長さを n とするのが基本で
ある．たとえば，インスタンスが無向グラフ $G = (V, E)$ とするとき，点集合 V を
点を並べたリストとして表し，辺集合 E を辺を並べたリストとして表し，G をこ
れらのリストをつないだものとして表す．あるいは，G の隣接行列に基づいて表す
こともある．ここで，**隣接行列** A の (i, j) 要素は，点 i と j の間に辺が存在すれば
1 となり，存在しなければ 0 となる．隣接行列に基づいた場合，G を A の各行を
順次並べてつなげた系列として表す．いずれの表し方にしろ，G を表す系列を $\langle G \rangle$

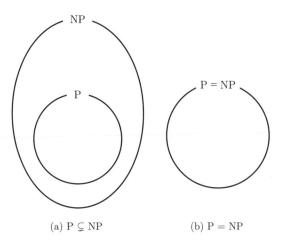

(a) P $\subsetneq$ NP　　　　　　　(b) P $=$ NP

図 8.2　クラス P と NP の関係の 2 つの可能性

と表す．これらの例では，G の点の個数を n で表すと，$\langle G \rangle$ の長さは $O(n^2)$ となる．しかし，実際は計算時間 $f(n)$ の n として G の点の個数をとることが多い．と言うのは，$O(n^2)$ と n との違いにより，アルゴリズムの計算時間が多項式時間を超えるか超えないかが違ってくることがないからである．また，実際は，点の個数を n としたときのステップ数を n を用いて表したものを知りたいということもある．

例 8.6　グラフの到達可能性問題とは，グラフ G と 2 点 s と t が与えられたとき，点 s と t を結ぶパスが存在するかどうかを問う問題である．この問題を深さ優先探索で解くアルゴリズムを説明する．

　まず，深さ優先探索について直観的に説明する．インスタンスをグラフ G と 2 点 s と t とし，グラフの辺に道（通路）を対応させて，グラフ G を迷路と捉える．到達可能性問題を，ネズミを迷路の点 s に対応する箇所において，点 t の箇所に到達できるかという問題と見なす．このネズミには，自分が一度通った道は自分の臭いが残っているため 2 度と通らない習性があるとする．この習性のため，ネズミは途中でそれ以上進めなくなると，探索をやめる．そこで，ネズミにはヒモをつけておき，探索をやめたらヒモを引いて戻すことができるようにしておく．**深さ優先探索**とは，次の 2 つのルールに従ってネズミを走らせ，探索する方法である．

- ネズミは自分の通ったことのない道がある限り，迷路を進み続ける．
- ネズミが進むことをやめてしまったら，ヒモを引いて通ったことのない道が現れる最初の場所まで戻す（バックトラック）．

ただし，ある地点で進める道が 2 つ以上ある場合はネズミはどちらの道を選んでもよい．なお，通っていない道があったとしても，その道の端点（辺の反対側の端点）がすでに到達している箇所であったら，その道は進まない．

　このように探索すると，ネズミが通った道からなるグラフが描かれるが，そのグラフは木となる．その木を探索によってたどった経路は，ちょうど図 5.20 に示したように木の周囲をなぞるようになる．このようにしてネズミが元の場所に戻ったところで探索は終わる．この例からわかるように，進める道がある限り深い点を目指して進むことになるため，深さ優先探索と呼ばれている．到達可能性問題は，深さ優先探索で点 s から探索を開始し，点 t に到達できるかどうかで判定することができる．グラフの点の個数を n とすれば，深さ優先探索の計算時間は $O(n^2)$ となる．辺の本数が $O(n^2)$ となるからである．したがって，到達可能性問題は $\mathrm{TIME}(n^2)$ に属する問題となり，クラス P に属する．　　■

　8.1 節で取り上げたハミルトン閉路問題，充足可能性問題，部分和問題では，インスタンス w が YES と判定されるのは w の正しい証拠 u が存在するときである．次の定義 8.7 ではこのことを定式化し，問題のクラス NP を定義する．この定義のポイントは，問題や証拠の意味するところは消し去ってしまい，証拠の正しさを検証するということを，単に，系列のペア $\langle w, u \rangle$ を受理する決定性多項式時間チューリング機械が存在すればよいとしていることである（$\langle w, u \rangle$ は，w と u のペアをコーディングしたもので，具体的には系列 w と u の間に区切り記号を入れた系列である）．このように定式化することにより，個々の問題の意味をもち出すことなく，NP を計算時間に基づいて統一して捉えることができる．

定義 8.7（**クラス NP の定義**）　NP とは，次のように定義される言語 L からなるクラスである．すなわち，決定性多項式時間チューリング機械 M と多項式関数 $p(n) : \mathcal{N} \to \mathcal{N}$ が存在して

$$w \in L \quad \Leftrightarrow \quad u \in \{0,1\}^{p(|w|)} \text{ が存在して，} M \text{ は } \langle w, u \rangle \text{ を受理する．}$$

このチューリング機械 M を言語 L の**検証機械**ともいう．また，M が $\langle w, u \rangle$ を受理するとき，M は w を**検証**するといい，u は w に対する**証拠**と呼ぶ．　　■

　この定義では，証拠の系列の長さを表す関数を明示的に $p(n)$ と表していることに注意してほしい．また，証拠の系列は，点の系列とか部分集合などと解釈されるものであるが，いずれの場合も適当にコーディングして 0 と 1 の系列として表される．
　8.1 節では，ハミルトン閉路問題，充足可能性問題，部分和問題は，いずれも総当たりすれば解けることを示した．これらの問題は，定義 8.7 に基づいて NP の問題となることを導くことができる．

> **定理 8.8**　ハミルトン閉路問題，充足可能性問題，部分和問題は，いずれも NP の問題である．

【証明】　ハミルトン閉路問題は，次のように検証機械 V により検証することができる．無向グラフを G で表し，G は n 個の点からなるとする．

V の動作：
　入力：$\langle \langle G \rangle, v_{i_1} \cdots v_{i_n} \rangle$

1. $v_{i_1}, \ldots, v_{i_n}$ は G の相異なる n 個の点であることをチェックする.

2. $j = 1, \ldots, n$ に対して, v_{i_j} と $v_{i_{j+1}}$ は G の辺で結ばれていることをチェックする ($v_{i_{n+1}}$ は v_{i_1} と結ばれていること).

3. **1** および **2** で正しいと判定されたら受理し, そうでないときは受理しない.

充足可能性問題と部分和問題も 8.1 節で説明したように総当たりして, 同様に検証することができる. □

クラス P は, 決定性多項式時間のチューリング機械が YES/NO を判定する問題のクラスで, これまで「現実的に計算できる」, あるいは「効率よく計算できる」と呼んできたものである. 現実的に計算できる問題のクラスをこのように定義し, 計算時間が多項式を超えてしまうと「現実的には計算できない」とする. したがって, 多項式の計算時間は, 現実的に計算できることとできないこととの境界を与えるということになる. この P の定義と NP の定義が基盤となって計算の複雑さの理論が組み立てられる.

ところで, 上の定義を文字通り解釈すると, n^{100} や $10^{100} \times n^2$ のようなとても現実的とは言えない計算時間までが現実的なものと見なされてしまう. しかし, 具体的な P の問題については, 実際の計算時間を求めると多項式の次数はせいぜい 4 次か 5 次程度(多くの場合, 2 次か 3 次)に留まる.

ここで注意したいのは, 計算時間は定義 8.5 のようにチューリング機械のステップ数で定義するが, 実際の評価では, アルゴリズムのステップ数で測るということである. たとえば, オイラー問題とハミルトン閉路問題や, 充足可能性問題における 2 和積形論理式と 3 和積形論理式について考えてみよう. 8.1 節で説明した通り, これらの問題に関して, 大まかにいうと, 計算が一本道で進み解が求まる場合は, クラス P の問題となり, 総当たりして YES/NO を判定する場合は, クラス NP の問題となる.

P と NP の境界をまたぐ 2 つの問題の違いについては, アルゴリズムの流れをたどれば説明できるが, 同じことをチューリング機械のステップを追って説明することは現実的ではない. さらに, 8.5 節で, アルゴリズムで計算時間を評価してもかまわないことを説明する.

ところで, たとえば, ハミルトン閉路問題の場合, YES/NO ではなく, グラフのハミルトン閉路そのものを求めよとするほうが自然である. すなわち, ハミルトン閉路の**判定問題**よりも, **探索問題**のほうが自然な問題である. しかし, 計算の複雑さの理論では, 問題は探索問題としてではなく, すべて判定問題として捉える.

　その理由は，以下で説明するように，判定問題が現実的な計算時間で解ければ，探索問題も現実的な計算時間で解けることになるからである．なお，探索問題の場合でも，求めるものが存在しない場合は，NO と出力することが求められる．

　次の例で，ハミルトン閉路問題に関して，判定問題が多項式時間チューリング機械で解けるならば，探索問題も多項式時間チューリング機械で解けることを説明する．

例 8.9　話をわかりやすくするため，有向グラフのハミルトン閉路問題を取り上げ，この問題の判定問題と探索問題を考えてみる．まず，探索問題が解ければ判定問題が解けることはすぐにわかる．次のように，判定問題は探索問題に帰着できるからである．インスタンスとして有向グラフ G が入力されたとする．このとき，探索問題の出力が NO なら，判定問題の出力も NO とする．探索問題の出力としてハミルトン閉路 $v_{i_1} \cdots v_{i_n}$ が出力されたら，判定問題の出力は YES とすればよい．次に，逆に判定問題が解ければ，探索問題も解けることを説明する．入力がグラフ G のとき，判定問題の出力が NO なら，探索問題の出力も NO とすればよい．次に，入力 G に対する判定問題の出力が YES と仮定する．問題は，判定問題の出力が YES のとき，探索問題の出力であるハミルトン閉路をどのように求めるかということである．以下のように判定問題を繰り返し解いて，その出力をもとにハミルトン閉路の枝を少しずつ伸ばして閉路をつくると探索問題が解ける．

　まず，点をひとつ選び，その点 v_1 からハミルトン閉路に沿って枝が向かうのは $v_2 \cdots v_n$ のどれかを探す．G に (v_1, v_i) を通るハミルトン閉路が存在するかという問題に注目する．この問題に等価な（YES/NO の答えが同じ）問題として，グラフ G_i' のハミルトン閉路問題を考える．ここに，G_i' は，v_1 から出る枝は (v_1, v_i) を残し，他はすべて取り除き，v_i に入る枝は (v_1, v_i) を残し，他はすべて取り除いたグラフである．すると，次の等価関係が成立する．

$$G \text{ には } (v_1, v_i) \text{ を通る} \qquad G_i' \text{ にハミルトン閉路が}$$
$$\text{ハミルトン閉路が存在する} \quad \Leftrightarrow \quad \text{存在する}$$

　仮定より，$G_2', \ldots, G_n'$ に対してハミルトン閉路問題を解いて YES が返ってくるものが存在するので，さらにもう 1 つ枝 (v_i, v_j) を進むということを繰り返せば，ハミルトン閉路問題の探索問題が計算できる．この場合の繰り返しの回数は $n-1$ 回であり，各回の計算時間は多項式時間なので，全体として多項式時間でハミルトン閉路の探索問題が解けることになる．　　　　　　　　　　　　　　　■

例 8.9 では, ハミルトン閉路問題を例にとって, 判定問題と探索問題に関して, 一方が決定性多項式時間チューリング機械で解ければ, もう一方も決定性多項式時間チューリング機械で解けることを説明した. このことは一般化できる (問題 8.6). そのため, 計算の複雑さの理論は判定問題を基にして組み立てられる. また, 決定問題を基にしているため, 問題と言語を同じものと見なすことができ, 帰着の概念も使いやすいものになり, 理論展開がすっきりしてくる.

ところで, クラス NP は元々は, 非決定性多項式時間チューリング機械で受理される言語のクラスとして定義された. その名残りが NP (Nondeterministic Polynomial) という名称に表れている. しかし, 最新のアプローチでは, 定義 8.7 のように証拠の概念に基づいて NP を定義する. そこで, これら 2 つの定義が等価であることを導いておく. そのために, まず次の記法を定義しておく.

定義 8.10 関数 $t(n) : \mathcal{N} \to \mathcal{R}^+$ に対して,

$$\mathbf{NTIME}(t(n)) = \{L \mid \text{言語 } L \text{ は非決定性 } O(t(n)) \text{ 時間}$$

$$\text{チューリング機械で受理される}\}.$$

ここで, 非決定性 $O(t(n))$ 時間チューリング機械とは, 長さ n の任意の入力と任意の計算パスに対して, $c \times t(n)$ 時間で停止状態 (受理状態, あるいは, 非受理状態) に遷移するチューリング機械のことである. ここに, c は定数. ■

この定義によると, 言語 $L \in \text{NTIME}(t(n))$ とは, 計算時間が $O(t(n))$ の非決定性チューリング機械 M より次のようにして決まる言語である. M と入力 w で決まる計算木を根からちょうど $c \times t(n)$ の距離の点でその先をすべて切り取ったような計算木で, 受理と判定されるような w からなる言語である.

この記法を使うと, **非決定性多項式時間チューリング機械**で受理される言語のクラスは, $\bigcup_{k \geq 1} \text{NTIME}(n^k)$ と表され, これが定義 8.7 の NP と一致するという定理が導かれる.

定理 8.11

$$\text{NP} = \bigcup_{k \geq 1} \text{NTIME}(n^k)$$

【証明】 入力が $\langle w, u \rangle$ の検証機械 V を非決定性チューリング機械 N で模倣するときは, 証拠の u をまず N の非決定性動作でつくった後, N の入力 w から $\langle w, u \rangle$ をつくり, これを入力として V を模倣する. 逆に, 入力が w の N を V で模倣する

ときは，N の非決定性動作の計算パス u を証拠にし，入力を $\langle w, u \rangle$ として V を動かす．

NP $\subseteq \bigcup_{k \geq 1}$ NTIME(n^k) の証明：検証機械 V を模倣する非決定性チューリング機械 N は次のように動作する．

非決定性 TMN ：

　　入力：系列 w，その長さを n とする．

　　1. 非決定性動作で，証拠に相当する長さ $p(n)$ の系列 $u \in \{0, 1\}^*$ をつくる．

　　2. 入力を $\langle w, u \rangle$ として V を模倣する．

　　3. V が受理のとき，受理し，非受理のとき，非受理とする．

ここで，6.2 節で述べたように任意の $(q, a) \in Q \times \Gamma$ に対して，$|\delta(q, a)| = 2$，または，$|\delta(q, a)| = 0$ と仮定することにしているので，$u \in \{0, 1\}^*$ となる．**1** で N の非決定性動作でつくる系列 $u \in \{0, 1\}^*$ は長さがちょうど $p(n)$ のものを含むようになっていればよい（問題 8.7）．

NP $\supseteq \bigcup_{k \geq 1}$ NTIME(n^k) の証明：非決定性チューリング機械 N を模倣する検証機械 V は次のように動作する．

検証機械 V ：

　　入力：$\langle w, u \rangle$，ただし，w の長さは n で，u の長さは $p(n)$．

　　1. N に w を入力したときの動作を，非決定性動作選択の計算パスを u として模倣する．

　　2. N が受理のときは，受理し，非受理のときは，非受理とする．　　　□

この節では，計算の複雑さの要となるクラス P と NP を定義した．NP は証拠の概念に基づいて定義することもできるし，非決定性チューリング機械を使って定義することもできるが，この 2 つの定義が等価となることも導いた．

8.4 クラス EXP

P は，決定性チューリング機械により多項式時間で YES/NO の判定ができる問題からなるクラスであり，NP は，証拠が与えられれば決定性チューリング機械で多項式時間で YES の判定ができる問題からなるクラスである．この定義に従うと，NP の問題を解くには，証拠の可能性のある系列をすべて列挙し，その中にひとつでも正しい証拠が存在するとき，YES と判定し，存在しないとき，NO と判定すればよい．そこで，決定性チューリング機械で指数関数時間で判定できる問題からなるクラスを EXP と表すことにすると，3 つの問題のクラスの間には

$$P \subseteq NP \subseteq EXP$$

の包含関係が成立することを証明することができる（定理 8.13）．

ところで，定義 8.7 の NP の定義では，インスタンスが YES となる条件と NO となる条件の間に非対称性がある，と言うのは，定義ではインスタンスが YES となる条件（正しい証拠があるという条件）を提示しているだけであり，NO の条件は明示的に示されているわけではないからである．実際は，YES の条件が満たされないものは NO と解釈される．このように定義される NP の問題に対して，YES の場合も NO の場合も決定性チューリング機械が YES/NO の判定を下さなければならないとすると，これまでに知られている方法では，計算時間は指数関数として表されるものにはね上がってしまう．

そこで，指数関数時間の決定性チューリング機械で解ける問題のクラス EXP を定義する．

定義 8.12

$$\mathbf{EXP} = \bigcup_{k \geq 1} \mathrm{TIME}(2^{n^k})$$

■

次に，3 つのクラス P，NP，EXP の間の包含関係を定理としてまとめる．

定理 8.13

$$P \subseteq NP \subseteq EXP$$

【証明】 **P $\subseteq$ NP の証明**：$L \in P$ とし，L を受理する決定性多項式時間 TM を M とする．M を修正して，L を検証する決定性多項式時間 TM M' を構成して，$L \in NP$ を導く．定義 8.7 の $p(n)$ として常に値 0 をとる関数（したがって，常に

$u = \epsilon$) をとる．入力が $\langle w, \epsilon \rangle$ の M' は，入力 $\langle w, \epsilon \rangle$ の w を M に入力して，その結果の YES を出力するものとすればよい．

NP $\subseteq$ EXP の証明： $L \in$ NP とし，L を検証する定義 8.7 の多項式時間決定性 TM を M とし（この定義では検証機械と呼んでいたもの），その計算時間を n^k とする．また，$p(n)$ をこの定義の u の長さを与える多項式関数とする．M を呼び出して使う，$2^{O(p(n))}$ 時間決定性 TM M' をつくり，この M' が L を受理することを示す．M' は，長さ n の系列 w を入力すると，$\{0,1\}^{p(n)}$ の系列 u を順次列挙しては，M に $\langle w, u \rangle$ を入力して動かし，u が入力 w の証拠となるかどうかをチェックさせる．そして，少なくともひとつの証拠となる u が存在する場合は，入力 w を受理し，証拠となる u が存在しない場合は，受理しない．各 u に対する，入力が $\langle w, u \rangle$ のときの M の計算時間は n^k であるので，M' の計算時間は

$$2^{p(n)} \times n^k = 2^{p(n) + \log_2 n^k}$$
$$= 2^{O(p(n))}$$

となる．したがって，$L \in$ EXP．　　　　　　　　　　□

P の任意の言語 L の補集合をとったものは，P に属する（任意の $L \in$ P に対して，$L \in$ P $\Rightarrow \overline{L} \in$ P）とき，P は補集合をとる演算で閉じているという．この演算の閉包性について次の定理が成立する．

定理 8.14　P は補集合をとる演算で閉じている．

【証明】　言語 L が決定性多項式時間 TM M で受理されるとする．M' を，M の出力の YES/NO を逆転して出力する TM とすると，M' は $\overline{L}$ を受理し，M' は多項式時間の TM となる．したがって，$\overline{L} \in$ P．　　　　　　□

定理 8.15

$$\text{P} \subsetneq \text{EXP}$$

【証明】　P には属さないが，EXP には属するような言語 E_0 が存在することを導くことにより証明する．その言語 E_0 を

$$E_0 = \{ \langle M, w \rangle \mid \text{決定性 TM } M \text{ は } 2^{|w|} \text{ ステップ以内に } w \text{ を受理する} \}$$

と定義する．すなわち，E_0 は，決定性 TM M が $2^{|w|}$ ステップ以内に入力 w を受

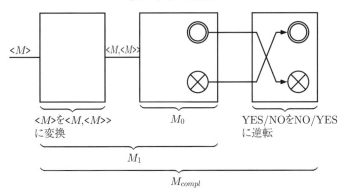

<M>を<M,<M>>
に変換

M_0

YES/NOをNO/YES
に逆転

M_1

M_{compl}

図 8.3 M_{compl} の構成

理するような, M と w のペア（を記述する系列 $\langle M, w \rangle$）からなる集合である.

$E_0 \notin P$ の証明：証明は背理法による. 背理法の仮定として, E_0 を受理する決定性多項式時間 TMM_0 が存在すると仮定して矛盾を導く. 言語 E_1 を

$$E_1 = \{ \langle M \rangle \mid 決定性 TMM は 2^{|\langle M \rangle|} ステップ以内に \langle M \rangle を受理する \}$$

と定義する. 図 8.3 に示すように, 入力の $\langle M \rangle$ を $\langle M, \langle M \rangle \rangle$ に変換した後, これを入力して M_0 を動かす TM を M_1 として定義する. E_1 の定義より, M_1 は E_1 を受理する. 背理法の仮定より, M_0 は決定性多項式時間 TM である. 一方, $\langle M \rangle$ から $\langle M, \langle M \rangle \rangle$ への変換は多項式時間で実行できるので, M_1 の構成より, M_1 は決定性多項式時間 TM となる. したがって, $E_1 \in$ P. 次に, M_1 の出力の YES/NO を逆転して出力するチューリング機械を図 8.3 のように構成し, このチューリング機械を M_{compl} と表す（この構成は, 定理 8.14 の証明で説明したもの）. M_{compl} は決定性多項式時間 TM となるので, その計算時間を多項式関数 $p(n)$ で表す. これで, 矛盾を導く準備ができた. ここで, E_1 の定義の中の "$2^{|\langle M \rangle|}$ ステップ以内" という条件を無視して議論を進め, 後で, この条件は満たされることを示す.

図 8.3 の入力の $\langle M \rangle$ として, $\langle M_{compl} \rangle$ を入力したとする. すなわち, M_{compl} に $\langle M_{compl} \rangle$ を入力したときのことを考えてみる.

ここで, 定理 7.1 の証明の後で証明の道筋の説明で出てきた「自分の髭を剃らない人の髭を剃ってやる」という床屋の宣言より, 床屋としての行動と島の住人としての行動の間に矛盾が生じたことを思い出してもらいたい. M_{compl} に $\langle M_{compl} \rangle$ を入力したときは, 図 8.3 の構成より, M_1 の出力である $M_{compl}(\langle M_{compl} \rangle)$ の YES/NO を逆転した $\overline{M_{compl}(\langle M_{compl} \rangle)}$（宣言に従った床屋の行動に相当）が出力される. 一方, 図 8.3 を全体として見ると, 出力は, 本来 $M_{compl}(\langle M_{compl} \rangle)$ と表される（ひと

りの住人としての床屋の行動に相当）ものである．両者は，同じものを異なる立場で解釈しているに過ぎないので，

$$\overline{M_{compl}(\langle M_{compl}\rangle)} = M_{compl}(\langle M_{compl}\rangle)$$

となり，矛盾が導かれた．

　次に，上の議論において，"$2^{|\langle M_{compl}\rangle|}$ ステップ以内" という条件が満たされていると仮定しても差し支えないことを導く．上の矛盾を導く議論では，図 8.3 の TM M_{compl} にそれ自身の記述 $\langle M_{compl}\rangle$ を入力した状況に注目している．ここで，M_{compl} の計算時間は多項式 $p(n)$ で与えられる．すると，任意の $n \geq n_0$ に対して，$p(n) \leq 2^n$ となる自然数 n_0 が存在する．したがって，M_{compl} の記述の長さとして，$|\langle M_{compl}\rangle| \geq n_0$ となるものを選べば，M_{compl} に $\langle M_{compl}\rangle$ を入力したときのステップ数は "$2^{|\langle M_{compl}\rangle|}$ ステップ以内" という条件は満たされることになる．そのためには，ダミーの状態（たとえば，開始状態から到達できない状態）を必要なだけ導入して，$|\langle M_{compl}\rangle| \geq n_0$ が成立するようにしておけばよい．

$E_0 \in$ EXP の証明：次のように動作する $O(2^{cn})$ 時間の決定性 TM M_2 を構成し，M_2 が E_0 を決定することを示す．ここに，c は定数．M_2 は，$\langle M, w\rangle$ が入力されたとき，M に w を入力したときの動作を $2^{|w|}$ ステップまで模倣し，$M(w)$ を出力する．もし $2^{|w|}$ ステップまでに受理とも非受理とも判定されないときは，非受理と判定する．具体的には，7.1 節の万能 TM を利用して，模倣ステップを数えるカウンタ付きの TM を構成すればよい．$n = |\langle M, w\rangle|$ とおくとき，M_2 の計算時間は $O(2^{cn})$ となるので，$E_0 \in$ EXP（模倣のステップ数は $2^{|w|} = O(2^n)$ で，1 ステップ当たりの模倣のための時間は $O(2^{(c-1)n})$）．このように，E_0 の定義で "$2^{|\langle w\rangle|}$ ステップ以内" という条件が必要となるのは，$E_0 \in$ EXP を導くために，M に w を入力したときの模倣を $2^{|w|}$ ステップで打ち切り，M_2 の模倣が $O(2^{cn})$ 時間でできるようにするためである．　　　　　□

　これまでの議論で，P $\subseteq$ NP $\subseteq$ EXP と P $\subsetneq$ EXP が導かれた．したがって，3 つのクラスの間には

> (1)　P $\subsetneq$ NP $\subsetneq$ EXP
>
> (2)　P $\subsetneq$ NP $=$ EXP
>
> (3)　P $=$ NP $\subsetneq$ EXP

の 3 つの可能性がある（P $=$ NP $=$ EXP は，定理 8.15 に矛盾するのであり得ない）．多くの研究者は (1) を予想しているが，P 対 NP 問題と同様に NP と EXP の

間の関係も決着をつけることが非常に難しい問題である.

　ところで, NP の問題の定義 8.7 の定義では, インスタンスが YES となる条件と, NO となる条件の間に非対称性がある. この YES/NO の条件を逆転すると, どんな問題が定義されることになるのであろうか. YES/NO の逆転することのイメージをつかんでもらうために, ハミルトン閉路問題を取り上げてみよう. ハミルトン閉路問題の YES/NO を逆転した問題では, インスタンスのグラフ G が YES となるのは, n 個の点を並べた順列 $v_{i_1} v_{i_2} \cdots v_{i_n}$ のどれもハミルトン閉路とならないときである. 逆に, 1 つでもハミルトン閉路となる順列が存在すれば, NO となる. そこで, このようなタイプの問題からなるクラスを coNP と表すことにする. すなわち, coNP は, NP に属する言語の補集合からなるクラスで,

$$\mathbf{coNP} = \{\overline{L} \mid L \in \mathrm{NP}\}$$

と定義される. すると, P, NP, coNP, EXP の 3 つのクラスの間の関係は図 8.4 のようになる (問題 8.8).

　この図では, P $\subsetneq$ NP となるかのように描かれているが, 実際は, P $\subsetneq$ NP と P = NP のどちらが成立するかについては決着がついていない. 同様に, NP と coNP についても, NP $\neq$ coNP が証明されているわけではない.

　この NP $\neq$ coNP を証明することは超難問で, もしこれが証明されれば, P $\neq$ NP が証明されたことになる. このことは次のようにして分かる. もし P = NP と仮定 (背理法の仮定) すれば,

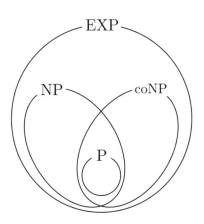

図 8.4　問題のクラスの間の関係

NP

$= \text{P}$　　　（背理法の仮定より）

$= \text{coP}$　　（定理 8.13 より）

$= \text{coNP}$　（背理法の仮定より）

となる．したがって，NP = P が成立し，かつ，NP $\neq$ coNP が成立するのであれば，これは矛盾である．したがって，背理法により P = NP は成立しない．このように，NP $\neq$ coNP より，P $\subsetneq$ NP が導かれるので，NP $\neq$ coNP を証明することは，P $\subsetneq$ NP を証明すること以上に難しいと言える．

8.5　アルゴリズムの計算時間の評価

8.1 節で説明したように，P の問題や NP の問題の計算時間を評価する場合，チューリング機械ではなくアルゴリズムを用いた．そこで，同じ解き方で解く場合，チューリング機械を用いて計算する場合とアルゴリズムを用いて計算する場合とでは，ステップ数に大きな違いがないことを示す定理を導く．この定理により，多項式時間アルゴリズムで計算できれば，チューリング機械でも多項式時間で計算できることが保障される．

アルゴリズムのステップ数を評価するためには，アルゴリズムの 1 ステップの動作を正確に定める必要がある．そこで，基本的なものに限って，アルゴリズムを記述するための仮想的な機械語命令を導入する．

機械語やそれを実行するコンピュータに関する基本的な知識は前提とした上で話を進める（基本的な事柄については，たとえば，文献 [16] を参考にしてもらいたい）．まず，1 語当たりのビット数には上限を置かず無制限とする．レジスタとメモリをまとめて一列に並べ，番地として $0, 1, 2, \dots$ を割り当て，それぞれの番地の内容（**語**）を $c(0), c(1), c(2), \dots$ と表す．特に，$c(0)$ はレジスタとして働き，残りは**メモリ**と

表 8.5　機械語命令の意味，ただし，$i \geq 1$

機械語命令	意味
STORE i	$c(i) \leftarrow c(0)$
LOAD i	$c(0) \leftarrow c(i)$
ADD i	$c(0) \leftarrow c(0) + c(i)$
JZERO ℓ	$c(0) = 0$ のとき，ラベル ℓ の命令にジャンプ（ただし，$c(0) \neq 0$ のとき，次の命令を実行）
HALT	停止

して働く．レジスタ $c(0)$ では，**演算や条件判定ができる**．これらのレジスタやメモリを区別することなく**レジスタ**と呼ぶことにする．

表 8.5 は，機械語命令の一部についてその意味を示したものである．この表の i は，$i \geq 1$ とする．また，機械語命令が対象とする値は整数とする．機械語命令で書かれたアルゴリズムが，ある連続した番地からなる領域に格納されているとして，個々の機械語命令の動作を説明する．「STORE i」は 0 番地のレジスタの内容（演算の結果など）を i 番地に移動する命令である．一方，「LOAD i」は，それまで i 番地にあった整数を（演算などのために）0 番地のレジスタに移動する命令である．また，「JZERO ℓ」は，"$c(0) = 0$" の条件が満たされる場合は，次にラベル ℓ のついた命令を実行し，そうではない場合は，次に置かれている命令を実行する**条件付きジャンプ命令**である．ここに，**ラベル** ℓ は命令につけられた名札で，ジャンプ系の命令の飛び先をラベルで指定することができる．最後に，「HALT」は計算を停止する命令である．これはチューリング機械の停止状態に対応している．

機械語命令で書かれたアルゴリズムの計算時間が多項式関数で与えられるとき，それをシミュレートするチューリング機械の計算時間を多項式関数で表されるものに抑えるためには，機械語命令の演算は制約条件を満たす必要がある．この制約は，2 進数として表した被演算数に命令の演算を施した結果得られる 2 進数は，高々 1 ビットだけ長くなる（定数ビットだけ長くなるとしてもよい）というものである．その理由は次の通りである．たとえば，2 から始めて得られた数同士を掛け算することを繰り返したとする．すると，$2^2, 2^4, 2^8, \ldots$ が得られ，t ステップで 2^{2^t} となる．この 2^{2^t} を 2 進数として表すと，$2^t + 1$ 桁となり，これを表すのに必要なテープ上のコマ数は $2^t + 1$ 個となる．1 コマの移動に 1 ステップ必要となるので，2^{2^t} という数にアクセスするだけで，$2^t + 1$ ステップ必要となる．すると，ステップ数 t が多項式関数で与えられるとしても，$2^t + 1$ は指数関数となり，2^{2^t} という数にアクセスするだけで，多項式関数を超えるステップ数が必要となる．そのため，機械語命令の乗算は除外しなければならないことになる（乗算を実行したいときは，加算を指定される適当な回数繰り返せばよい）．実際は，コンピュータの語の長さは限定されていて（1 語は 32 ビットや 64 ビットに限定），これを超えた場合は停止するので，乗算も許される．

以上，模倣される機械語命令で書かれたアルゴリズムについて説明した．以降は，模倣する側のチューリング機械について説明する．機械語のプログラムを模倣するチューリング機械として，7.4 節の万能チューリング機械のように機械語をテープ上に置き，インタープリタとして働く（テープ上のプログラムの命令を順次解釈

しては実行する）チューリング機械を構成することもできる．しかし，ここでの目
標は，異なる計算モデルの計算時間の間の関係を導くことにあるので，遠回りしな
いで，機械語のアルゴリズムを模倣する手順をチューリング機械の状態遷移関数に
直接組み込むということにし，次の定理を導く．

定理 8.16　$f(n)$ 時間の機械語プログラムに等価な $O(f^3(n))$ 時間の決定性4
テープチューリング機械を構成することができる．ただし，機械語命令の演算
は，被演算数の長さが演算により高々1だけ長くなる（長い方の被演算数の長さ
よりも）ものに限定するものとする．

【証明】　機械語プログラム P に等価な決定性4テープ TMM を構成する．具体的
には，P に現れる機械語命令の意味するところを実行するように，M の状態遷移
図をつくる．

　図8.6に決定性4テープ TMM の構成を示す．テープ1はメモリ用のテープであ
る．テープ2は，テープ1の内容を書き込んだり，読み出したりする際に情報を一
時的に書き込むためのテープである．テープ3は作業用のテープである．最後のテー
プ4は入力系列 w を書き込むテープである．

　この図で注意してもらいたいのはテープ1である．このテープには，レジスタ番
号 i とその内容 w_i（$= c(i)$）のペア (i, w_i) の系列が置かれている．ここに，$c(i)$ の
長さは任意で上限はない．コンピュータのメモリは番地 i を指定すると，その内容
$c(i)$ にアクセスできる**ランダムアクセスメモリ**（意図した任意の番地に1ステップ
でアクセスできるメモリ）である．これに対して，TM のメモリに相当するテープ
1は，$c(i)$ にアクセスするのに，テープの端から始めて，1コマずつ移動しながら
番地 i が現れるまで探す**シーケンスアクセスメモリ**として働く．したがって，最悪
の場合テープ長に相当するステップ数が必要となる．このことが，機械語プログラ
ムの計算時間 $f(n)$ を TM の計算時間 $O(f^3(n))$ にはねあげる要因となっている．

　計算時間が $f(n)$ の機械語プログラムを模倣する TMM の計算時間が $O(f^3(n))$
となることを，機械語命令の例として「ADD i」を取り上げて説明する．他の命令
についても同じようになるので，その計算時間の評価は省略する．

　「ADD i」を模倣する M の動作を図8.6で説明する．この図の (i, w_i) の i や w_i は
2進数として表されている．「ADD i」は "$c(0) \leftarrow c(0) + c(i)$" で実行される．この
計算のために，テープ1の左端から右方向への移動を繰り返しながら，i 番地のペア
(i, w_i) を探して w_i にアクセスする．アクセスした後，0番地のレジスタで $w_0 + w_i$

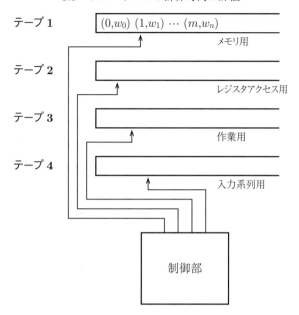

図 8.6 機械語プログラムを模倣する TMM

を計算し，それまでの $(0,w_0)$ に $(0,w_0+w_i)$ を上書きする．この上書きでそれまでの情報が消えることがないように，上書きする前にあらかじめ，テープ 1 の $(0,w_0)$ より右側の $(1,w_1),\ldots,(m,w_m)$ をテープ 3 にいったん退避させておいて，テープ 1 の $(0,w_0)$ を $(0,w_0+w_i)$ に置き換えた後に，退避させておいたものをテープ 1 に戻すようにする．

　具体的には，「ADD i」を M は次のように 8 ステージで模倣する．

ADD i の模倣：

1. i をテープ 2 に書き込む．
2. テープ 1 で左端から始めてヘッドを右方向に移動しながら，番地部がテープ 2 の i と一致するペア (i,w_i) を見つける．
3. 見つけた w_i をテープ 2 に上書きする．
4. テープ 1 のヘッドを左方向に移動して w_0 にアクセスする．
5. テープ 1 の w_0 とテープ 2 の w_i を加えて，その結果 w_0+w_i をテープ 3 に書き込む．
6. テープ 1 の $(0,w_0)$ の右側の $(1,w_1),\ldots,(m,w_m)$ をテープ 3 の w_0+w_i の右側の領域にコピーする．

7. テープ 1 の w_0 で始まる領域にテープ 3 の $w_0 + w_i$ に右カッコをつけた $w_0 + w_i)$ をコピーする.

8. テープ 1 の $w_0 + w_i)$ の右側の領域にテープ 3 の $(1, w_1), \ldots, (m, w_m)$ をコピーする.

機械語プログラム P に「ADD i」が現れたらこれを上の 8 ステップで置き換える. 同じように他の機械語命令も等価な複数のステージで置き換える. このようにして P のプログラムを等価なステージに展開したものをつくる. 最後に, それを状態遷移図として表し, プログラム P を模倣する M を構成する.

次に, このようにして構成された M の計算時間を評価する. そのために, テープ 1 に書き込まれるペア (i, w_i) の個数, 個々のペアの長さ $|(i, w_i)|$, プログラム P のステップ数 $f(n)$ の 3 つに注目する. STORE 命令を実行するたびに新しくペア (i, w_i) が書き込まれるとしても, テープ 1 上のペアの総数は $O(f(n))$ で与えられる. 同様に, ADD 命令などの実行のたびに演算結果が 1 だけ長くなるとしても, テープ 1 のペアの長さは $O(f(n))$ で抑えられる. したがって, テープ 1 の長さは $O(f^2(n))$ で与えられる. 一方, P の 1 ステップを模倣するための M のステップ数は, テープ 1 の長さである $O(f^2(n))$ となる. したがって, 計算時間が $f(n)$ の P を模倣する M の計算時間は $O(f^3(n))$ となる. □

次の定理 8.17 は, 定理 8.16 の 4 テープチューリング機械を 1 テープチューリング機械で模倣することにより, 導くことができる.

定理 8.17　決定性 $f(n)$ 時間 4 テープチューリング機械に対して, 等価な決定性 $O(f^2(n))$ 時間 1 テープチューリング機械をつくることができる.

【証明】　M を決定性 $f(n)$ 時間 4 テープ TM とする. このとき, M を模倣する決定性 $O(f^2(n))$ 時間 1 テープ TMM' をつくることができる. 定理 6.9 の証明の中の手法を使えば, M の各ステップを M' の 4 トラックに分けられたテープを記号の書き込まれた領域を $O(f(n))$ 時間で 1 往復することにより模倣できる. そのため M' の計算時間は $O(f^2(n))$ となり, 定理が証明される. □

定理 8.18　$f(n)$ 時間の機械語プログラムに等価な $O(f^6(n))$ 時間の決定性 1 テープ TM を構成することができる. ただし, 機械語命令の演算は, 被演算数の長さが演算により高々 1 だけ長くなるものに限定する.

【証明】　定理 8.17 に定理 8.18 を適用することにより定理の決定性 1 テープチューリング機械が得られる.　　　　　　　　　　　　　　　　　　　　　　□

　この節では，大まかに言えば，多項式時間の任意のアルゴリズムは，多項式時間の決定性 1 テープチューリング機械で模倣できることを導いた.

問　題

8.1[††]　(1)　次の ⇒ の関係を証明せよ.

G の点の次数はすべて偶数である

⇒　G の辺集合は G の閉路の辺からなる集合に分割される

(2)　次の ⇔ の関係を証明せよ. ただし，G を連結グラフとする.

G はオイラーグラフである

⇔　G の点の次数はすべて偶数である

8.2　4 変数 x_1, x_2, x_3, x_4 に対する割り当てを $(b_1, b_2, b_3, b_4) \in \{0,1\}^4$ と表す. 下図は，割り当てを 2 つの**ブーリアンキューブ**と呼ばれるもので表したものである.

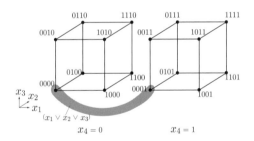

(1)　3 和積形論理式 F を

$$F = (x_1 \vee x_2 \vee x_3) \wedge (\overline{x}_1 \vee \overline{x}_2 \vee \overline{x}_3) \wedge (x_2 \vee \overline{x}_3 \vee x_4) \wedge (x_2 \vee \overline{x}_3 \vee \overline{x}_4)$$
$$\wedge (\overline{x}_1 \vee x_3 \vee x_4) \wedge (\overline{x}_1 \vee x_3 \vee \overline{x}_4) \wedge (x_1 \vee \overline{x}_2 \vee \overline{x}_4)$$

とする. 図で，グレーで囲った部分は，節 $(x_1 \vee x_2 \vee x_3)$ を 0 とする $(0,0,0,0)$ と $(0,0,0,1)$ の割り当てからなる領域である. 同様に，F の残りの 6 個の節をそれぞれ 0 とする領域をこの図に書き込め.

(2)　F にサイズ 3 の節を 1 つ追加して，8 個の節からなる充足不能な 3 和積形論理式をつくることができる. 追加する節を示せ.

8.3　論理変数のリテラルで割り当てを表すとする. すなわち，リテラル x で $x = 1$ を表し，リテラル $\overline{x}$ で $x = 0$ を表す. s と t はリテラルを表し，$(s \vee t)$ は節を表すとす

るとき，次の等価関係が成立することを導け.

$$(s \vee t) \text{ は充足可能である} \quad \Leftrightarrow \quad \overline{s} \Rightarrow t \text{ かつ } s \Leftarrow \overline{t}$$

ただし，$\overline{s}$ は，$s = x$ のとき $\overline{x}$ を表し，$s = \overline{x}$ のとき x を表す.

8.4 n 変数 2 和積形論理式 F からつくられる有向グラフ $G(F)$ を $G(F) = (V_F, E_F)$ と定義する. ここに，$V_F = \{x_1, \overline{x}_1, \ldots, x_n, \overline{x}_n\}$，$E_F = \{(\overline{s}, t), (\overline{t}, s) \mid (s, t) \text{ は } F \text{ の節}\}$.

(1) 2CNF 論理式 F_1，F_2，F_3 を

$$F_1 = (x_1 \vee \overline{x}_2) \wedge (x_2 \vee \overline{x}_3) \wedge (x_3 \vee \overline{x}_4) \wedge (x_4 \vee \overline{x}_1) \wedge (\overline{x}_1 \vee \overline{x}_3)$$
$$F_2 = (\overline{x}_1 \vee \overline{x}_2) \wedge (x_2 \vee \overline{x}_3) \wedge (\overline{x}_3 \vee \overline{x}_4) \wedge (x_4 \vee x_1)$$
$$F_3 = (x_1 \vee \overline{x}_2) \wedge (x_2 \vee \overline{x}_3) \wedge (x_3 \vee \overline{x}_4) \wedge (x_4 \vee \overline{x}_1) \wedge (\overline{x}_1 \vee \overline{x}_3) \wedge (x_2 \vee x_4)$$

とする. これらの論理式に対して，グラフ $G(F_i)$ を描け.

(2) 論理式 F_1，F_2，F_3 は充足可能かどうかを示せ. 充足可能な場合は充足する割り当てをすべて示し，充足可能でない場合はその理由を示せ.

8.5[††] n 変数の 2 和積形論理式から定義されるグラフ $G(F)$ を，問題 8.4 のように $G(F) = (V_F, E_F)$ と定義する. また，割り当てを $T \subseteq \{x_1, \overline{x}_1, \ldots, x_n, \overline{x}_n\}$ で表す（T は各変数に対して，正リテラルか負リテラルのどちらかを含むか，あるいはどちらも含まない）. $E(T)$ を

$$E(T) = T \cup \{t \mid s \in T \text{ が存在して，} s \text{ から } t \text{ に至るパスが存在}\}$$

と定義する. すなわち，$E(T)$ は，T の点 $s \in T$ からパスでつながっている点の集合である.

(1) 次の等価関係を導け.

$$T \text{ により } F \text{ は充足する} \quad \Leftrightarrow \quad E(T) = T$$

(2) $G(F)$ において，パス $s_1 \rightarrow s_2 \rightarrow \cdots \rightarrow s_k$ が存在するとき，パス $\overline{s}_1 \leftarrow \overline{s}_2 \leftarrow \cdots \leftarrow \overline{s}_k$ も存在することを導け.

(3) 次の等価関係を導け.

$$F \text{ は充足可能である} \Leftrightarrow \left(\begin{array}{l} G(F) \text{ において，すべての変数 } x \text{ に対して} \\ \text{点 } x \text{ から } \overline{x} \text{ に至るパスと点 } \overline{x} \text{ から } x \text{ に至る} \\ \text{パス のうち，少なくとも一方は存在しない} \end{array} \right)$$

(4) 2 和積形論理式の充足な可能性問題は多項式時間で計算できることを示せ.

8.6[††] 決定性多項式時間 TM M が計算する関数 $f_{verify} : \{0, 1\}^* \times \{0, 1\}^* \rightarrow \{\text{YES, NO}\}$ を次のように定義する. すなわち，多項式関数 $p : \mathcal{N} \rightarrow \mathcal{N}$ が存在して

$$f_{verify}(w, u) = \begin{cases} \text{YES} & \begin{aligned} &|u| = p(|w|), \text{ かつ,} \\ &M \text{ は } \langle w, u \rangle \text{ を受理するとき,} \end{aligned} \\ \text{NO} & \text{その他のとき.} \end{cases}$$

ここに, M は定義 8.7 の検証機械である. この f_{verify} から, 2 つの関数 f_{decide} と f_{search} を定義する. f_{decide} は証拠が存在するかどうかを YES/NO で判定する関数であり, f_{search} は存在するときはその証拠 u を出力する関数である. ただし, f_{decide} と f_{search} を一般化して, 証拠 u のプレフィックス u' が与えられたとき, $u = u'u''$ となる残りの系列 u'' に関して出力するようにする. このように一般化したものとして, $f_{decide} : \{0, 1\}^* \times \{0, 1\}^* \to \{\text{YES, NO}\}$ を次のように定義する.

$$f_{decide}(w, u) = \begin{cases} \text{YES} & \begin{aligned} &|uv| = p(|w|) \text{ となる } v \in \{0, 1\}^* \text{が存在して} \\ &f_{verify}(w, uv) = \text{YES のとき,} \end{aligned} \\ \text{NO} & \text{その他のとき.} \end{cases}$$

さらに, $f_{search} : \{0, 1\}^* \times \{0, 1\}^* \to \{0, 1\}^* \cup \{\text{ NO}\}$ は次の条件を満たす関数とする.

f_{search} に関する条件:

$v \in \{0, 1\}^{p(|w|)-|u|}$ が存在して, $f_{verify}(w, uv) = \text{YES のとき,}$

$f_{verify}(w, uf_{search}(w, u)) = \text{YES,}$

任意の $v \in \{0, 1\}^{p(|w|)-|u|}$ に対して, $f_{verify}(w, uv) = \text{NO のとき,}$

$f_{search}(w, u) = \text{NO.}$

すなわち, $f_{search}(w, u)$ は, uv が w の証拠のひとつとなっているような v を返してくるような関数である.

　関数 f_{decide} は**決定問題**と呼ばれ, 関数 f_{search} は**探索問題**と呼ばれる.

(1) $f_{decide}(w, u)$ の値を呼び出すことができると仮定して, $f_{search}(w)$ を出力するアルゴリズムを与えよ.

(2) 次の等価関係を導け.

$$\begin{array}{ccc} \begin{array}{c} f_{verify} \text{ は多項式時間で} \\ \text{計算できる} \end{array} & \Leftrightarrow & \begin{array}{c} f_{search} \text{ は多項式時間で} \\ \text{計算できる} \end{array} \end{array}$$

8.7 定理 8.11 の証明の非決定性 TMN は **1** で証拠に相当する $u \in \{0, 1\}^*$ を非決定性動作でつくる. この部分の N の動作を遷移図として表せ. ただし, 状態 q_0 で任意の長さの u をつくった後, **2** で V を模倣する状態 q_1 に非決定的に遷移するとせよ.

8.8[†] 図 8.4 に示されている P $\subseteq$ NP $\cap$ coNP を導け.

9 論理回路に基づいた計算時間限定の計算

　この章の目標は，非決定性チューリング機械の受理問題が論理式の充足可能性問題に帰着されることを導くことである．

9.1 非決定性チューリング機械の論理式による模倣のあらまし

　非決定性チューリング機械 M の**受理問題**とは，入力の系列 w が M により受理されるかどうかを判定する問題である．一方，論理式 F の**充足可能性問題**とは，F に現れる変数を $x_1, \ldots, x_n$ とするとき，F を真とする $x_1, \ldots, x_n$ への論理値 $\{0, 1\}$ の割り当てが存在するかどうかを判定する問題である．この章では，非決定性チューリング機械 M の受理問題が論理式の充足可能性問題に帰着されることを導くが，この節では，まず，そのあらすじを説明する．

　計算時間 $f(n)$ の非決定性チューリング機械 M の受理問題が，論理式 F の充足可能性問題に帰着できることを，TMM を論理式 F で模倣できることを導くことにより示す．一般に，計算モデル X を計算モデル Y が模倣することを $X \leq Y$ と表すことにする．計算モデルとして，離散回路 $\widetilde{C}$，論理回路 C，論理式 F を導入して，論理式 F が TMM を模倣することを示すため，模倣の連鎖 $M \leq \widetilde{C} \leq C \leq F$ を導く．この結果，$M \leq F$，すなわち，TMM を論理式 F が模倣するので，M の受理問題が F の充足可能性問題に帰着されることになる．なお，この章で使う $X \leq Y$ の関係は，計算モデル X を模倣するために計算モデル Y を適当に構成すれば，Y は X を模倣することができるのであって，無条件に模倣できるというものではない．

　この一連の模倣の一つひとつについて見ていこう．$M \leq \widetilde{C}$ の模倣の関係を説明するのに，まず，話を簡単にするため TMM は決定性と仮定することにし，後で非決定性の場合に一般化する．この TMM の様相の系列に注目し，様相の系列自体を離散回路 $\widetilde{C}$ 上に再現させる．このことが，$M \leq \widetilde{C}$ の模倣の意味である．詳しくは後で説明するが，この模倣のイメージをつかむため，先取りして図 9.14 と図 9.15 を見てみる．図 9.14 は，系列 11 が入力されたときの，ある TMM_1 の様相の系列を示したものである．図 9.15 は，この様相の系列を再現する離散回路 $\widetilde{C}$ を表してい

る．M の計算時間は $f(n)$ で与えられるため，$\widetilde{C}$ は図のように $f(n) \times f(n)$ の格子状の回路となる（図では $f(n) = 5$）．ここで，計算時間が $f(n)$ という制約からヘッドの動きがこの回路の枠を飛び越えることはない．この図のように，離散回路 $\widetilde{C}$ は離散ゲートと呼ばれるグレーのボックスを相互に接続した回路である．M の様相の系列は離散ゲート間をつなぐライン上に現れる．様相を表す系列の各記号としては (q,a)，a，$\sqcup$ などが現れる．

図 9.15 の離散ゲート g は 3 つの記号 x，y，z を入力して，$g(x,y,z)$ を出力する．記号 (q,a) は，M の状態 q で，ヘッドが記号 a を見ていることを表している．δ の関数表から，開始様相 C_0 が与えられたとき，それに続く $C_1, C_2, \ldots$ を次々と決めることができる．このことから，各ゲートの離散関数 $g(x,y,z)$ をうまく指定しておけば，離散回路のライン上に同じ様相が現れるようにできる．特に，δ の指定 $\delta(q,a) = (q',b,D)$ では，D が L か R かにより，次の様相で (q,a) のタイプが現われるポジションが違ってくるが，各離散ゲートは 3 方向から入力が供給されるので，D が L でも R でも，この固定された入出力のラインで模倣できることになる．なお，左端の離散ゲートは 2 入力で，離散関数 $g'(y,z)$ が割り当てられる．

次に，$\widetilde{C} \leq C$ の模倣に進む．論理回路 C は，$\widetilde{C}$ の各ラインを m 本のラインの束で置き換え，各離散ゲートを論理回路（複数個の論理ゲートを相互に接続したもの）で置き換えたものである．離散回路 $\widetilde{C}$ のライン上に 2^m 種類の記号が現れるとき，各記号には長さ m の 2 進列 $v \in \{0,1\}^m$ を 1 対 1 で対応づける．この対応の下で，論理回路 C は離散回路 $\widetilde{C}$ と同じ働きをするようにする．働きが同じなので，$\widetilde{C}$ に現れる各記号を長さ m の 2 進列で読み換えることにすれば，論理回路 C 上にも図 9.14 の様相の系列が再現されることになる．まとめると，$M \leq \widetilde{C}$ と $\widetilde{C} \leq C$ の 2 つの模倣から $M \leq C$ の模倣が導かれる．したがって，TMM の動きを論理回路 C が模倣する．

これまではチューリング機械 M は決定性としてきた．しかし，模倣したい M は非決定性である．非決定性 M は次のようなものとする．まず，非決定性 M の状態遷移関数 δ が，各 $(q,a) \in Q \times \Gamma$ に対して $\delta(q,a) = \{(q_0,a_0,D_0),(q_1,a_1,D_1)\}$ と表されるとして，2 つの決定性 TM の状態遷移関数 δ_0 と δ_1 を，$\delta_0(q,a) = (q_0,a_0,D_0)$ と $\delta_1(q,a) = (q_1,a_1,D_1)$ と定義する．

すると，これまでの決定性 TM の場合のつくり方に従って，δ_0 と δ_1 からそれぞれ離散関数 g_0 と g_1 を指定することができる．非決定性 TM M を模倣する離散回路 $\widetilde{C}$ の離散関数は $g(u_i,x,y,z)$ と表され，制御の信号 $u_i \in \{0,1\}$ に応じて，$g_0(x,y,z)$ か $g_1(x,y,z)$ かが選ばれるようになっている．すなわち，$g(0,x,y,z)$ は $g_0(x,y,z)$

と同じ働きをし，$g(1, x, y, z)$ は $g_1(x, y, z)$ と同じ働きをする．このように，非決定性 TM を模倣する場合，離散ゲートの入力は u_i と x, y, z の 4 入力で，この u_i を通して i 行のすべての離散ゲートには共通の $u_i \in \{0, 1\}$ が入力される．各 i 行の離散ゲートに共通の $u_i \in \{0, 1\}$ を入力するためのラインの張り方を図 9.18 の離散回路に示している．このようにして，非決定性 TMM の δ_{u_i} の動作を模倣するので，$C_{i-1} \rightarrow C_i$ の遷移を離散回路 $\widetilde{C}$ の各行が模倣する．

　非決定性 TMM が入力 $w_1 \cdots w_n$ を受理するのは，開始様相 $(q_0, w_1), w_2, \ldots, w_n$ から受理様相 $(q_{accept}, a_1), a_2, \ldots, a_{f(n)}$ に至る計算パスが存在するときである．これはちょうど，図 9.18 の離散回路 $\widetilde{C}$ で，上方から $(q_0, w_1), w_2, \ldots, w_n$ を入力し，左側から各行に $u_i \in \{0, 1\}$ を入力したとき，離散回路 $\widetilde{C}$（出力ゲート g_{out}）が 1 を出力することに対応する．離散回路 $\widetilde{C}$ では，$(q_0, w_1), w_2, \ldots, w_n$ は固定して，入力は $u_1, \ldots, u_{f(n)}$ と見なす．離散回路 $\widetilde{C}$ が 1 を出力するような $u_1, \ldots, u_{f(n)} \in \{0, 1\}$ が存在するかどうかを問う YES/NO 問題を $\widetilde{C}$ の**充足可能性問題**と呼ぶ．このように，非決定性 TMM の受理問題は離散回路 $\widetilde{C}$ の充足可能性問題に帰着される．また，非決定性の場合の離散回路 $\widetilde{C}$ から等価な論理回路への変換は決定性の場合と同様である．

　最後に，論理回路 C を等価な論理式 F へ等価変換する．この等価変換のために，新しく論理変数 $y_1, \ldots, y_s$ を導入する．ここに，s は論理回路 C に現れるラインの本数である．論理回路 C から構成される論理式の論理変数は，$u_1, \ldots, u_{f(n)}, y_1, \ldots, y_s$ で，この F は

$$
\begin{pmatrix} u_1, \ldots, u_{f(n)} \text{ に対する割り当て} \\ b_1, \ldots, b_{f(n)} \in \{0, 1\} \text{ が存在し} \\ \text{て，論理回路 } C \text{ は 1 を出力する} \end{pmatrix} \Leftrightarrow \begin{pmatrix} u_1, \ldots, u_{f(n)}, y_1, \ldots, y_s \text{ に対する割り当} \\ \text{て } b_1, \ldots, b_{f(n)}, d_1, \ldots, d_s \in \{0, 1\} \text{ が存} \\ \text{在して，論理式 } F \text{ は真となる} \end{pmatrix}
$$

の等価関係が成立するように構成される．

　このようにして，非決定性 TMM の受理問題は M からつくられる論理式 F の充足可能性問題に帰着されることとなる．

9.2 論理回路と離散回路

9章では，扱う計算モデルが，これまでのチューリング機械から論理回路や離散回路に変わる．そこで，まず，論理回路や離散回路について簡単に説明する．

論理回路

論理回路は，論理ゲート（単に，ゲートともいう）をサイクルが生じないように相互に接続した回路である．論理ゲートには，**OR** ゲート（論理和ゲート），**AND** ゲート（論理積ゲート），**NOT** ゲート（否定ゲート）の3種類がある．3種類の論理ゲートを図 9.1 に示す．また，これらのゲートの入出力関係を表 9.2 に示す．回路の入力のラインには，$x_1, \ldots, x_n$ の論理変数が割り当てられ，ゲートの1つが出力ゲートとして指定され，このゲートの出力が回路の出力となる．一般に，論理回路は論理関数 $f(x_1, \ldots, x_n) : \{0,1\}^n \to \{0,1\}$ を計算するが，これについては次の2つの例で説明する．

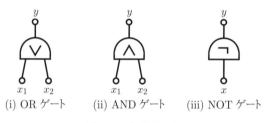

(i) OR ゲート　　(ii) AND ゲート　　(iii) NOT ゲート

図 9.1 論理ゲート

表 9.2 OR，AND，NOT の真理値表

x_1	x_2	$x_1 \vee x_2$	$x_1 \wedge x_2$	x	$\overline{x}$
0	0	0	0	0	1
0	1	1	0	1	0
1	0	1	0		
1	1	1	1		

例 9.1 図 9.3 の論理回路 C_1 は，ゲート $g_1, \ldots, g_5$ より構成される．この C_1 は，表 9.4 の論理関数 f_1 を計算する．入力変数への割り当てを $(x_1, x_2, x_3) \in \{0,1\}^3$ で表すことにする．x_1，x_2，x_3 の少なくとも2つが1のとき，ゲート g_3，g_4，g_5 の少なくとも1つの出力は1となり，出力ゲート g_1 は1を出力する．　■

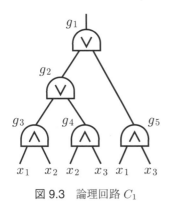

図 9.3　論理回路 C_1

表 9.4　C_1 が計算する論理関数 f_1

x_1	x_2	x_3	$f_1(x_1, x_2, x_3)$
0	0	0	0
0	0	1	0
0	1	0	0
0	1	1	1
1	0	0	0
1	0	1	1
1	1	0	1
1	1	1	1

例 9.2　図 9.5 は，入力変数が x_1，x_2，x_3，x_4 で，15 個のゲート $g_1, \ldots, g_{15}$ からなる論理回路 C_2 を表している．この回路は，C_3，C_4，C_5 の部分回路に分割される．一見複雑に見える回路であるが，これらの部分回路の構造が同じであることに注目すると，その働きをすっきりと捉えることができる．C_4 の出力に関して次の等価関係が成立する．

$$g_6 = 1 \quad \Leftrightarrow \quad \begin{array}{l} x_1 = 1 \text{ かつ } x_2 = 1 \text{ か，または，} \\ x_1 = 0 \text{ かつ } x_2 = 0. \end{array}$$

これは次のように書き換えられる．

$$g_6 = 1 \quad \Leftrightarrow \quad x_1 = x_2.$$

同様に，C_5 に関して，

$$g_7 = 1 \quad \Leftrightarrow \quad x_3 = x_4.$$

同様に，C_3 を入力変数が g_6 と g_7 の回路と見なすと，

$$g_1 = 1 \quad \Leftrightarrow \quad \begin{array}{l} x_1 = x_2 \text{ かつ } x_3 = x_4 \text{ か，または，} \\ x_1 \neq x_2 \text{ かつ } x_3 \neq x_4. \end{array}$$

すなわち，論理回路 C_2 が計算する論理関数 f_2 は，

$$f_2(x_1, x_2, x_3, x_4) = \begin{cases} 1 & \begin{array}{l} x_1 = x_2 \text{ かつ } x_3 = x_4, \text{ または，} \\ x_1 \neq x_2 \text{ かつ } x_3 \neq x_4 \text{ のとき，} \end{array} \\ 0 & \text{その他のとき．} \end{cases}$$

C_4 や C_5 の出力ゲート g_6 や g_7 の **ファンアウト**（出力の本数）は 2 である．一般に，ファンアウトが 2 以上のものも許されている場合は，計算結果を 2 箇所以上で利用できるため，計算を効率よく行うことができる（その結果，回路のゲート数は

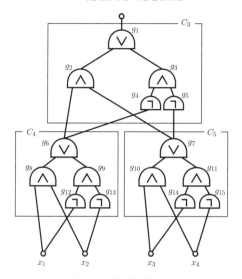

図 9.5　論理回路 C_2

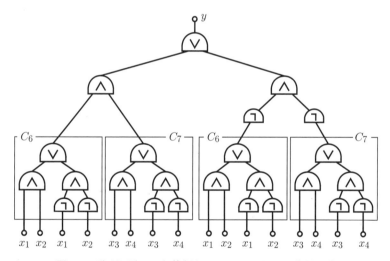

図 9.6　論理回路 C_0 と等価なファンアウト 1 の論理回路

少なく抑えられる）．たとえば，同じ論理関数 f_2 をファンアウトを 1 に限定した回路で構成しようとすると，図 9.6 のようになる．一般に，同じ論理関数をファンアウトに制限を置かない論理回路でつくろうとする場合と，1 に限定した論理回路でつくろうとする場合とを比べると，必要なゲートの個数に指数関数の違いが出てくることがある．

次に，論理関数を表す論理式の標準形について説明する．表 9.4 の論理関数は，論理式

$$(\overline{x}_1 \wedge x_2 \wedge x_3) \vee (x_1 \wedge \overline{x}_2 \wedge x_3) \vee (x_1 \wedge x_2 \wedge \overline{x}_3) \vee (x_1 \wedge x_2 \wedge x_3)$$

と表される．この論理式は，表 9.4 の真理値表で $f_1(x_1, x_2, x_3) = 1$ となる各行を，**項**と呼ばれるリテラルの論理積として表し，これらの項の論理和を取ったものである．このように構成される論理式は**加法標準形**と呼ばれる．同じ表 9.4 の論理関数を

$$(x_1 \vee x_2 \vee x_3) \wedge (x_1 \vee x_2 \vee \overline{x}_3) \wedge (x_1 \vee \overline{x}_2 \vee x_3) \wedge (\overline{x}_1 \vee x_2 \vee x_3)$$

と表すこともできる．この論理式は，$f_1(x_1, x_2, x_3) = 0$ となる行を，リテラルの論理和である**節**と呼ばれる論理式で表し，これらの節の論理積をとったものである．このように構成される論理式は**乗法標準形**と呼ばれる．加法標準形の場合は，$f_1(x_1, x_2, x_3) = 1$ となる行を集めてつくるのに対し，乗法標準形の場合は，$f_1(x_1, x_2, x_3) = 0$ となる行を削ってつくると解釈することができる．どちらの標準形でも，任意の論理関数を論理式として表すことができる．

例 9.3　図 9.1 の OR ゲートでは，入力変数の x_1，x_2 の論理値から，出力変数 y の論理値が一意に決まる．そこで，この OR ゲートの入力と出力とが**整合している**こと，すなわち，x_1 と x_2 に OR 演算を施すと y となることを表す論理関数 f_{OR} は，次のように定義される．すなわち，

$$f_{OR}(x_1, x_2, y) = 1 \quad \Leftrightarrow \quad y = x_1 \vee x_2$$

とする．その真理値表は表 9.7 のようになる．この f_{OR} を乗法標準形の論理式として表すと

表 9.7　f_{OR} の真理値表

x_1	x_2	y	$f_{OR}(x_1, x_2, y)$
0	0	0	1
0	0	1	0
0	1	0	0
0	1	1	1
1	0	0	0
1	0	1	1
1	1	0	0
1	1	1	1

$$(x_1 \vee x_2 \vee \overline{y}) \wedge (x_1 \vee \overline{x_2} \vee y) \wedge (\overline{x_1} \vee x_2 \vee y) \wedge (\overline{x_1} \vee \overline{x_2} \vee y)$$

となる. ■

この章では，チューリング機械を模倣する論理回路をつくる．ところで，チューリング機械と論理回路には計算モデルとして決定的な違いがある．チューリング機械には任意の長さの，任意の系列が入力できるのに対し，論理回路には決まった長さ n の任意の系列が入力される．そこで，n 入力の論理回路を C_n と表すことにし，論理回路のセット $\{C_0, C_1, C_2, \ldots\}$ を導入することにより，任意の長さの，任意の系列を入力することができるようにする．このセットを $\{C_n\}$ と表し，**論理回路族**と呼ぶことにする．論理回路族は，単に**回路族**と呼ぶことが多い．同様に，論理式のセット $\{F_0, F_1, F_2, \ldots\}$ を**論理式族**と呼び，$\{F_n\}$ と表す．

定義 9.4　回路族 $\{C_n\}$ が言語 $L \subseteq \{0,1\}^*$ を決定するとは，任意の $w \in \{0,1\}^*$ に対して，

$$w \in L \quad \Leftrightarrow \quad C_{|w|}(w) = 1$$

が成立することである．ここに，$|w|$ は系列 w の長さを表す．また，$C_n(w)$ は，長さ n の w を入力した回路 C_n の出力を表す．同様に，論理式族 $\{F_n\}$ が言語 $L \subseteq \{0,1\}^*$ を決定するとは，任意の $w \in \{0,1\}^*$ に対して，

$$w \in L \quad \Leftrightarrow \quad F_{|w|}(w) = 1$$

が成立することである．ここで，$F_n(w) = 1$ とは，論理式 F_n の変数 $x_1, \ldots, x_n$ にそれぞれ $w_1, \ldots, w_n$ を代入したとき，F_n が真となることを表す．ただし，$w = w_1 \cdots w_n \in \{0,1\}^n$ とする． ■

チューリング機械に対して計算時間という評価尺度を導入したように，回路族や論理式族に対してサイズという評価尺度を導入する．

定義 9.5　論理回路 C_n のサイズとは，C_n のゲートの個数で，これを $size(C_n)$ と表す．回路族 $\{C_n\}$ の**サイズ**とは

$$s(n) = size(C_n)$$

と定義される関数 $s(n) : \mathcal{N} \to \mathcal{N}$ である．このとき，$\{C_n\}$ を $s(n)$ **サイズ回路族**と呼ぶ．また，$\{C_n\}$ のサイズ $s(n)$ が，整数 k が存在して，

$$s(n) = O(n^k)$$

となるとき，$\{C_n\}$ を**多項式サイズ回路族**と呼ぶ．同様に，論理式 F_n のサイズと

は，F_n に現れる論理演算の個数で，これを $size(F_n)$ と表す．論理式族 $\{F_n\}$ のサイズとは

$$s(n) = size(F_n)$$

と定義される関数 $s(n) : \mathcal{N} \to \mathcal{N}$ である．また，**$s(n)$ サイズ論理式族**や**多項式サイズ論理式族**も論理回路の場合と同様に定義する．　　■

　定義 8.7 で検証機械と呼ばれるチューリング機械を導入して，クラス NP を定義した．同じように，論理回路を計算モデルとして，これに対応する検証回路族を導入して，この回路族で検証される言語を定義する．

定義 9.6　多項式関数 $p(n) : \mathcal{N} \to \mathcal{N}$ が存在して，$\{C_{|w|}(w, u)\}$ を $|u| = p(|w|)$ となる多項式サイズ回路族とする．

$$w \in L \quad \Leftrightarrow \quad u \in \{0,1\}^{p(|w|)} \ \text{が存在して，} \ C_{|w|}(w, u) = 1$$

となるとき，多項式サイズ回路族 $\{C_{|w|}(w, u)\}$ は言語 $L \subseteq \{0,1\}^*$ を**検証**するという．また，$C_{|w|}(w, u) = 1$ のとき，論理回路 $C_{|w|}(w, u)$ は w を検証するといい，u を w に対する**証拠**と呼ぶ．なお，論理回路 $C_{|w|}(w, u)$ の入力変数の個数は $|w| + |u|$ 個であるが，これまで論理回路 $C_n(w)$ の n は系列 w の長さとしたことに合わせて，回路のサフィックスを $|w| + |u|$ ではなく，系列 w の長さ $|w|$ を用いて，$C_{|w|}(w, u)$ のように表す．　　■

　この小節では，論理回路や論理関数の基本的な概念や用語について説明した．チューリング機械と回路族は表面上は異なる計算モデルであるが，見方を少し変えるだけで両者は本質的には同じと見なすことができることを説明する．

■ 離散回路

　論理回路は論理ゲートを相互に接続した回路である．これに対して，**離散回路**は，論理ゲートを離散ゲートで置き換えたもので，離散ゲートを相互に接続した回路である．ここに，離散回路では，ライン上には 0，1 の論理値の代わりに，任意の有限集合 A の記号が現れる．m 入力の離散回路は，関数 $g(y_1, \ldots, y_m) : A^m \to A$ を計算する．この関数を**離散関数**と呼ぶ．

　この本では，離散回路は特定の場面で一時的に現れるだけである．チューリング機械を模倣する論理回路をつくるとき，いったん，チューリング機械を模倣する離散回路をつくり，それを等価な論理回路に変換する．次の具体例をたどることにより，この離散回路（離散関数）から等価な論理回路（論理関数）への変換を感覚的

につかむことにしよう.

例 9.7　取り上げるのは

$$g_1(z_1, z_2) = z_1 + z_2 \quad \mathrm{mod}\, 4$$

と定義される離散関数 $g_1 : \{0, 1, 2, 3\}^2 \to \{0, 1, 2, 3\}$ である. 上の式の右辺は, $z_1 + z_2$ を 4 で割ったときの余りを表す. 表 9.8 はこの関数を表している. この離散関数を等価な論理関数として表すため, 表 9.9 のコーディング(符号化)を用いる. 一般に, **コーディング**とは, 何か意味のあるものを記号(この例では 0 と 1)の系列として表すことである. 意味のあるものを X とすると, コーディングを $\langle X \rangle$ と表すので, この例の場合, たとえば, $\langle 3 \rangle = 11$ となる. X がチューリング機械 M の場合, これまでも $\langle M \rangle$ と表してきた.

表 9.10 は, 表 9.9 のコーディングのもとで表 9.8 の離散関数の表を書き換えたものである. 表 9.11 は, この表の 2 ビットを左右の 1 ビットずつに分けて, 2 つの表として表したものである. これらの 2 つの真理値表は 2 つの論理関数 f_1, f_2 を表している. これらの論理関数を計算する論理回路を構成すれば, それはこのコーディングの下で, 元の離散関数を計算していると見なすことができる. 図 9.12 はこれらの論理関数を計算する論理回路である.

この回路では, 表 9.11 の各行に現れる "1" を集めることにより, これらの論理関数を計算している. たとえば, 表 9.11 の f_1 の表の 2 行目は

表 9.8　離散関数 g_1

z_1 \ z_2	0	1	2	3
0	0	1	2	3
1	1	2	3	0
2	2	3	0	1
3	3	0	1	2

表 9.9　コーディング

値	コード
0	00
1	01
2	10
3	11

表 9.10　表 9.8 の関数表をコーディングしたもの

$x_1 x_2$ \ $x_3 x_4$	00	01	10	11
00	00	01	10	11
01	01	10	11	00
10	10	11	00	01
11	11	00	01	10

表 9.11 表 5.11 の表の 2 ビットから定まる論理関数 f_1 と f_2

$x_1x_2 \backslash x_3x_4$	00	01	10	11
00	0	0	1	1
01	0	1	1	0
10	1	1	0	0
11	1	0	0	1

$$f_1$$

$x_1x_2 \backslash x_3x_4$	00	01	10	11
00	0	1	0	1
01	1	0	1	0
10	0	1	0	1
11	1	0	1	0

$$f_2$$

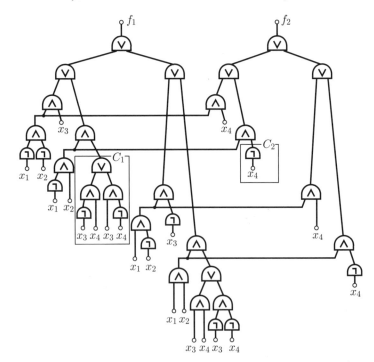

図 9.12 表 9.11 の論理関数 f_1, f_2 を計算する論理回路

$$(\overline{x}_1 \wedge x_2) \wedge ((\overline{x}_3 \wedge x_4) \vee (x_3 \wedge \overline{x}_4))$$

と表される. ここで, $(\overline{x}_1 \wedge x_2)$ は 2 行目を指定し, $(\overline{x}_3 \wedge x_4) \vee (x_3 \wedge \overline{x}_4)$ は, この 2 行目を x_3, x_4 を変数とする論理関数の真理値表を見なして, これを論理式として表したものである. 同様に, f_2 の表の 2 行目は

$$(\overline{x}_1 \wedge x_2) \wedge \overline{x}_4$$

と表される. これらの論理式 $(\overline{x}_3 \wedge x_4) \vee (x_3 \wedge \overline{x}_4)$ と $\overline{x}_4$ は, 図 9.12 のそれぞれ C_1 と C_2 で計算される. また, 2 行目を表す $(\overline{x}_1 \wedge x_2)$ は, 両者に共通するので, 一回

計算して，それを両方に供給している．他の行を計算する論理回路も同様に構成して，まとめたものが図 9.12 の論理回路である． ■

上の例で説明した方法は一般化することができ，任意の離散関数は論理関数のセットとして表される．この小節では，離散回路から等価な論理回路への変換を説明した．このとき使うのがコーディングというテクニックである．

9.3　決定性チューリング機械を模倣する論理回路

この節では，決定性チューリング機械 M を模倣する離散回路をまずつくり，それを論理回路に等価変換する．

そのために，具体例を通して模倣のイメージをつかむことにしよう．取り上げるのは，状態遷移図が図 9.13 で与えられる決定性 TMM_1 である．図 9.14 は，この M_1 に系列 11 を入力したときの様相の系列を表している．図 9.15 は，この様相の系列をつくる離散回路 $\widetilde{C}$ である．図 9.14 の枠で囲った箇所に注目する． M_1 の状態遷移関数 δ_1 が $\delta_1(q_1, 1) = (q_0, 1, R)$ と指定されているために， $(q, 1)$， ␣， ␣ から $(q_0, ␣)$ が定まる．図 9.15 に示すように，離散回路は 5 行 5 列に離散ゲートを配置して構成されている．この配置の 2 行目 3 列の離散ゲートは， $(q_1, 1)$， ␣， ␣ の 3 つを入力し， $(q_0, ␣)$ を出力している．

図 9.15 に示すように，離散ゲートには 3 入力 1 出力の離散ゲート g と， 2 入力 1 出力の離散ゲート g' の 2 つの種類があり，これとは別に出力ゲート g_{out} がある． 3 入力 1 出力の離散ゲート g は， 3 入力 x， y， z から出力 v が決まり，これを $g(x, y, z) = v$ と指定する．この v は 3 方向に出力される． g' は左端のゲートなので， $g'(y, z) = v$ のように出力 v を決める．

一般に，計算時間が $f(n)$ の決定性チューリング機械 M の状態遷移関数 δ が与え

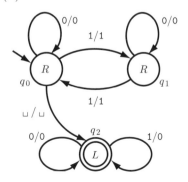

図 9.13　TMM_1 の状態遷移図

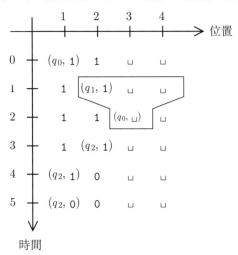

図 9.14 入力 11 のときの TMM$_1$ の様相の系列

られると，図 9.14 の場合のように開始様相 C_0 からそれに続く様相 $C_1, \ldots, C_{f(n)}$ が次々と定まる．一方，M を模倣する離散回路では，δ から決まる 3 入力 1 出力の離散ゲート g と 2 入力 1 出力の離散ゲート g' をうまく定めることにより，離散回路のライン上に同じ様相を表す系列が現われる．

　この例のように，一般に，決定性 TMM を模倣する離散回路とはゲート間を結ぶライン上に M の様相の系列を再現する回路である．そして，出力ゲート g_{out} は様相の記号 (q, a) の q が受理状態か非受理状態かにより，それぞれ 1/0 を出力する．このことを，次の定理としてまとめる．

> **定理 9.8** $f(n)$ 時間決定性チューリング機械 M に対して，$O(f^2(n))$ サイズ回路族 $\{C_n\}$ が存在して，任意の長さ n の任意の $w_1 w_2 \cdots w_n \in \{0,1\}^n$ に対して，
> $$w_1 \cdots w_n \in L(M) \quad \Leftrightarrow \quad C_n(w_1, \ldots, w_n) = 1.$$

【証明】 任意の $f(n)$ 時間決定性 TMM に対して，図 9.15 の回路を一般化して M を模倣する離散回路 $\widetilde{C}_n$ をつくり，それを $O(f^2(n))$ サイズの回路族 $\{C_n\}$ に等価変換することにより証明する．

　離散回路 $\widetilde{C}_n$ では，図 9.15 の回路と同様，左下隅の離散ゲート g_{out} から出力する．この出力ゲート g_{out} は，入力 (q, a) の状態 q が受理状態のときは "1" を出力し，非受理状態のときは "0" を出力する．このように，計算終了時にヘッドが左端

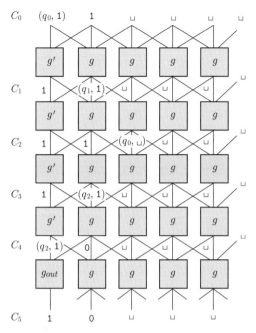

図 9.15 TMM_1 を模倣する離散回路

のコマに来るように，ヘッドの動きに関して次のような仮定を置く．

TM のヘッド位置に関する仮定：ステップ $f(n)$ でヘッドはテープの左端のマスに置かれている．

　一般に，模倣される TM はこの仮定を満たすとは限らない．そこで，この仮定を満たすように TM を修正できることを示す．$f(n)$ 時間 TM は，ステップ $f(n)$ までに受理状態か非受理状態に遷移して停止する．これに対し，ヘッド位置に関する仮定を満たすようにするために，状態遷移関数を次のように修正する．すなわち，遷移先の状態が定義されていない受理状態や非受理状態に対しては，遷移先は同じ状態とし（したがって，受理状態や非受理状態はそれぞれ維持し），コマの記号は変更しないで，左移動を繰り返すようにする．すると，$2 \times f(n)$ ステップまでにはヘッドは左端のコマまで移動し，そのコマに留まる．このようになるのは，6.1 節で説明したように，左端のコマで左移動を指示された場合は，そのコマに留まる（左端のコマから飛び出すことなく）と定義されるからである．このようにして，$2 \times f(n)$ ステップまでにはヘッドは左端のコマに置かれるので，論理回路の左下隅のゲートを出力ゲートとすることができるようになる．このように修正した後，$2 \times f(n)$ を改めて $f(n)$ とおくと，仮定の条件を満たす TM が得られる．なお，後に続く議論

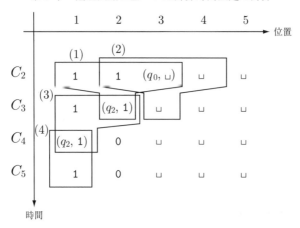

図 9.16 g, g', g_{out} 入出力の関係

の都合上，この修正は，受理状態や非受理状態に限らず，次の遷移が定義されていないすべての状態に対して施すものとする．

離散回路 $\widetilde{C}_n$ は 3 種類の離散ゲートから構成されており，それぞれ g，g'，g_{out} の 3 種類の離散関数を計算する．これらの離散関数の適用例を図 9.16 に示しておく（問題 9.1）．

出力ゲートの離散関数 g_{out} は，$g_{out}(y, z) = g_{bin}(g'(y, z))$ と定義される．ここに，g_{bin} は，

$$g_{bin}(y) = \begin{cases} 1 & \begin{aligned} &y \text{ が } (q, a) \text{ の形をとり，かつ，} \\ &q \text{ が受理状態のとき，} \end{aligned} \\ 0 & \text{その他のとき} \end{cases}$$

と定義されるとする．

図 9.17 に離散回路 $\widetilde{C}_n$ を示す．この回路には上から $(q_0, w_1), w_2, \ldots, w_n, {\sqcup}, \ldots, {\sqcup}$ が入るが，このうちの $w_1, \ldots, w_n$ を入力と見なし，残りの q_0，${\sqcup}$ などは定数と見なす．出力の g_{out} から 0/1 が出力する．

次に，離散関数 g を定義する．TM M の状態集合を Q で表し，テープアルファベットを Γ で表すと，離散回路 $\widetilde{C}_n$ のライン上に現れる記号の集合 A は，

$$A = \Gamma \bigcup Q \times \Gamma$$

と表される．M の状態遷移関数を δ で表すことにし，離散関数 $g(x, y, z) : A^3 \to A$ を，x，y，z の記号のタイプにより，次の 5 つの場合に分けて定義する．

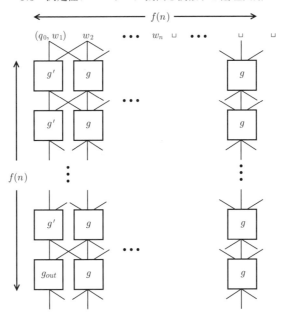

図 9.17 計算時間が $f(n)$ の決定性チューリング機械を模倣する離散回路 $\widetilde{C}_n$

(1) $y \in Q \times \Gamma$, $x, z \in \Gamma$ の場合. $y = (q, a)$, $\delta(q, a) = (q', a', D)$ とすると $(D \in \{L, R\})$,

$$g(x, y, z) = a'.$$

(2) $x \in Q \times \Gamma$, $y, z \in \Gamma$ の場合. $x = (q, a)$ とすると,

$$g(x, y, z) = \begin{cases} (q', y) & \delta(q, a) = (q', a', R) \text{ のとき,} \\ y & \delta(q, a) = (q', a', L) \text{ のとき.} \end{cases}$$

(3) $z \in Q \times \Gamma$, $x, y \in \Gamma$ の場合. (2) の場合と同様である. $z = (q, a)$ とすると,

$$g(x, y, z) = \begin{cases} (q', y) & \delta(q, a) = (q', a', L) \text{ のとき,} \\ y & \delta(q, a) = (q', a', R) \text{ のとき.} \end{cases}$$

(4) $x, y, z \in \Gamma$ の場合.

$$g(x, y, z) = y.$$

(5) その他の場合. この場合は, x, y, z の 2 つ以上が (q, a) の形であったりとか, (x, y, z) が TM の受理に至る計算の過程に現れることがないので, 任意の値の 1 つを指定しておけばよい. ここでは,

$$\delta(x, y, z) = 0$$

としておく．左端の離散ゲートの g' も同様に定義される．

　残されているのは，離散回路 $\widetilde{C}_n$ を等価な論理回路に変換することである．そのためには，各離散ゲートを等価な論理回路に変換すればよい．そのためのコーディングを次のように定める．$\widetilde{C}_n$ のライン上に現れる記号の集合 $A = \Gamma \cup Q \times \Gamma$ の要素の個数を m とする（$m = |A|$）．ここで，k を，$m \le 2^k$ を満たす最小の整数とする．A の要素を長さ k の2進数でコーディングした上で，$\widetilde{C}_n$ の各離散ゲートを等価な論理回路で置き換えたものを論理回路 C_n とする．離散ゲートに等価な論理回路のサイズは $O(1)$ であるから（サイズが入力の長さに依存しないから），この等価回路が $f(n) \times f(n)$ の格子点に配置されている C_n のサイズは $O(f^2(n))$ となる．

$\Rightarrow$ の証明：$f(n)$ 時間 TM M が入力 $w_1 \cdots w_n$ を受理するときの様相の系列を $C_0, C_1, \ldots, C_{f(n)}$ とする．離散回路 $\{C_n\}$ に，$w_1, \ldots, w_n$ を入力したとき，同じ $C_0, C_1, \ldots, C_{f(n)}$ が現れることは，これまでの説明より明らかである．したがって，g_{out} の定義より，C_n は1を出力する．

$\Leftarrow$ の証明：$\Rightarrow$ の証明と同様である． □

　この節で導いた定理 9.8 は，IV部の根幹をなすものである．この定理は，チューリング機械の計算を様相の系列と捉え，この系列を再現する離散回路を構成した後，これを等価な論理回路 C_n に変換することにより導かれた．

9.4　非決定性チューリング機械を模倣する論理回路

　前節の決定性チューリング機械を模倣する論理回路の構成をもう一押しして，非決定性チューリング機械を模倣する論理回路に一般化する．6.2 節で述べたように，非決定性チューリング機械の状態遷移関数 δ は，任意の $(q, a) \in Q \times \Gamma$ に対して，$|\delta(q, a)| \le 2$ となるとする．さらに，前節で説明したように受理状態と非受理状態ではヘッドの左移動を繰り返すように修正されているものとするので，$|\delta(q, a)| = 2$，または，$|\delta(q, a)| = 1$ となる．そこで，$\delta(q, a) = \{(q_0, a_0, D_0), (q_1, a_1, D_1)\}$ とし，$|\delta(q, a)| = 1$ のときは，$(q_0, a_0, D_0) = (q_1, a_1, D_1)$ となるものとする（同じものを重複して書いておく）．このようにして，任意の $(q, a) \in Q \times \Gamma$ に対して，$|\delta(q, a)| = 2$ となるものと仮定する．

　前節の定理 9.8 は，次のように非決定性の場合に一般化される．

> **定理 9.9** $f(n)$ 時間非決定性チューリング機械 M に対して，$O(f^2(n))$ サイズ回路族 $\{C_n\}$ が存在して，任意の長さ n の任意の $w_1 \cdots w_n \in \{0,1\}^n$ に対して，
>
> $$w_1 \cdots w_n \in L(M) \quad \Leftrightarrow \quad \begin{array}{l} u_1 \cdots u_{f(n)} \in \{0,1\}^{f(n)}\text{が存在して，} \\ C_n(w_1, \ldots, w_n, u_1, \ldots, u_{f(n)}) = 1. \end{array}$$

【証明】 図 9.18 の離散回路 $\widetilde{C}_n(w_1, \ldots w_n, u_1, \ldots, u_{f(n)})$ から論理回路 $C_n(w_1, \ldots, w_n, u_1, \ldots, u_{f(n)})$ を構成し，定理の等価関係を導く．

この離散回路への入力は，$w_1, \ldots, w_n$ と $u_1, \ldots, u_{f(n)}$ であり，離散ゲート g_{out} が出力ゲートである．系列 $w_1 \cdots w_n$ は模倣する M の入力であり，$u_1 \cdots u_{f(n)}$ は M の計算パスを表す．ここで，$u_1, \ldots, u_{f(n)}$ は非決定性動作の選択を表す．

任意の $(q, a) \in Q \times \Gamma$ に対して，$\delta(q, a) = \{(q_0, a_0, D_0), (q_1, a_1, D_1)\}$ とし，2 つの決定性 TM の状態遷移関数 δ_0 と δ_1 を

$$\delta_0(q, a) = (q_0, a_0, D_0),$$
$$\delta_1(q, a) = (q_1, a_1, D_1)$$

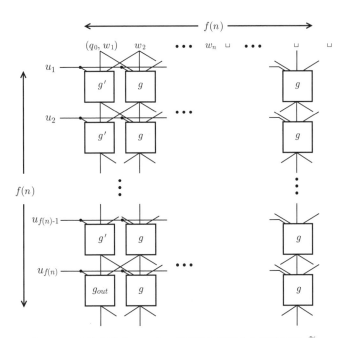

図 9.18 非決定性チューリング機械を模倣する離散回路 $\widetilde{C}_n$

と定義する．決定性の場合の離散関数 $g : A^3 \to A$ を非決定性の場合の離散関数 $g : \{0,1\} \times A^3 \to A$ と拡張し，次の (1) と (2) のように定義する．ここに，$A = \Gamma \cup Q \times \Gamma$ である．

(1)　$g(0, x, y, z)$ を，δ_0 に基づいて決定性の場合のように定義する．

(2)　$g(1, x, y, z)$ を，δ_1 に基づいて決定性の場合のように定義する．

ここに，δ_0 も δ_1 も決定性 TM の状態遷移関数となっているので，この拡張では，$g(0, x, y, z)$ と $g(1, x, y, z)$ を決定性の場合と同じように定義しているに過ぎない．同様に，$g'(u, y, z)$ と $g_{out}(u, y, z)$ を定義する．

このように定義された $g(u, x, y, z)$，$g'(u, y, z)$，$g_{out}(u, y, z)$ から，図 9.18 の離散回路 $\widetilde{C}_n(w_1, \ldots, w_n, u_1, \ldots, u_{f(n)})$ を構成する．この離散回路を，適当なコーディングのもとで，等価な論理回路に変換したものを，$C_n(w_1, \ldots, w_n, u_1, \ldots, u_{f(n)})$ と表す．

⇒ の証明：$w_1 \cdots w_n \in L(M)$ とする．M に $w_1 \cdots w_n$ を入力したとき，非決定性動作の選択の系列 $u_1 \cdots u_{f(n)} \in \{0,1\}^{f(n)}$ が存在して，M が非決定性動作を $u_1 \cdots u_{f(n)}$ に従って選択すると，$f(n)$ ステップで受理状態に遷移する．したがって，$C_n(w_1, \ldots, w_n, u_1, \ldots, u_{f(n)}) = 1$ となる．また，図 9.18 の構成より，$C_n(w_1, \ldots, w_n, u_1, \ldots, u_{f(n)})$ のサイズは $O(f^2(n))$ である．

⇐ の証明：⇒ の証明と同様である．　　　　　　　　　　　　　　　　□

次の定理 9.10 は，非決定性多項式時間チューリング機械で受理される言語を検証する回路族を与える．

> **定理 9.10**　非決定性多項式時間チューリング機械で受理される言語 L に対して，L を検証する多項式サイズ回路族 $\{C_n(w, u)\}$ が存在する．

【証明】　L を非決定性多項式時間 TM で受理される言語とする．定理 9.9 の回路族 $\{C_n(w, u)\}$ は，L を検証する多項式サイズ回路族となる．　　　　　　□

この節では，$f(n)$ 時間非決定性 TM を模倣する $O(f^2(n))$ サイズ回路族を構成した．

9.5　論理回路を模倣する論理式

前節では非決定性チューリング機械を模倣する論理回路を構成した．この節では，さらに，この論理回路を模倣する論理式を構成する．この 2 つの模倣の関係をつなぎ合わせると，非決定性チューリング機械を模倣する論理式が構成できる．まず，論理回路や論理式の充足可能性を次のように定義する．

定義 9.11　$C(x_1, \ldots, x_n)$ を n 入力 1 出力の論理回路とする．$C(x_1, \ldots, x_n)$ が**充足可能**であるとは，変数 $x_1, \ldots, x_n$ に対する割り当て $b_1, \ldots, b_n \in \{0, 1\}$ が存在して，$C(b_1, \ldots, b_n) = 1$ となることである．同様に，論理式 $F(x_1, \ldots, x_n)$ が充足可能であるとは，変数 $x_1, \ldots, x_n$ に対する割り当て $b_1, \ldots, b_n \in \{0, 1\}$ が存在して，$F(b_1, \ldots, b_n)$ が真となることである．　　　■

以降では，論理回路からそれに等価な論理式への変換を一般的に説明した後に，前節で得られた非決定性チューリング機械を模倣する論理回路にこの変換を適用する．

論理回路から論理式への変換のイメージをつかむために，まず，たとえ話を使ってこの変換のポイントを説明する．2 音からなる言葉しか使えないという制約のもとでしりとりをやることにする．「しか，かた，たい」とか「りす，すね，ねぎ」はその例である．このしりとりでは，2 音という制約の他に，言葉はあらかじめ決められているカテゴリーから選ばれるという制約があるとする．カテゴリーの制約は順番に，「動物」，「身体部位」，「食材」である．ここで，この制約を満たすしりとりが存在するかどうかという問題を形式化する．まず，ひらがなを割り当てる変数を y_1，y_2，y_3，x_1 で表し，3 つの言葉をそれぞれ (y_1, y_2)，(y_2, y_3)，(y_3, x_1) で表す．そして，カテゴリーに関する制約を，「(y_1, y_2) は動物である」，「(y_2, y_3) は身体部位である」，「(y_3, x_1) は食材である」とする．このように (y_1, y_2)，(y_2, y_3)，(y_3, x_1) の枠をあらかじめつくっておくと，相手が言った最後の音から始めるというしりとりのルールは自動的に満たされる．ここがポイントである．このしりとりのたとえ話は単純化したものではあるが，論理回路から等価な論理式への変換の勘どころを押さえている．

次に，一般的な構成法を述べる前に，具体的な論理回路 C_1 とそれから構成される論理式 F_{C_1} について説明する．

例 9.12　$C_1(x_1, x_2, x_3, x_4)$ を図 9.19 で与えられる論理回路とする．この C_1 から構成される論理式 $F_{C_1}(x_1, \ldots, x_4, y_1, \ldots, y_7)$ を次のように定める．

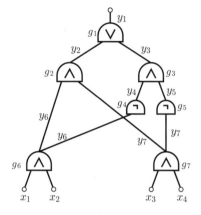

図 9.19　論理回路 C_1

$$F_{C_1}(x_1, \ldots x_4, y_1, \ldots y_7) = (y_1 \vee \overline{y}_2) \wedge (y_1 \vee \overline{y}_3) \wedge (\overline{y}_1 \vee y_2 \vee y_3) \qquad (F_{g_1})$$
$$\wedge (\overline{y}_2 \vee y_6) \wedge (\overline{y}_2 \vee y_7) \wedge (y_2 \vee \overline{y}_6 \vee \overline{y}_7) \qquad (F_{g_2})$$
$$\wedge (\overline{y}_3 \vee y_4) \wedge (\overline{y}_3 \vee y_5) \wedge (y_3 \vee \overline{y}_4 \vee \overline{y}_5) \qquad (F_{g_3})$$
$$\wedge (y_4 \vee y_6) \wedge (\overline{y}_4 \vee \overline{y}_6) \qquad (F_{g_4})$$
$$\wedge (y_5 \vee y_7) \wedge (\overline{y}_5 \vee \overline{y}_7) \qquad (F_{g_5})$$
$$\wedge (y_6 \vee \overline{x}_1) \wedge (y_6 \vee \overline{x}_2) \wedge (\overline{y}_6 \vee x_1 \vee x_2) \qquad (F_{g_6})$$
$$\wedge (y_7 \vee \overline{x}_3) \wedge (y_7 \vee \overline{x}_4) \wedge (\overline{y}_7 \vee x_3 \vee x_4) \qquad (F_{g_7})$$
$$\wedge y_1 \qquad (F_{out})$$

この F_{C_1} の 1 行目の

$$F_{g_1} = (y_1 \vee \overline{y}_2) \wedge (y_1 \vee \overline{y}_3) \wedge (\overline{y}_1 \vee y_2 \vee y_3)$$

は論理回路 C_1 のゲート g_1 の入力と出力が整合していることを表す論理式である．すなわち，OR ゲートなので論理変数 y_1，y_2，y_3 の間に

$$y_1 = y_2 \vee y_3$$

の関係が成立していることを表している．

表 9.20 は，F_{g_1} の真理値表である．F_{g_1} は和積形論理式であるので，表 9.20 の真理値表は，$F_{g_1} = 0$ となる行を削ると $F_{g_1} = 1$ となる行が残ると解釈される．この場合の削る行は，「$y_1 = 0$ のとき，$y_2 = 1$ となる行」，「$y_1 = 0$ のとき，$y_3 = 1$ となる行」，および，「$y_1 = 1$ のとき，$(y_2, y_3) = (0, 0)$ となる行」である．

ゲート g が AND ゲートや NOT ゲートの場合も，F_g は同じように定義される．F_{out} は"回路は 1 を出力する"ということを表す論理式で，y_1 と表される．　　■

表 9.20 OR ゲートの入出力関係

y_1	y_2	y_3	$y_1 \vee \overline{y_2}$	$y_1 \vee \overline{y_3}$	$\overline{y_1} \vee y_2 \vee y_3$	F_{g_1}
0	0	0	1	1	1	1
0	0	1	1	0	1	0
0	1	0	0	1	1	0
0	1	1	0	0	1	0
1	0	0	1	1	0	0
1	0	1	1	1	1	1
1	1	0	1	1	1	1
1	1	1	1	1	1	1

　上の例を一般化して，論理回路 C からつくられる論理式 F_C の充足可能性問題としりとりのたとえ話との関連を考えてみることにする．しりとりでは変数にひらがなを割り当てるのに対し，充足可能性問題では論理値を割り当てる．また，しりとりでは割り当てた言葉が指定されたカテゴリーに属することが求められるのに対し，充足可能性問題では割り当てた論理値が各ゲートの入出力関係と整合していることが求められる．さらに，回路の出力が 1 となることが求められる．このように，論理回路 C からつくられる論理式 F_C を充足する割り当てとは，割り当ての論理値を回路のライン上に置くと，各ゲートの入出力関係と矛盾しないようになっていて，しかも出力を 1 とするものである．

　ところで，しりとりの場合は割り当てられたひらがなは 1 本の直線上に並べられて単純であるのに対し，論理回路の場合はゲートの間には一般に複雑にラインが張られている．しかし，回路全体を各ゲートを囲む領域（縄張り）に分割することにすると，縄張り間の境界線と交わるライン上には $x_1, \ldots, x_n$，$y_1, \ldots, y_s$ の変数が割り当てられることになる．したがって，F_C を充足する割り当ては，各縄張りに入るラインと出るラインの間に矛盾は生じないようになっている．

　次に，例 9.12 の論理式を一般化して，論理回路 C から定まる論理式 F_C を次のように定義する．

定義 9.13 $C(x_1, \ldots, x_n)$ を入力の変数 $x_1, \ldots, x_n$ が割り当てられた，s 個のゲート $g_1, \ldots, g_s$ からなる論理回路とする．ただし，g_1 を出力ゲートとする．ゲート $g_1, \ldots, g_s$ の出力のラインにはそれぞれ変数 $y_1, \ldots, y_s$ を割り当てるとして，$C(x_1, \ldots, x_n)$ から定まる論理式 F_C を

$$F_C(x_1, \ldots, x_n, y_1, \ldots, y_s) = F_{g_1} \wedge \cdots \wedge F_{g_s} \wedge F_{out}$$

と定義する．ここに，$1 \leq i \leq s$ に対して，F_{g_i} をゲート g_i の論理演算により次のよう

に定義する. ただし, z_i はゲートの出力のラインに割り当てられた変数 $(y_1, \ldots, y_s$ の
いずれか) であり, 残りは入力のラインに割り当てられた変数 $(x_1, \ldots, x_n, y_2, \ldots, y_s$
のいずれか) である. F_C の右辺の各論理式を

$$F_{\mathrm{OR}}(z_i, z_j, z_k) = (z_i \vee \overline{z_j}) \wedge (z_i \vee \overline{z_k}) \wedge (\overline{z_i} \vee z_j \vee z_k)$$
$$F_{\mathrm{AND}}(z_i, z_j, z_k) = (\overline{z_i} \vee z_j) \wedge (\overline{z_i} \vee z_k) \wedge (z_i \vee \overline{z_j} \vee \overline{z_k})$$
$$F_{\mathrm{NOT}}(z_i, z_j) = (z_i \vee z_j) \wedge (\overline{z_i} \vee \overline{z_j})$$
$$F_{out} = y_1$$

と定義する.   ■

これまで説明してきたことを次の定理としてまとめる.

定理 9.14　任意の論理回路 $C(x_1, \ldots, x_n)$ に対して

$$\begin{array}{ccc} C(x_1, \ldots, x_n) \text{ は} & \Leftrightarrow & F_C(x_1, \ldots, x_n, y_1, \ldots, y_s) \text{ は} \\ \text{充足可能である} & & \text{充足可能である.} \end{array}$$

ここに, s は C のゲートの個数である.

【証明】　論理回路 $C(x_1, \ldots, x_n)$ の s 個のゲート $g_1, \ldots, g_s$ の出力のラインにそれ
ぞれ論理変数 $y_1, \ldots, y_s$ を割り当てる.

$\Rightarrow$ の証明：論理回路 C は入力変数 $x_1, \ldots, x_n$ にそれぞれ論理値 $a_1, \ldots, a_n$ を割り当
てたとき充足するとする. この割り当てによりゲート $g_1, \ldots, g_s$ の出力ラインに現れ
る論理値をそれぞれ $b_1, \ldots, b_s$ とする. すると, この割り当ては各ゲート g に対して
F_g を真とし, この割り当てが C を充足するので, $y_1 = 1$ となる. したがって, こ
の割り当てで $F_C(x_1, \ldots, x_n, y_1, \ldots, y_s) = F_{g_1} \wedge \cdots \wedge F_{g_s} \wedge F_{out}$ は充足する.

$\Leftarrow$ の証明：論理式 $F_C(x_1, \ldots, x_n, y_1, \ldots, y_s)$ は, 変数 $x_1, \ldots, x_n, y_1, \ldots, y_s$ にそ
れぞれ論理値 $a_1, \ldots, a_n, b_1, \ldots, b_s$ を割り当てると充足するとする. すると, 入力
変数 $x_1, \ldots, x_n$ にそれぞれ $a_1, \ldots, a_n$ を割り当てたとき, 各ゲートの出力に次々と
$b_1, \ldots, b_s$ が現れ, 特に, 出力ゲート g_1 は $b_1 = 1$ を出力する. したがって, C は
充足する.   □

定理 9.14 と定理 9.9 より, 次の定理が導かれる.

定理 9.15　M を $f(n)$ 時間非決定性チューリング機械とする．$O(f^2(|w|))$ サイズ論理式 F_w が存在して，任意の $w \in \{0,1\}^*$ に対して，

$$w \in L(M) \quad \Leftrightarrow \quad F_w \text{は充足可能である.}$$

【証明】　M をこの定理の TM とする．定理 9.9 より，$O(f^2(|w|))$ サイズ回路族 $\{C(w, u)\}$ が存在して，

$$w \in L(M) \quad \Leftrightarrow \quad u \in \{0,1\}^{f(|w|)} \text{が存在して，} C(w, u) = 1.$$

また，論理回路族 $\{C(w, u)\}$ のサイズは $O(f^2(|w|))$ となる．

ここに，u は $\{0,1\}^{f(|w|)}$ の系列を値としてとる（$f(|w|)$ 個の論理変数のリスト）である．ここで，論理回路 $C(w, u)$ の w を $\{0,1\}^{|w|}$ の任意の 1 つの系列に固定した回路を $C_w(u)$ と表し，u を構成する $u_1, \ldots, u_{f(|w|)}$ をそれぞれに論理変数 $x_1, \ldots, x_{f(|w|)}$ に置き換えたものを，$C_w(x_1, \ldots, x_{f(|w|)})$ と表す．さらに，この C_w から，定義 9.13 により定義される論理式を $F_{C_w}(x_1, \ldots, x_{f(|w|)}, y_1, \ldots y_s)$ と表す．ここに，C_w のゲートの個数 s は，$s = O(f^2(|w|))$ となる．したがって，論理式 F_{C_w} のサイズ，すなわち，この論理式に現れる論理演算の個数は，定義 9.13 の定義式より論理回路 C_w の論理ゲートの個数の定数倍となるので，これも $O(f^2(|w|))$ となる．すると，任意の $w \in \{0,1\}^{|w|}$ に対して，

$$\begin{array}{ll} u \in \{0,1\}^{f(|w|)} \text{が存在して，} & \Leftrightarrow \quad x_1, \ldots, x_{f(|w|)} \in \{0,1\}^{f(|w|)} \text{が存在して，} \\ C(w, u) = 1, & \quad\quad C_w(x_1, \ldots, x_{f(|w|)}) = 1, \end{array}$$

$$\Leftrightarrow \quad C_w(x_1, \ldots, x_{f(|w|)}) \text{は充足可能である，}$$

$$\Leftrightarrow \quad F_{C_w}(x_1, \ldots, x_{f(|w|)}, y_1, \ldots, y_s) \text{は} \\ \text{充足可能である.}$$

ここで，最後の等価関係は定理 9.14 を適用することにより導かれる．この証明で導いた等価関係をすべてつなぎ合わせると，

$$w \in L(M) \quad \Leftrightarrow \quad F_{C_w}(x_1, \ldots, x_{f(|w|)}, y_1, \ldots, y_s) \text{は充足可能である}$$

となる．したがって，F_{C_w} を定理の F_w と見なすと定理は証明される．　　□

次に，定理 9.15 の論理式 F_w を 3CNF と呼ばれる論理式に限定しても，この定理は成立することを証明する．ところで，F_w は，リテラルに論理和を施した後に論理積を施した和積形論理式である．和積形論理式ですべての節がちょうど m 個のリテ

ラルからなるものを，m 和積形論理式，または，mCNF（Conjunctive Normal Form）論理式と呼ぶ．

定理 9.16　$f(n)$ 時間非決定性チューリング機械 M と $w \in \{0,1\}^*$ から 3CNF 論理式 F_w が多項式時間で計算することができ，

$$w \in L(M) \quad \Leftrightarrow \quad F_w \text{は充足可能である.}$$

ここに，論理式族 $\{F_w\}$ のサイズは $O(f^2(|w|))$ となる．

【証明】　M から決まる定理 9.10 の論理式を $C_n(w, u)$ とする．また，$C_n(w, u)$ から定義 9.13 により定まる論理式 $F_{g_1} \wedge \cdots \wedge F_{g_s} \wedge F_{out}$ を F_w と表す．論理式 F_w は多項式時間で計算できる．ここで，$F_{g_1}, \ldots, F_{g_s}$ は節（リテラルの論理和）に論理積を施した形をしていて，F_{out} は y_1 である．また，定義 9.13 より，各節のリテラルの個数は 3 以下である．そこで，論理式 F_w（サイズが 1 や 2 の節を含む）は，3CNF 論理式に等価変換できることを示す．節のリテラルの個数が 2 で $(x \vee y)$ と表されるとすると，$z \vee \bar{z} = 1$ であるので，分配律より，

$$x \vee y = (x \vee y) \wedge (z \vee \bar{z})$$
$$= (x \vee y \vee z) \wedge (x \vee y \vee \bar{z}).$$

したがって，節 $x \vee y$ を $(x \vee y \vee z) \wedge (x \vee y \vee \bar{z})$ に書き換えればよい．同様に，節のリテラルの個数が 1 の場合も等価な 3CNF 論理式に変換できる（問題 9.3）．したがって，定理は証明された．　　　　□

定理 9.16 の M を非決定性多項式時間チューリング機械とすると，次の定理が導かれる．

定理 9.17　L を NP の言語とする．F_w を定理 9.16 の論理式とするとき，多項式サイズ 3CNF 論理式族 $\{F_w\}$ が存在して，

$$w \in L \quad \Leftrightarrow \quad F_w \text{は充足可能である.}$$

【証明】　$L \in$ NP を検証する非決定性多項式時間 TM を M とするとき，定理 9.16 より，多項式サイズ 3CNF 論理式族 $\{F_w\}$ が存在して，

$$w \in L \quad \Leftrightarrow \quad w \in L(M) \quad \Leftrightarrow \quad F_w \text{は充足可能である.}$$

したがって，定理は証明された．　　　　□

　この章では，任意の非決定性チューリング機械の受理問題が，3CNF 論理式の充足可能性問題に帰着できることを導いた．論理式の充足可能性問題は，8.1 節で現実的に計算できない問題として取り上げた 3 つの問題のうちのひとつである．この章で導いたことより，大まかに言えば，論理式の充足可能性問題という特定の問題が解ければ，すべての非決定性チューリング機械の受理問題が解けるということになる．さらに，次の章で証明するように，このことは論理式の充足可能性問題に限って成立するのではなく，8.1 節で取り上げたハミルトン閉路や部分和問題を含む多くの問題でも成立する．

　チューリング機械から論理回路や論理式への計算モデルの変換では，計算の単位を 5 項組から OR，AND，NOT の論理演算へ置き換えられる．この置き換えでは，状態の遷移，記号の読み込み，書き換え，ヘッドの移動などの動作を論理演算という極限まで微細化した計算単位により組み立て直される．これにより，チューリング機械の計算が，あたかも原子のレベルまで細分化したときの最小単位で表したものに置き換えられる．

　以上述べてきたように，この章では，任意の非決定性チューリング機械を論理回路や論理式で模倣できることを導いた．しかし，チューリング機械の場合，入力は任意の長さの系列であるのに対し，論理回路や論理式の場合，特定の長さの任意の系列であり，この点で両者の計算モデルの間には根本的な違いがあるため，前提条件なしではチューリング機械が論理回路や論理式の族を模倣することはできない．このことについては問題 9.4 を参照してもらいたい．

問　　題

9.1 図 9.16 の (1),...,(4) は離散ゲートの入力と出力の関係を表している．この入出力関係は，図 9.13 の状態遷移図から決まることを (1),...,(4) の例について説明せよ．

9.2 定理 9.8 の証明の (1),...,(5) で定義される離散ゲート $g(u, x, y, z)$ を，離散ゲート g_0，離散ゲート g_1，OR ゲート，AND ゲート，および，NOT ゲートを相互接続して構成せよ．

9.3 論理式 x を 3CNF 論理式へ等価変換せよ．

9.4†† チューリング機械と論理回路の 2 つの計算モデルの違いを説明し，この違いがなくなるような回路族の定義の仕方を示せ．

10 NP 完全性

NP 完全な問題とは，それ自身が NP のひとつの問題でありながら，NP のどんな問題に対してもそれに代わって YES/NO を答えることができる問題である．充足可能性問題，ハミルトン閉路問題，部分和問題など，多岐にわたる問題が NP 完全であることを導く．

10.1 NP 完全の定義

前章で証明した定理 9.17 より，NP の任意の問題は論理式の充足可能性問題に帰着される．また，充足可能性問題自体は NP の問題であるので，次の NP 完全の定義によれば，充足可能性問題は NP 完全となる（定理 10.2）．

この定義では，問題を言語として捉えており，また，定義で用いられる $\leq_{poly}$ は，定義 7.3 の多項式時間帰着を表す．

定義 10.1 言語 B は次の 2 つの条件を満たすとき，**NP 完全**と呼ばれる．

1. $B \in \mathrm{NP}$
2. NP に属する任意の A に対して，$A \leq_{poly} B$.　　　　　■

ところで，完全という用語は数学のいろいろの分野で用いられるが，共通するのは「すべてをカバーする」という性質である．たとえば，完全グラフとは，すべての 2 点間に辺が存在するグラフである．NP 完全な問題は，NP のすべての問題に対して代わって答えてくれるので，NP をカバーしていると見なしてもよい．このように，NP 完全な問題は，NP のすべての問題に代わって正しく YES/NO を判定してくれる最強の問題である．このことは，NP 完全な問題を解くという立場で見ると，NP の中で最も難しい問題ということになる．このように NP 完全な問題は難しさの尺度でトップに位置づけられる問題である．NP の問題群は，その中に最難関の NP 完全と呼ばれる問題が林立しているというイメージである．

NP 完全という概念は，P 対 NP 問題を解く際にさまざまな手がかりを与えてくれる．P 対 NP 問題を，P ＝ NP を証明することにより解決しようとしたとする．このとき，もし NP 完全の概念を利用できないとすると，「NP–P に属するすべての

問題に対して，その問題が P に属する」ことを証明しなければならない．しかし，
NP 完全性を利用すると，NP 完全な任意の問題 B をひとつとり，問題 B が P に
属することを証明すれば，P = NP が証明できたことになる．NP の任意の問題に
対して，問題 B が代わって YES/NO を答えてくれるからである．

　一方，P 対 NP 問題を，P $\subsetneq$ NP を証明して解決しようとしたとする．P には属
さないことを導くための，NP – P に属する問題の候補としては，NP 完全な問題
を選べばよい．直観的には，NP の中で最も難しい問題と見なされるからである．
NP 完全な任意の問題をひとつ選び，それが P には属さないことが証明できれば，
P $\subsetneq$ NP を証明したことになる．

　NP 対 P 問題は未解決なので，P $\subsetneq$ NP と P = NP のどちらの可能性も残って
いる．しかし，計算の複雑さの理論は，P $\subsetneq$ NP を想定した上で組み立てられてい
る．もちろん P = NP の可能性を除外するわけではない．たとえば，P = NP であ
るとすると，NP 完全の概念自体があまり意味をもたなくなる．と言うのは，もし
P = NP が成立するのであれば，NP の任意の問題を直接効率よく解くことができ
るので，NP 完全な問題経由で帰着を使って解く必要がなくなるからである．

　このように，NP 完全性の概念を利用すると，P 対 NP 問題の構造がはっきりと見え
てくる．一方，NP 完全の概念が実際上の意味をもってくるのは，効率よく解くことが
困難な具体的な問題に直面したときである．もしその問題が NP 完全であることを証明
できたとすると，実際上はその問題は効率よく解くことはできないと見なしてよい．と
言うのは，NP 完全なさまざまな問題に対して，効率よく解くアリゴリズムが半世紀
以上にわたって探し求められたが，その試みはどれひとつとして成功していないから
である．それに，計算理論の分野のほとんどの研究者は P $\subsetneq$ NP と予想している．

10.2 さまざまな NP 完全問題

　この節では，充足可能性問題の他，ハミルトン閉路問題や部分和問題が NP 完全
であることを導く．

充足可能性問題

論理式の充足可能性問題を単に**充足可能性問題**と呼び，対応する言語を

$$SAT = \{\langle F \rangle \mid 論理式\ F\ は充足可能である\ \}$$

と表す．和積型論理式で各節のリテラルがちょうど m 個であるような論理式を mCNF
論理式と呼ぶ．言語 $mSAT$ を

$$mSAT = \{\langle F \rangle \mid \text{論理式 } F \text{ は充足可能な } m\text{CNF 論理式である}\}$$

と定義する．SAT や $mSAT$ の定義に現れる $\langle F \rangle$ は，指定された条件を満たす論理式 F を適当な方法で系列として表したものである．

定理 10.2　$3SAT$ は NP 完全である．

【証明】　$3SAT$ に対して，定義 10.1 の条件 **1** と **2** が満たされることを導く．$3SAT$ 論理式 F が充足可能であるときは，F を充足する割り当てが与えられると，それが F を真とすることは多項式時間で検証できるので，$3SAT \in \mathrm{NP}$ となり，条件 **1** が成立する．

　条件 **2** が成立することを示すため，A を NP に属する任意の言語とし，A を検証する非決定性多項式時間 TM を M とする．$A \subseteq \Sigma^*$ とし，$\leq_{poly}$ の帰着関数 f として，$w \in \Sigma^*$ を定理 9.16 の F_w に対応させる関数をとる．すると，f は多項式時間で計算できる．また，定理 9.16 より，「M が w を受理する $\Longleftrightarrow$ F_w は充足可能である」となるので，$A \leq_{poly} 3SAT$ となる．　□

■ ハミルトン閉路問題

　以降では，ハミルトン閉路問題と部分和問題が NP 完全であることを導く．次の定理はこれらの問題を含め，一般に言語が NP 完全となることを導くときに用いられるものである．この定理は，帰着の概念を肯定的に適用することにより証明される．

定理 10.3　次の 2 つの条件を満たす言語 C は NP 完全である．
1. $C \in \mathrm{NP}$.
2. NP 完全な言語 B が存在して，$B \leq_{poly} C$ が成立する．

【証明】　定義 10.1 の **2** を証明すればよい．任意の $A \in \mathrm{NP}$ に対して，B が NP 完全であるので，$A \leq_{poly} B$．一方，定理の **2** の条件より，$B \leq_{poly} C$ となるので，推移律により，$A \leq_{poly} C$ となり，定理は証明された．　□

　ハミルトン閉路問題を言語として表すため，言語 $HAMCYCLE$ を次のように定義する．

$$HAMCYCLE = \{\langle G \rangle \mid G \text{ はハミルトン閉路をもつ有向グラフである}\}$$

定理 **10.4** *HAMCYCLE* は NP 完全である.

【証明】 定理を証明するためには,定理 10.3 より,*HAMCYCLE* が NP に属することと,$3SAT \leq_{poly} HAMCYCLE$ となることを導けばよい.*HAMCYCLE* が NP に属することは,グラフ G のハミルトン閉路を証拠とすれば,与えられた証拠が G のハミルトン閉路であることを多項式時間で検証できることより導かれる.

次に,$3SAT \leq_{poly} HAMCYCLE$ を証明する.

まず,3CNF 論理式 F から決まる有向グラフ G_F を定義し,帰着関数 f を,$f(F) = G_F$ と定義する.$3SAT \leq_{poly} HAMCYCLE$ を証明するためには,次の (1) と (2) を証明すればよい.

(1) f は多項式時間で計算できる.

(2) F が充足可能である $\Longleftrightarrow$ G_F はハミルトン閉路をもつ.

まず,簡単な例を使って F と G_F の関係を直観的につかんでおく.取り上げる 3CNF 論理式 F_1 は

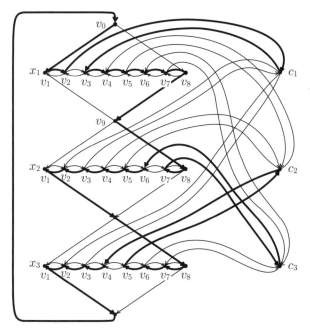

図 **10.1** $F_1 = (x_1 \vee \overline{x}_2 \vee \overline{x}_3) \wedge (\overline{x}_1 \vee x_2 \vee \overline{x}_3) \wedge (\overline{x}_1 \vee \overline{x}_2 \vee x_3)$ とするときの,割り当て $x_1 = 1$,$x_2 = 0$,$x_3 = 0$ に対応する G_{F_1} のハミルトン閉路

$$F_1 = (x_1 \vee \overline{x}_2 \vee \overline{x}_3) \wedge (\overline{x}_1 \vee x_2 \vee \overline{x}_3) \wedge (\overline{x}_1 \vee \overline{x}_2 \vee x_3)$$

である．論理式 F_1 に対応する有向グラフ G_{F_1} を図 10.1 に示す．

まず，論理式 F_1 から決まる G_{F_1} のつくり方を説明する．G_{F_1} は，変数 x_1，x_2，x_3 にそれぞれ対応する 3 つのひし形と 3 つの節に対応する点 c_1，c_2，c_3 からなる．点 c_1，c_2，c_3 にはそれぞれ 3 つの節

$$c_1 = (x_1 \vee \overline{x}_2 \vee \overline{x}_3),$$
$$c_2 = (\overline{x}_1 \vee x_2 \vee \overline{x}_3),$$
$$c_3 = (\overline{x}_1 \vee \overline{x}_2 \vee x_3)$$

がそれぞれ対応する．変数 x_1，x_2，x_3 に対応する 3 つのひし形が縦に並んでおり，ひし形の対角線上のパスには 8 個の点 $v_1, \ldots, v_8$ が並んでいる（一般に，F が k 個の節からなる場合は，$2k+2$ 個）．また，パス上の 2 点から点 c_1，c_2，c_3 との間を往復する迂回路が引かれている．

この場合，F_1 は割り当て $(x_1, x_2, x_3) = (1, 0, 0)$ で充足し，グラフ G_{F_1} にはこの割り当てに対応する，太線のハミルトン閉路が存在する．ハミルトン閉路は，x_1，x_2，x_3 にそれぞれ対応するひし形を通過した後，1 番上のひし形に戻るようになっている．以降では，論理変数 x への割り当てを，$x = 1$ のときは正リテラル x で表し，$x = 0$ のときは負リテラル $\overline{x}$ で表すことにする．このように割り当てを表すと，節 $c_1 = (x_1 \vee \overline{x}_2 \vee \overline{x}_3)$ は，x_1，$\overline{x}_2$，$\overline{x}_3$ のどの割り当てでも充足する．v_1 と v_8 を結ぶひし形の中央部のパスを**横パス**と呼ぶ．横パスには，右向きのものと左向きのものとがある．横パスと点 c_1，c_2，c_3 との間は 2 本の枝で往復できるようになっている．この往復するパスを**迂回路**と呼ぶ．図 10.2 に示すように，横パス上の迂回路への発着点のポジションは各 c_j ごとに決まっている．たとえば，点 c_1 への迂回路の発着

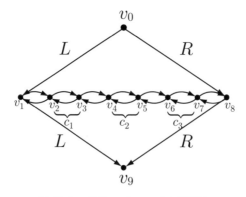

図 10.2　グラフ G_{F_1} のひし形部分

点は左端から 2 番目と 3 番目のポジションである．すなわち，点 v_2 と v_3 である．な

お，図 10.1 のひし形の点は，3 つのひし形すべてについて図 10.2 で示されている

$v_0, \ldots, v_9$ で表すことにする（普通は，グラフの異なる点は異なる記号で表すので

あるが）．これにより誤解が生じることもないし，すっきり説明できるからである．

　図 10.1 に示すように，節 c_1 は $(x_1 \vee \overline{x}_2 \vee \overline{x}_3)$ と表されるため，3 つのひし形の

横パス上の点（v_2 と v_3）から c_1 を往復する 3 つの迂回路が，横パスの向きと合う

ように引かれている．すなわち，節 c_1 には，正リテラル x_1，負リテラル $\overline{x}_2$，負リ

テラル $\overline{x}_3$ が現れるので，横パスは右向き，左向き，左向きと合うようになってい

る．残りの節 c_2 と c_3 についても同様である．このように，各点 c_i と 3 つの横パス

との間を往復する枝の向きにより，元の論理式 F_1 における節 c_i を構成するリテラ

ルがわかるようになっている．横パスの向きと迂回路の向きが合うことを**整合**する

という．

　グラフ G_{F_1} のハミルトン閉路がひし形を通るときのタイプとして 2 つのものがあ

る．図 10.2 を用いて，この 2 つのタイプを説明する．斜めに引かれた枝を図に示すよ

うに R タイプや L タイプとする．ハミルトン閉路ではひし形を通過するとき L タイプ

の枝に続き L タイプの枝を通ることはない．なぜなら，続けて通ると，横パス上の通

過されずに残った点は 2 度と通ることができなくなるからである．R タイプの枝につい

ても同様である．したがって，ハミルトン閉路がひし形部分を通過するときの経路は，

$v_0, v_1, v_2, \ldots, v_9$ か，または，$v_0, v_8, v_7, \ldots, v_1, v_9$ のいずれかに，点 c_1，c_2，c_3 と

の迂回路を組み込んだものとなる．一般には，1 つの横パスに迂回路を組み込む回数は

0 回ということもあるし，複数回ということもある．もちろん，その場合の迂回路は節

に対応する点との往復となり，整合する迂回路しか挿入できない．この往復する迂回

路を $(v_k, c_i)(c_i, v_{k+1})$ とする．この場合，点 c_i から出る復路の枝としては (c_i, v_{k+1})

以外のものも存在する（$(v_k, c_i) = (v_2, c_1)$ の場合は，点 c_1 から x_2 や x_3 のひし形の

横パス上の v_2 に向かう枝など）．しかし，点 c_i から (c_i, v_{k+1}) 以外の枝を進むとする

と，迂回路 $(v_k, c_i)(c_i, v_{k+1})$ の横パス上の元の点 v_{k+1} に戻ることはできない．G_{F_1}

の構成の仕方より，この点 v_{k+1} に戻る枝は，$(v_k, c_i)(c_i, v_{k+1})$ の (c_i, v_{k+1}) 以外は存

在しないからである．以上の議論は，迂回路が左向きの横パスの迂回路となっていて，

$(v_{k+1}, c_i)(c_i, v_k)$ と表される場合でも同じである．ハミルトン閉路がひし形部分を通

過するときの経路が，迂回路部分を除くと，$v_0, v_1, v_2, \ldots, v_9$ となる右向きのパスを

LR タイプと呼び，$v_0, v_8, v_7, \ldots, v_1, v_9$ となる左向きのパスを **RL タイプ**と呼ぶ．

　このように，3CNF 論理式 F_1 からグラフハミルトン閉路を構成するときは，こ

の論理式 F_1 を充足する割り当て ℓ_1，ℓ_2，ℓ_3 により決まる．充足する割り当てを変

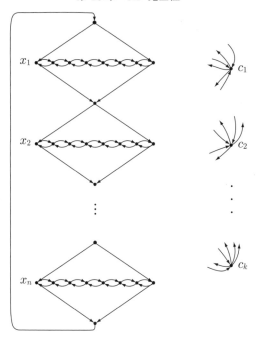

図 10.3　G_F の構成

えると，構成されるハミルトン閉路も変わる（問題 10.1）.

　以上，F_1 の具体例を用いて説明してきたことは，一般化できる．3CNF 論理式 F の論理変数を $x_1, \ldots, x_n$ とし，節を $c_1, \ldots, c_k$ とする．G_F は，$x_1, \ldots, x_n$ に対応する n 個のひし形のグラフと，節に対応する k 個の点から構成される．G_F はこれらの構成要素を図 10.3 のように接続した有向グラフである．この図では，点 $c_1, \ldots, c_k$ と横パスとの間を往復する迂回路は省略しているが，実際は図 10.1 の回路と同様に横パスと節に対応する点の間を往復する迂回路が書き込まれる.

　次に，初めにあげた (1) と (2) を証明する.

(1) の証明：3CNF 論理式 F より，$f(F) = G_F$ は多項式時間で計算できる.

(2) の ⇒ の証明：3CNF 論理式 F を充足する割り当てをリテラルで表したとすると，節 $c_1, \ldots, c_k$ にはそれらのリテラルの少なくともひとつは現われる．それらのリテラルをそれぞれ $\ell_1, \ldots, \ell_k$ とする．これらの $\ell_1, \ldots, \ell_k$ には同じリテラルが複数回現われる可能性もあるが，対応する迂回路としては異なる（この場合は，同じ変数に対応するひし形の横パス上からの迂回路となるが，充足する節が異なるので，発着点が異なり，したがって，迂回路としては異なるものとなる）．ℓ_i が正リテラルのときは LR タイプのパス上で点 c_i と往復する迂回路を通り，ℓ_i が負リテラルの

ときは RL タイプのパス上で点 c_i と往復する迂回路を通ることにすると，すべての $c_1, \ldots, c_k$ を通るので，G_F のハミルトン閉路となる．ここに，$1 \leq i \leq k$.

(2) の ⇐ の証明：G_F にハミルトン閉路 H が存在すると仮定する．ハミルトン閉路は，次の条件を満たす．

- 各ひし形部分では LR タイプか，RL タイプのパスを通る．
- 節に対応するすべての点を，ひし形の横パスからの迂回路で通る．

したがって，ハミルトン閉路が各ひし形を通過するときのパスのタイプが LR タイプであれば，正リテラルとし，RL タイプであれば負リテラルとして，変数への割り当てを決めると，この割り当ては 3CNF 論理式 F を充足する． $\square$

部分和問題

部分和問題とは，自然数の集合 S と自然数 t が与えられたとき，S から適当に自然数を選んで，その総和を t と一致させることができるかどうかを問う YES/NO 問題である．すなわち，部分和問題のインスタンスは (S, t) で，S の部分集合 T で $\Sigma T = t$ となるものが存在するか，存在しないかを問う問題である．ここで，$T = \{t_1, \ldots, t_k\} \subseteq S$ とするとき，

$$\Sigma T = \Sigma_{i=1}^{k} t_i$$

とする．この問題に対応する言語 $SUBSET\text{-}SUM$ を

$$SUBSET\text{-}SUM = \{\langle S, t \rangle \mid T \subseteq S \text{ が存在して，} \Sigma T = t\}$$

と定義する．

定理 10.5 $SUBSET\text{-}SUM$ は NP 完全である．

【証明】 定理を証明するためには，定理 10.3 より，$SUBSET\text{-}SUM$ が NP に属することと，$3SAT \leq_{poly} SUBSET\text{-}SUM$ となることを導けばよい．

$SUBSET\text{-}SUM$ が NP に属することは，インスタンス (S, t) に対して，証拠 $T \subseteq S$ を入力としたとき，その証拠が $\Sigma T = t$ を満たすことを多項式時間で検証できることより導かれる．

次に，$3SAT \leq_{poly} SUBSET\text{-}SUM$ を証明する．3CNF 論理式 F からインスタンス (S, t) を以下のように定義し，帰着関数 f を，$f(F) = (S, t)$ と定義する．$3SAT \leq_{poly} SUBSET\text{-}SUM$ を証明するためには，次の (1) と (2) を証明すればよい．

(1) f は多項式時間で計算できる．

自然数＼桁	x_1	x_2	x_3	x_4	c_1	c_2	c_3	
p_1	1	0	0	0	1	1	0	
n_1	1	0	0	0	0	0	1	
p_2		1	0	0	0	0	0	
n_2		1	0	0	1	0	0	V
p_3			1	0	0	1	1	
n_3			1	0	1	0	0	
p_4				1	0	0	1	
n_4				1	0	1	0	
f_1					1	0	0	
g_1					1	0	0	
f_2						1	0	W
g_2						1	0	
f_3							1	
g_3							1	
t	1	1	1	1	3	3	3	

図 10.4　3CNF 論理式 F_2 に対応する部分和問題のインスタンス

(2)　F は充足可能である　$\Longleftrightarrow$　$f(F) = (S, t)$ とするとき，$\Sigma T = t$ となる部分集合 $T \subseteq S$ が存在する

　証明に入る前に，簡単な例で F と対応する (S, t) の間に (2) の等価関係が成立することを直観的につかんでおく．取り上げる 3CNF 論理式 F_2 を

$$F_2 = (x_1 \vee \overline{x}_2 \vee \overline{x}_3) \wedge (x_1 \vee x_3 \vee \overline{x}_4) \wedge (\overline{x}_1 \vee x_3 \vee x_4)$$

とする．この F_2 の充足可能性問題は，図 10.4 で表される部分和問題に帰着される．この図の各行は，10 進数で表した 1000110 から 1 までの 14 個の自然数を表す．S はこれらの自然数から構成される．自然数 t は最後の t 行の 1111333 である．この例の場合，F_2 の充足可能性問題は，このように定められるインスタンス (S, t) の部分和問題に帰着されることが次のようにしてわかる．

　図 10.4 で与えられるインスタンスに関して次の (1),…, (4) が成立する．

(1)　この図のすべての自然数を足しても桁上げが起こらないので，$T \subseteq S$ に対して $\Sigma T = t$ が成り立つときも桁上げは起こらない．したがって，$\Sigma T = t$ が成立す

るということは，各桁ごとに左辺を足したものが右辺に一致することを意味する．

(2) 図10.4の U の領域に注目しよう．インスタンス (S,t) の解 T では，$1 \leq i \leq 4$ に関して，p_i と n_i のいずれか一方が T の自然数として選ばれる．なぜならば，t の x_1，x_2，x_3，x_4 の桁はいずれも 1 であるからである．選ばれた p_i と n_i は，それぞれ $x_i = 1$ と $x_i = 0$ の割り当てに対応させる．

(3) F_2 の3つの節を

$$c_1 = (x_1 \vee \overline{x}_2 \vee \overline{x}_3),$$
$$c_2 = (x_1 \vee x_3 \vee \overline{x}_4),$$
$$c_3 = (\overline{x}_1 \vee x_3 \vee x_4)$$

とし，V 領域に注目しよう．この領域の列 c_1，c_2，c_3 に現れる "1" は，それぞれ節 c_1，c_2，c_3 のリテラルを表している．たとえば，節 $c_1 = (x_1 \vee \overline{x}_2 \vee \overline{x}_3)$ については，V 領域の c_1 桁で "1" が現れている行は，p_1，n_2，n_3 である．また，この節には変数 x_4 が現れていないため，p_4，n_4 の行には "0" が置かれている．この例からわかるように，節 c_1 が充足するためには，c_1 桁で "1" が現れている行が T の自然数として少なくとも1つ選ばれなければならない．V の領域の他の列に関しても同様である．したがって，F_2 が充足するためには，どの桁 c_1，c_2，c_3 においても，その行が T の自然数として選ばれたものの総和は，1か，2か，3のいずれかでなければならない．

(4) W 領域は，V 領域で選ばれた "1" の総和にゲタをはかせてちょうど3となるようにするためのものである．これによって，t のこれらの列の値3と一致する．V の領域の総和が0のときは，ゲタをはかせても3とすることはできない（ゲタは最大で2だから）．

3CNF 論理式 F_2 に対応する部分和問題のこれまでの説明は，一般の場合のポイントをすべて尽くしている．上の (1),...,(4) を一般化して定理を証明する．

充足可能性問題のインスタンスの3CNF論理式を F とする．F は n 変数 $x_1,...,x_n$ で，k 個の節 $c_1,...,c_k$ から構成される論理式とする．F の充足可能性問題が帰着される部分和問題のインスタンスを (S,t) と表す．インスタンス (S,t) は，図10.4 を一般化して，図10.5のように表される．図10.5の U 領域と W 領域の0と1の配置は，図10.4を一般化したものである．この図では，領域 V は空欄となっているが，実際は，図10.4の場合と同じように，F の各節のリテラルから決まる0と1が配置される．すなわち，節 c_j を構成するちょうど3つのリテラルに相当する行に "1" を置く．すなわち，ℓ_i が正リテラルのときは，列 c_j の行 p_i を1とし，負リテラルのときは，列 c_j の行 n_i を1とする．そして，残りの V 領域には0を配置する．さらに，図10.5の t 行のように，$t = 11...133...3$ とする．

自然数＼桁	x_1	x_2	$\cdots$	x_n	c_1	c_2	$\cdots$	c_k	
S_1 $\begin{cases} p_1 \end{cases}$	1	0		0					
p_1	1	0		0					
n_1	1	0		0					
p_2		1		0					
n_2		1		0					V
$\vdots$			$\ddots$						
p_n				1					
n_n				1					
f_1					1	0		0	
g_1					1	0		0	
f_2						1		0	
g_2						1		0	W
$\vdots$							$\ddots$		
f_k								1	
g_k								1	
t	1	1	$1\cdots1$		3	3	$3\cdots3$		

（左の x 列の破線枠が U，上段右の破線枠が V，S_2 の破線枠が W，S_1 は p_1 から n_n，S_2 は f_1 から g_k の行をまとめたもの）

図 10.5　部分和問題のインスタンス

このように，3CNF 論理式 F より，図 10.5 が定まり，この図の各行から部分和問題のインスタンス (S,t) が指定される．帰着関数 f を $f(F) = (S,t)$ と定義する．この帰着関数は多項式時間で計算できる．

以降では

F は充足可能である　$\Longleftrightarrow$　$f(F) = (S,t)$ とするとき，$\Sigma T = t$ となる部分集合 $T \subseteq S$ が存在する

を証明する．

⇒ の証明： F を充足可能とし，充足する割り当てをリテラル $\ell_1, \dots, \ell_n$ で表す．ただし，F を充足するのに，n 個のリテラルすべてを使う必要がない場合は，使われていない変数に対しては正リテラルか負リテラルを任意に選んだものを $\ell_1, \dots, \ell_n$ とする．この割り当てに基づいて，$\Sigma T = t$ となる部分集合 $T \subseteq S$ を以下のようにしてつくる．

T は，以下のように S_1 から選んだ行（の表す自然数）と S_2 から選んだ行からな

る. S_1 からは，各 $1 \le i \le n$ に対して，ℓ_i が正リテラルのときは行 p_i を選び，負リテラルのときは行 n_i を選ぶ. すると，p_i か n_i のどちらか一方が選ばれるので，ΣT と t の $x_1, \ldots, x_n$ の桁は一致する. このように S_1 から行を選ぶと，選ばれたものの総和の $c_1, \ldots, c_k$ の桁は 1, 2, 3 の値のどれかとなる. 図 10.4 の例で説明したように，$c_1, \ldots, c_k$ の桁の値 1, 2, 3 に応じて，桁の値の総和が 2, 1, 0 となるように S_2 から行を選べば，総和 ΣT の $c_1, \ldots, c_k$ の値はすべて 3 となるので，$\Sigma T = t$ が成立する.

⇐ の証明：$T \subseteq S$ を部分和問題 (S, t) の解とする. すると，これまで説明したことより，U の領域では各 x_i に対して p_i か n_i のどちらか 1 つが T の要素として選ばれていて，この割り当てが F を充足する. □

　この章では，充足可能性問題，ハミルトン閉路問題，部分和問題の 3 つの問題が NP 完全であることを証明した. NP 完全性の定義の **2** の条件より，これらの 3 つの問題の任意の 2 つの間には，一方が他方に帰着できるという関係が成り立つ. このことは，3 つの問題はそれぞれ論理式，グラフ，自然数の足し算という全く異なるものを基にして定義されているにもかかわらず，根底には共通する構造が潜んでいるということを示唆している. なお，NP 完全な問題は多数知られており，その個数は数千にも及ぶ（問題 10.1, 10.2）.

問 題

10.1 定理 10.4 の証明では，論理式 F_1 を充足する割り当て $x_1 = 1$, $x_2 = 0$, $x_3 = 0$ に対応するハミルトン閉路を図 10.1 に太線で示した. 同じ論理式 F_1 は，割り当て $x_1 = 0$, $x_3 = 0$ でも充足する. この割り当てに対応するハミルトン閉路を太線で描け.

10.2 コスト付き有向グラフ G とは，コストを表す関数 $g : E \to \mathcal{N}$ が与えられているグラフ $G = (V, E)$ である. 辺 $e \in E$ のコストは $g(e)$ で与えられ，G のハミルトン閉路のコストとは閉路の辺のコストの総和である. **巡回セールスマン問題** とは，コスト付きのグラフ G と正整数 k が与えられたとき，G にコストが k 以下のハミルトン閉路が存在するかどうかを判定する問題である. 巡回セールスマン問題が NP 完全であることを導け.

10.3[††] グラフ $G = (V, E)$ は任意の 2 点が辺で結ばれているとき，**クリーク**（完全グラフ）と呼ばれる. また，k クリークとは，k 個の点からなるクリークである. k クリークを部分グラフとしてもつグラフからなる言語を

$$CLIQUE = \{\langle G, k \rangle \mid G \text{ は部分グラフとして } k \text{ クリークをもつ}\}$$

と定義する. $CLIQUE$ は NP 完全であることを導け.

解　答

ある条件を満たすもの（計算モデルなど）を構成せよというタイプの問題では，ほとんどの場合，その条件を満たすものの中で自然に導かれるものの 1 つを与える．

2.1　$A = B \Leftrightarrow A \subseteq B$，かつ，$B \subseteq A$

2.2　$n = 1$ から $n = 2$ への帰納法のステップがうまくいかない．1 人の集団である S と S' から 2 人の集団 $S \cup S'$ をつくっても，S と S' に共通する人がいないので，同じ血液型の 2 人の集団とはならない．

2.3　点 s から点 t への長さが n 以上のパスを

$$s = v_0 \to v_1 \to \cdots \to v_{m-1} \to v_m = t$$

とする．ここで，$m \geq n$．点 $v_0, v_1, \ldots, v_m$ には $n+1$ 個以上の点が現れるので，少なくともそのうちの 2 つは同じ点となる．これらの点を v_i，v_j とおく．ただし，$i < j$．このとき

$$v_0 \to v_1 \to \cdots \to v_i \to v_{j+1} \to \cdots \to v_m$$

もパスとなる．このパスの長さが n 以上の場合は，同様の議論を得られるパスの長さが $n-1$ 以下になるまで繰り返せばよい．

2.4　整数 m と n に対して，$12m + 8n = 38$ が成立すると仮定する．両辺を 4 で割ると，$3m + 2n = 9.5$．整数に足し算や掛け算を施して得られるものは整数であるので，これは矛盾である．

2.5
ベース：$F(0) = 1$
再帰ステップ：$F(n) = F(n-1) \times n$

2.6
ベース：a，b，aa，bb は回文である．
帰納ステップ：w が回文のとき，awa と bwb は回文である．

2.7　$T(n)$ は，漸化式 $T(n) = 2T(n-1) + 1$ の解 $T(n) = 2^n - 1$ で与えられる．

2.8　(1)

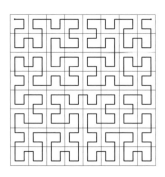

(2)
$$H_{n+1} \to 1/2 \left(\left(\begin{array}{cc} H_n^{\mathrm{L}} & H_n^{\mathrm{R}} \\ H_n & H_n \end{array} \right)^{\mathrm{C}} \right)$$

第 3 章

3.1

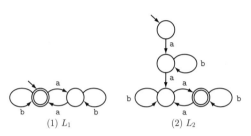

(1) L_1　　　　　(2) L_2

3.2　(1)　系列に 0 が現れたらその次は必ず 1 が現れるような系列.

(2)　$N_1(w) - N_0(w) \equiv 1 \pmod 3$ となる w.

(3)　a で始まり a で終わるか, b で始まり b で終わる長さが 2 以上の系列.

(4)　系列の任意のプレフィックスにおいて, 現れる a の個数と b の個数の差が 1 以内の系列. ただし, 系列 w' が系列 w のプレフィックスであるとは, w が適当な w'' に対して $w = w'w''$ と表せるときである.

3.3　系列 $a_{n-1}a_{n-2}\cdots a_0$ を 10 進数と見なすと,

$$\begin{array}{ccc} a_{n-1}a_{n-2}\cdots a_0 & & a_{n-1} + a_{n-2} + \cdots + a_0 \\ \text{が 3 で割り切れる} & \Leftrightarrow & \text{が 3 で割り切れる} \end{array}$$

が成立する. 一方, 問題の状態遷移図は $a_{n-1} + \cdots + a_0$ が 3 で割り切れるような系列を受理する. したがって, 状態遷移図は入力を 10 進数と見なしたとき, 3 で割り切れるようなものを受理する.

3.4

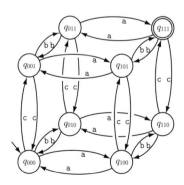

3.5　$M_{12} = (P \times Q, \Sigma, \delta_{12}, (p_0, q_0), F_1 \times F_2)$ とする. ここに, $(p, q) \in P \times Q$, $a \in \Sigma$ に対して, $\delta_{12}((p, q), a) = (\delta_1(p, a), \delta_2(q, a))$ と定義される.

3.6

(1)

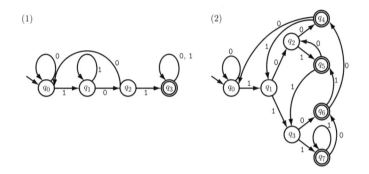

(2)

3.7

(1)   (2)

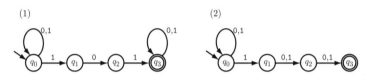

3.8

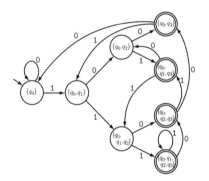

3.9　定理 3.26 の証明より，この定理の m は決定性有限オートマトンの状態数とすることができる．したがって，この定理より，このオートマトンが受理する系列の個数は無限となる．

3.10　(1)　系列に現れる 0 の個数が偶数か，1 の個数が奇数の系列．

(2)

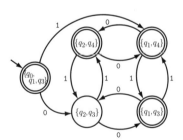

3.11　(1)　$(0+1)^*101(0+1)^*$,　(2)　$(0+11^*00)^*$,　(3)　$00(0+1)^*11$,　(4)　$01(0+1)^*01+01$,　(5)　$((0+1)(0+1))^*+((0+1)(0+1)(0+1))^*$,　(6)　このような系列に，部

分系列として 1 に挟まれた 0 のつらなりが現われるときは，そのつらなりの長さは 0 か，または，2 以上になることに注意（問題 3.13 参照）．　$0^*(1 + 000^*)^*0^*$.

3.12　(1)　系列に現れる 01 の区間の個数と 10 の区間の個数の合計が偶数，　(2)　$\{01, 10\}$ の系列が偶数回現れるという系列は，任意の個数並べられた $\{01, 10\}$ の系列の対の間に $(00+11)^*$ を任意に挿入してつくられるので，　$(00 + 11)^*((01 + 10)(00 + 11)^*(01 + 10)(00 + 11)^*)^*$ と表される，(3)　$(00+11)^*((01+10)(00+11)^*(01+10)(00+11)^*)^*$ と $(00+11+(01+10)(00+11)^*(01+10))^*$ の正規表現はどちらも，$(01 + 10)$ と $(01 + 10)$ のペアが任意の回数現われ，これらの $(01 + 10)$ と $(01 + 10)$ の間に $(00 + 11)^*$ の系列を任意の回数挿入した系列を表している．

(a)　開始状態と受理状態の追加

(b)　q_{01} を除去

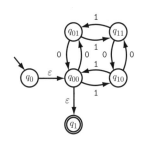
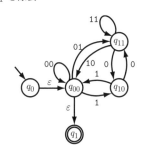

(c)　q_{10} を除去

(d)　辺とラベルの整理

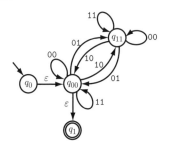
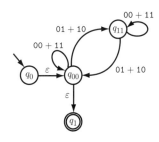

(e)　q_{11} を除去

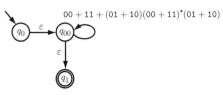

(f)　q_{00} を除去

3.13 (1)　部分系列 101 とは，1 と 1 の間の 0 のつらなりの長さが 1 のものであるので，等価関係が成立する．

(2)　0*(1 + 000*)*0*

3.14　言語 L を受理する有限オートマトン M が存在すると仮定して矛盾を導く．m を反復補題の定数とし，s を $s = m!$ と定める．系列 $0^m 1^{m+s}$ に注目する．$0^m 1^{m+s}$ を xyz と表したとき，反復補題の条件 $|xy| \leq m$ より，xy 部分は 0^m でカバーされる．したがって，$xyz, xy^2 z, xy^3 z, \ldots$ の系列をつくると，それぞれ $0^m 1^{m+s}, 0^{m+|y|} 1^{m+s}, 0^{m+2|y|} 1^{m+s}, \ldots$ と表され，反復補題よりいずれも M で受理される．一方，t を $t = m!/|y|$ とおくと，$t|y| = (m!/|y|) \times |y| = s$ となる．したがって，$0^{m+t|y|} 1^{m+s} (= 0^{m+s} 1^{m+s}) \in L$ となり，矛盾．

第 4 章

4.1

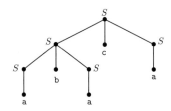 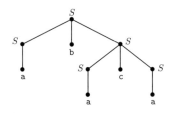

$S \Rightarrow SbS \Rightarrow abS \Rightarrow abScS$

$\Rightarrow abacS \Rightarrow abaca$

$S \Rightarrow ScS \Rightarrow SbScS$

$\Rightarrow abScS \Rightarrow abacS \Rightarrow abaca$

4.2　$G_1 = (\Gamma_1, \Sigma_1, P_1, S_1)$，$L_1 = L(G_1)$，$G_2 = (\Gamma_2, \Sigma_2, P_2, S_2)$，$L_2 = L(G_2)$，$\Gamma_1 \cap \Gamma_2 = \emptyset$ とするとき，$G = (\Gamma_1 \cup \Gamma_2 \cup \{S\}, \Sigma_1 \cup \Sigma_2, P_1 \cup P_2 \cup \{S \to S_1, S \to S_2\}, S)$ とすると，明らかに，$L(G) = L_1 \cup L_2$ となる．

4.3　$S \to aSa \mid bSb \mid a \mid b \mid \varepsilon$

4.4　(1)　$S \to ASB \mid \varepsilon$　　(2)　$S \to aSbB \mid \varepsilon$　　(3)　$S \to TU$

$\quad A \to a \mid \varepsilon$ 　　　　　　$B \to b \mid \varepsilon$ 　　　　　　$T \to aTb \mid \varepsilon$

$\quad B \to b$ 　　　　　　　　　　　　　　　　　　　　$U \to bUc \mid \varepsilon$

4.5　$A \Rightarrow B$ **の証明**：w の長さに関する数学的帰納法で証明する．

ベース：$|w| = 0$ のとき，条件 B は成立する．

帰納ステップ：$|w| \leq n$ となる w に対して $A \Rightarrow B$ が成立すると仮定して，$|w| = n + 2$ のときも成立することを導く．$|w| = n + 2$ となる w が条件 A を満たすとする．$S \overset{*}{\Rightarrow}$ の導出の最初に適用される書き換え規則により，次のように場合分けする．

場合 1：$S \to (S)$ のとき．

この場合は，$w = (w')$ と表されて，$S \Rightarrow (S) \overset{*}{\Rightarrow} (w')$．ここに，$S \overset{*}{\Rightarrow} w'$，$|w'| = n$．したがって，帰納法の仮定より，$w'$ は条件 B を満たすので，$w = (w')$ も条件 B を満たす．

場合 2：$S \to SS$ のとき．

この場合は，$w = w'w''$ と表されて，$S \overset{*}{\Rightarrow} w'$，かつ，$S \overset{*}{\Rightarrow} w''$．ここに，$|w'| \leq n$，$|w''| \leq n$．したがって，帰納法の仮定より，$w'$ と w'' は条件 B を満たすので，$w'w''$ も条件 B を満たす．

$A \Leftarrow B$ **の証明**：w の長さに関する数学的帰納法で証明する．

ベース：$|w| = 0$ のとき，w は条件 A を満たす．

帰納ステップ：$|w| \le n$ となる w に対して $A \Leftarrow B$ が成立すると仮定して，$|w| = n+2$ のときも成立することを導く．w を $|w| = n+2$ となる条件 B を満たす系列とする．次のように場合分けする．

場合 1：w のプレフィックス w' に対して $N_((w') - N_)(w') = 0$ となるのは，$w' = w$，または，$w' = \varepsilon$ の場合しかないとき．

　この場合は，$w = (w')$ と表され，w' は条件 B を満たす．帰納法の仮定より，$S \overset{*}{\Rightarrow} w'$．したがって，$S \Rightarrow (S) \overset{*}{\Rightarrow} (w')$ となるので，(w') も導出される．

場合 2：$w' \ne w$，かつ，$w' \ne \varepsilon$ となる w のプレフィックス w' が存在して，$N_((w') - N_)(w') = 0$．このとき，$w = w'w''$ と表され，$|w'| \le n$，$|w''| \le n$ が成立し，w' と w'' は条件 B を満たす．したがって，$S \Rightarrow SS \overset{*}{\Rightarrow} w'w''$．したがって，$w = w'w''$ は導出される．

4.6

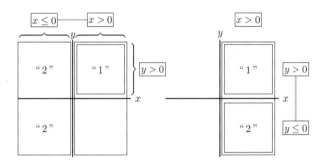

導出木 T_1 の解釈の場合　　　　導出木 T_2 の解釈の場合

4.7　$A \to uv$ のタイプでチョムスキーの標準形として許されるのは，$u \in \Gamma$ かつ $v \in \Gamma$ となるものだけである．その他の場合は，次のように等価変換すればチョムスキーの標準形となる．

- $\{A \to ab\} \to \{A \to X_aX_b\}$, $X_a \to a$, $X_b \to b$
- $\{A \to aB\} \to \{A \to X_aB, X_a \to a\}$
- $\{A \to Ba\} \to \{A \to BX_a, X_a \to a\}$

ここに，$a, b \in \Sigma$，$A, B, X_a, X_b \in \Gamma$．

4.8

$$S \to X_\mathsf{a}B \mid X_\mathsf{b}A$$
$$A \to \mathsf{a} \mid X_\mathsf{a}S \mid X_\mathsf{b}A'$$
$$A' \to X_\mathsf{b}A$$
$$B \to \mathsf{b} \mid X_\mathsf{b}S \mid X_\mathsf{a}B'$$
$$B' \to BB$$
$$X_\mathsf{a} \to \mathsf{a}$$
$$X_\mathsf{b} \to \mathsf{b}$$

4.9　(1)　$L = \{\mathsf{a}^i\mathsf{b}^j\mathsf{c}^k \mid i \le j \le k\}$ とおく．文脈自由言語に対する反復補題（定理 4.11）を $\mathsf{a}^m\mathsf{b}^m\mathsf{c}^m$ に適用することとし，$\mathsf{a}^m\mathsf{b}^m\mathsf{c}^m$ を $uvxyz$ と見なす．$\mathsf{a}^m\mathsf{b}^m\mathsf{c}^m$ を 3 つの領域 a^m，b^m，c^m に分けたとすると，この補題の (3) の条件 $|vxy| \le m$ より，部分系列 vxy は，c^m の領域と重ならない

か，a^m の領域と重ならないかのいずれかである．c^m の領域と重ならない場合，すなわち，vxy が $a^m b^m$ の領域にカバーされる場合は，$|vy| \geq 1$ より，uv^2xy^2z では a または b の個数だけが増えるのに，c の個数は m のままなので，$uv^2xy^2z \in L$ に矛盾．vxy が $b^m c^m$ の領域にカバーされる場合は，$uvxyz$ の v と y を削除した uxz を考えると，b または c の個数が少なくなるのに，a の個数は m のままなので，$uxz \in L$ に矛盾する．

(2)　$\{w \mid N_a(w) = N_b(w) = N_c(w)\}$ に属する系列として $a^m b^m c^m$ を考えると，(1) と同様に矛盾が導かれる．

4.10　(1)　$L = \{ww \mid w \in \{a,b\}^*\}$ とおく．このとき，$a^m b^m a^m b^m \in L$．ここで，m は定理 4.11 で与えられる整数である．すると，$a^m b^m a^m b^m$ は $uvxyz$ と表される．$a^m b^m a^m b^m$ を a^m，b^m，a^m，b^m の 4 つに分け，隣接する 2 つをつないだ $a^m b^m$，$b^m a^m$，$a^m b^m$ の 3 つの領域を考える．$|vxy| \leq m$ より，vxy は隣接する 3 つの領域のいずれかにカバーされる．これら 3 つの場合のうち，最初に，vxy は前半の $a^m b^m$ にカバーされる場合を取り上げる．定理 4.11 より，$uvxyz$ から v と y を削除した系列 uxz は L に属するので，$w'w'$ と表される．ここで，$|w'| < 2m$ より，$w'w'$ の後半の w' は適当な $1 \leq i < m$ に対して $a^i b^m$ と表される．$a^m b^m a^m b^m$ の残りの $a^m b^m a^{m-i}$ から，v と y の部分を削除して，$w' = a^i b^m$ となることはないので，$w'w'$ が L に属することに矛盾する．vxy が，中央の $b^m a^m$ や後半の $a^m b^m$ でカバーされる残りの場合も同様に矛盾を導くことができる．

(2)
$$S \rightarrow AB \mid BA \mid A \mid B$$
$$A \rightarrow CAC \mid a$$
$$B \rightarrow CBC \mid b$$
$$C \rightarrow a \mid b$$

この文法では，長さが奇数の系列は任意のものを生成する．一方，長さが偶数の系列については以下のようなものを生成する．A からは □ a □ と表される系列が生成される．ここで，□ と表される 2 つのボックスはどちらも $\{a,b\}^*$ に属する任意の系列を表すが，2 つの系列の長さは同じである．同様に，B からは □ b □ と表される系列が生成される．初めに $S \rightarrow AB$ を適用すれば，これらの系列をつないだ

の形の系列が生成される（a の両サイドのボックスの長さは等しく，b の両サイドのボックスの長さも等しいが，a の場合と b の場合で長さが違っていてもいいので a の両サイドのものを長く書いた）．しかし，この系列が ww の形となることはない．このことは，a と b に囲まれる □ と □ を入れ換えて □ a □ □ b □ と表すとわかりやすい．同様に，初めに $S \rightarrow BA$ を適用した場合も ww の形となる系列が生成されることはない．

(3)　文脈自由言語 $\Sigma^* - L$ の補集合 L が文脈自由言語でないことから導かれる．

4.11　一般に，$A \rightarrow BC$ または $A \rightarrow a$ のタイプの書き換え規則のチョムスキーの標準形の文法の導出木で，根から葉までのどのパスも長さが h 以下のものが導出し得る終端記号からなる系列の長さは 2^{h-1} を超えることはできない．どのパスにおいても，最後は $A \rightarrow a$ のタイプの書き換えにより葉がつくられるからである．したがって，もし長さが $2^{h-1} + 1$ 以上の系列が導出されるとすると，その導出木には長さが $h + 1$ 以上のものが存在することになる．ここで，$h = k$ とおくと，その導出木には長さが $k + 1$ 以上のパスが存在する（このパスには，非終端記号が $k + 1$ 個以上と終端記号が 1 個現れる）．したがって，このパス上には同じ非終端記号が 2 回以上現れることになり，図 4.6 のような状況

が起こり，$|vy| \geq 1$ の条件より，定理 4.11 の $uv^i xy^i z$ の形の系列が無限に生成されることになる.

4.12　正規文法の書き換え規則として許されつタイプに名前をつけ，$\{A \to aB, A \to \varepsilon\}$ をタイプ 1 と呼び，$\{A \to aB, A \to a, A \to \varepsilon\}$ をタイプ 2 と呼ぶ. タイプ 1 はタイプ 2 に含まれているので，タイプ 1 で生成される言語はタイプ 2 でも生成される. そこで，タイプ 2 で生成される言語はタイプ 1 でも生成されることを導く.

タイプ 2 の正規文法 G_2 からタイプ 1 の正規文法 G_1 を次のようにつくる. すなわち，G_2 の $\{A \to aB, A \to \varepsilon\}$ の形の書き換え規則はそのまま加え，$\{A \to a\}$ の形の規則はすべて $\{A \to aX, X \to \varepsilon\}$ で置き換えた文法を G_1 とする.

$L(G_1) \supseteq L(G_2)$ **の証明**：任意の $w \in L(G_2)$ に対して，G_2 による w の導出で，$A \to a$ が使われたとすると，G_1 には $A \to aX$ と $X \to \varepsilon$ が加えられているので，G_2 の $A \to a$ の書き換えは，G_1 の $A \to aX$ と $X \to \varepsilon$ で置き換えられる. したがって，$w \in L(G_1)$.

$L(G_1) \subseteq L(G_2)$ **の証明**：任意の $w \in L(G_1)$ に対して，G_1 による w の導出で，$X \to \varepsilon$ が使われたとすると，この場合の X は，$A \to aX$ の形の規則でつくられている. 一方，この $A \to aX$ は $X \to \varepsilon$ とペアで，G_2 の $A \to a$ に代わるものとして加えられているので，$w \in L(G_2)$.

4.13　右線形文法 $G_R = (P, \Sigma, P_R, S)$ から左線形文法 $G_L = (P \cup \{S_0\}, \Sigma, P_L, S_0)$ を定義する. ここに，$S_0 \notin P$. P_R の書き換え規則から P_L の書き換え規則を次の 3 つのタイプのルールで定める. ただし，P_L の書き換え規則は左辺と右辺を逆にして表す.

タイプ 1：$X \to aY$　➡　$Xa \leftarrow Y$

タイプ 2：$\varepsilon \to S$

タイプ 3：$X \to aY$，かつ，$Y \to \varepsilon$　➡　$Xa \leftarrow S_0$

ここで，タイプ 3 のルールは，P_R に $X \to aY$ と $Y \to \varepsilon$ のタイプの書き換え規則が存在するとき，P_L に $Xa \leftarrow S_0$ の書き換え規則を加えることを意味する. また，タイプ 2 は，タイプ 1 やタイプ 3 の場合と異なり，無条件に書き換え規則 $\varepsilon \leftarrow S$ を P_L に加えることを意味する. なお，G_L では，S_0 が開始記号で，$S \in P$ は開始記号ではなくなる.

$L(G_R) \subseteq L(G_L)$ **の証明**：任意の系列 $a_1 \cdots a_n \in L(G_R)$ に対して，その導出を $S \Rightarrow a_1 X_1 \Rightarrow \cdots \Rightarrow a_1 \cdots a_{n-2} X_{n-2} \Rightarrow a_1 \cdots a_{n-1} X_{n-1} \Rightarrow a_1 \cdots a_n X_n \Rightarrow a_1 \cdots a_n$ とする. ここで，$X_1, \ldots, X_n \in P$. この導出では，最後の 2 つのステップで $X_{n-1} \to a_n X_n$ と $X_n \to \varepsilon$ の書き換え規則が用いられる. したがって，タイプ 3 のルールで $X_{n-1} a_n \leftarrow S_0$ が P_L に加えられている. したがって，$a_1 \cdots a_n \Leftarrow S a_1 \cdots a_n \Leftarrow X_1 a_2 \cdots a_n \Leftarrow \cdots \Leftarrow X_{n-2} a_{n-1} a_n \Leftarrow X_{n-1} a_n \Leftarrow S_0$.

$L(G_R) \supseteq L(G_L)$ **の証明**：任意の系列 $a_1 \cdots a_n \in L(G_R)$ に対して，その導出を $a_1 \cdots a_n \Leftarrow S a_1 \cdots a_n \Leftarrow X_1 a_2 \cdots a_n \Leftarrow \cdots \Leftarrow X_{n-2} a_{n-1} a_n \Leftarrow X_{n-1} a_n \Leftarrow S_0$ とする. したがって，$X_{n-1} a_n \leftarrow S_0$ が P_L に加えられているので，P_R には $X_{n-1} \to a_n X_n$，$X_n \to \varepsilon$ のタイプの書き換え規則が存在していたことになる. したがって，$S \Rightarrow a_1 X_1 \Rightarrow \cdots \Rightarrow a_1 \cdots a_{n-2} X_{n-2} \Rightarrow a_1 \cdots a_{n-1} X_{n-1} \Rightarrow a_1 \cdots a_n X_n \Rightarrow a_1 \cdots a_n$.

4.14　この問題では $\Rightarrow$ 向きの証明を与えるが，$\Leftarrow$ 向きの証明も同様である. この定理の証明にあるように有限オートマトン $M = (Q, \Sigma, \delta, q, F)$ から正規文法 $G_M = (\{A_q \mid q \in Q\}, \Sigma, P, A_{q_0})$ を定義し，$L(M) \subseteq L(G_M)$ と $L(M) \supseteq L(G_M)$ を導く.

$L(M) \subseteq L(G_M)$ **の証明**：

$$\left(\begin{array}{l} \text{長さ } n \text{ の } w_1 \cdots w_n \in \Sigma^* \text{に対して} \\ q_0 \xrightarrow{w_1} p_1 \xrightarrow{w_2} \cdots \xrightarrow{w_n} p_n, \text{ かつ，} p_n \in F \end{array} \right)$$

$$\Rightarrow \left(\begin{array}{l} \text{受理状態 } p_n \in F \text{ に対して,} \ A_{p_n} \to \varepsilon \in P \text{ を}\\ \text{書き換え規則としているので,}\\ A_{q_0} \Rightarrow w_1 A_{p_1} \Rightarrow w_1 w_2 A_{p_2} \Rightarrow \cdots \Rightarrow w_1 \cdots w_n A_{p_n}\\ \Rightarrow w_1 w_2 \cdots w_n \end{array}\right)$$

$L(M) \supseteq L(G_M)$ の証明:

$$\left(\begin{array}{l} \text{長さ } n \text{ の } w_1 \cdots w_n \in \Sigma^* \text{ に対して}\\ A_{q_0} \Rightarrow w_1 A_{p_1} \Rightarrow w_1 w_2 A_{p_2} \Rightarrow \cdots \Rightarrow w_1 \cdots w_n A_{p_n}\\ \Rightarrow w_1 \cdots w_n \end{array}\right)$$

$$\Rightarrow \left(\begin{array}{l} G_M \text{ における導出の最後のステップで } A_{p_n} \to \varepsilon \text{ が使われていることより,}\\ p_n \text{ は受理状態であり, かつ,}\\ q_0 \xrightarrow{w_1} p_1 \xrightarrow{w_2} p_2 \longrightarrow \cdots \xrightarrow{w_n} p_n \end{array}\right)$$

4.15 $S \to aT \mid bT \mid \varepsilon$

$\qquad T \to aS \mid bS$

第 5 章

5.1　同じ PDA の場合, タイプ 1 で受理される言語はタイプ 2 で受理される言語に包含される. そのため, $\Rightarrow$ の証明では, タイプ 1 の PDAM からタイプ 2 の PDAM' をつくり, M' では余分の系列を受理しないようにする. 反対に, $\Leftarrow$ の証明では, タイプ 2 の PDAM からタイプ 1 のPDAM' をつくり, スタックに系列が残ったまま受理状態に遷移して受理されてしまった系列でも, その残った系列をすべてポップして空スタックで受理するようにする. なお, 簡単のため, 証明では状態遷移関数は等価な状態遷移図を表すものと見なす.

$\Rightarrow$ **の証明:** L は PDA$M = (Q, \Sigma, \Gamma, \delta, q_0, F)$ によりタイプ 1 で受理されるとする. M からタイプ 2 の PDA $M' = (Q \cup \{q_s, q_F\}, \Sigma, \Gamma \cup \{\$\}, \delta', q_s, \{q_F\})$ を定義すると, $L(M) = L(M')$ が成立する. ここで, δ' は δ に次の遷移の枝を追加したものとする.

- $q_s \xrightarrow{\varepsilon, \varepsilon \to \$} q_0$,
- すべての $q \in F$ に対して, $q \xrightarrow{\varepsilon, \$ \to \$} q_F$.

$\Leftarrow$ **の証明:** L は PDA$M = (Q, \Sigma, \Gamma, \delta, q_0, F)$ によりタイプ 2 で受理されるとする. M からタイプ 1 の PDA $M' = (Q \cup \{q_F\}, \Sigma, \Gamma, \delta', q_0, \{q_F\})$ を定義すると, $L(M) = L(M')$ が成立する. ここで, δ' は δ に次の遷移の枝を追加したものとする.

- すべての $q \in F$ に対して, $q \xrightarrow{\varepsilon, \varepsilon \to \varepsilon} q_F$,
- すべての $a \in \Gamma$ に対して, $q_F \xrightarrow{\varepsilon, a \to \varepsilon} q_F$.

5.2

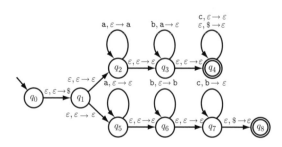

5.3

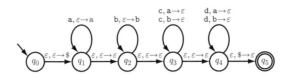

5.4

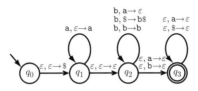

　入力が読み込まれるのは，状態 q_1 で記号 a であり，q_2 で記号 b に限られることに注意すると，この状態遷移図で受理される系列は $a^i b^j$ と表されるものに限られることになる.

場合 1 : $i \geq j + 1$ のとき.

　$q_0 \xrightarrow{\varepsilon, \varepsilon \to \$} q_1$ に引き続いて，状態 q_1 で $q_1 \xrightarrow{a, \varepsilon \to a} q_1$ を j 回繰り返し，状態 q_2 に遷移し，$q_2 \xrightarrow{b, a \to \varepsilon} q_2$ を j 回繰り返す. このとき，スタックの系列は $a^{i-j}\$$. その後，$q_2 \xrightarrow{\varepsilon, a \to \varepsilon} q_3$ と遷移した（$i - j \geq 1$ の条件より可能）後, 状態 q_3 でスタックが空となるように遷移し，受理する.

場合 2 : $j \geq i + 1$ のとき.

　$q_0 \xrightarrow{\varepsilon, \varepsilon \to \$} q_1$ に引き続いて，状態 q_1 で $q_1 \xrightarrow{a, \varepsilon \to a} q_1$ を i 回繰り返し，状態 q_2 に遷移し，$q_2 \xrightarrow{b, a \to \varepsilon} q_2$ を i 回繰り返す. このとき，スタックの系列は $\$$. また，読み込まれず残っている入力は b^{j-i} である（ここに，$j - i \geq 1$）. その後，$q_2 \xrightarrow{b, \$ \to b\$} q_2$ と遷移した後，$q_2 \xrightarrow{b, b \to b} q_2$ を $j - i - 1$（≥ 0）回繰り返す. このとき，スタックの系列は $b\$$ で，入力 $a^i b^j$ は読み切っている. 最後に，$q_2 \xrightarrow{\varepsilon, b \to \varepsilon} q_3$, $q_3 \xrightarrow{\$ \to \varepsilon} q_3$ と遷移し，受理する.

場合 3 : $i = j$ のとき.

　非受理.

5.5　　長さ $2n$ の系列 $w_1 \cdots w_n w_n \cdots w_1$ が入力されたとき，図 5.14 の PDA は，前半部の $w_1 \cdots w_n$ を入力した段階でスタックの内容は $w_n \cdots w_1$ となる. ここに，スタックの系列は左端をトップとして表す. すると，後半部の $w_n \cdots w_1$ が入力されるとスタックのトップの記号と入力ヘッドが見ている記号が一致するので，n 回ポップを繰り返して入力の系列を受理する. 一方，図 5.13 の動作は，プッシュとポップを交互に小刻みに繰り返す. これは，入力の記号をあらかじめ非決定的に予測し，$q_1 \xrightarrow{\varepsilon, S \to aSa} q_1$ や $q_1 \xrightarrow{\varepsilon, S \to bSb} q_1$ の動作でトップの S を aSa や bSb で置き換えておいて，入力ヘッドが見ている記号とスタックのトップの記号が一致するときは，これらの a や b がポップされる. ポップされると S がスタックのトップとなるので，次の入力記号のための $S \to aSa$ や $S \to bSb$ の置き換えがスタックのトップで可能となる. 入力が $w_1 \cdots w_n w_n \cdots w_1$ の場合は，これらの動作がすべてうまくいき，スタックの内容が $\$$ だけとなり，受理される.

5.6　k^3 個

5.7　$\Rightarrow$ の証明：遷移のステップ数 k に関する帰納法で証明する. $k = 1$ のときは，$\Leftrightarrow$ の左辺と右辺はそれぞれ $p \xrightarrow{\varepsilon} p$ と $A_{pp} \overset{*}{\Rightarrow} \varepsilon$ しかないので，成立する.

　次に，ステップ数が k 以下のとき事実の $\Rightarrow$ 向きの命題は成立すると仮定し，ステップ数が $k + 1$ の遷移で $p \xrightarrow[\text{emp}]{w} q$ と仮定する.

場合 1 : $p \xrightarrow[\text{emp}]{w} q$ の遷移の途中でスタックが空にならない場合.

$q, r \in Q$, $a, a' \in \Sigma_\varepsilon$, $b \in \Gamma$ が存在して

$$w = aw'a',$$
$$p \xrightarrow{a,\varepsilon \to b} r \xrightarrow[\text{emp}]{w'} s \xrightarrow{a',b \to \varepsilon} q$$

となる. このとき, 帰納法の仮定より, $A_{rs} \overset{*}{\Rightarrow} w'$. また, $p \xrightarrow{a,\varepsilon \to b} r$, $s \xrightarrow{a',b \to \varepsilon} q$ となるので, $A_{pq} \to aA_{rs}a'$ は G の書き換え規則である. したがって, $A_{pq} \Rightarrow aA_{rs}a' \overset{*}{\Rightarrow} aw'a' = w$.

場合 2 : 途中でスタックが空となる場合.

$r \in Q$ と $w = w'w''$ となる $w', w'' \in \Sigma^*$ が存在して, $p \xrightarrow[\text{emp}]{w'} r$, $r \xrightarrow[\text{emp}]{w''} q$. このとき, これらの遷移のステップ数はいずれも k 以下であるので, 帰納法の仮定より, $A_{pr} \overset{*}{\Rightarrow} w'$, $A_{rq} \overset{*}{\Rightarrow} w''$. したがって, $A_{pq} \Rightarrow A_{pr}A_{rq} \overset{*}{\Rightarrow} w'w'' = w$.

⇐ の証明:導出のステップ数 k に関する帰納法で証明する. $k = 1$ のときは, A_{pq} から Σ^* の系列が導出されるのは, $A_{pp} \Rightarrow \varepsilon$ のみである. 一方, 定義より $p \xrightarrow[\text{emp}]{\varepsilon} p$.

導出のステップ数が k 以下のとき事実の ⇐ 向きの命題は成立すると仮定し, ステップ数が $k+1$ のときも成立することを導く. $w \in \Sigma^*$ に対して, $k+1$ 回の書き換え規則の適用で, $A_{pq} \overset{*}{\Rightarrow} w$ と導出されると仮定する. この導出を次のように 2 つの場合に分けて証明する.

場合 1 : $A_{pq} \Rightarrow aA_{rs}a' \overset{*}{\Rightarrow} w$ のとき.

このとき, w は $aw'a'$ と表され, k 回の書き換えで $A_{rs} \overset{*}{\Rightarrow} w'$. したがって, 帰納法の仮定より, $r \xrightarrow[\text{emp}]{w'} s$. 一方, $A_{pq} \to aA_{rs}a'$ が書き換え規則であることより, あるスタック記号 $b \in \Gamma$ が存在して,

$$p \xrightarrow{a,\varepsilon \to b} r,$$
$$s \xrightarrow{a',b \to \varepsilon} q.$$

したがって, $p \xrightarrow{a,\varepsilon \to b} r \xrightarrow[\text{emp}]{w'} s \xrightarrow{a',b \to \varepsilon} q$. よって, $w = aw'a'$ より,

$$p \xrightarrow[\text{emp}]{w} q.$$

場合 2 : $A_{pq} \Rightarrow A_{pr}A_{rq} \overset{*}{\Rightarrow} w$ のとき.

このとき, w は $w'w''$ と表され, k より少ない回数の書き換えで $A_{pr} \overset{*}{\Rightarrow} w'$, $A_{rq} \overset{*}{\Rightarrow} w''$. したがって, 帰納法の仮定より, $p \xrightarrow[\text{emp}]{w'} r$, $r \xrightarrow[\text{emp}]{w''} q$. よって, $w = w'w''$ より

$$p \xrightarrow[\text{emp}]{w} q.$$

5.8 定義 3.16 の正規表現の定義より, 正規表現は文脈自由文法 $S \to a \mid b \mid \widetilde{\varepsilon} \mid \emptyset$, $S \to (S+S) \mid (S \cdot S) \mid (S^*)$ で表される. したがって, 定理 5.6 の証明の構成に従い, 正規表現を受理する PDA が得られる. 以下, この解答では正規表現としての ε は $\widetilde{\varepsilon}$ と表し, 通常の空系列 ε と区別して表すこととする. プッシュダウンオートマトンは, 図 5.14 で与えられる. ただし, $q_2 \to q_2$ の遷移のラベルとしては, $\{a, a \to \varepsilon\}$ のタイプのものは, $a, a \to \varepsilon$, $b, b \to \varepsilon$, $\widetilde{\varepsilon}, \widetilde{\varepsilon} \to \varepsilon$, $\emptyset, \emptyset \to \varepsilon$, $+, + \to \varepsilon$, $\cdot, \cdot \to \varepsilon$, $*, * \to \varepsilon$, $(, (\to \varepsilon$, $),) \to \varepsilon$ とし, $\{\varepsilon, A \to u\}$ のタイプのものは, $\varepsilon, S \to (S+S)$, $\varepsilon, S \to (S \cdot S)$, $\varepsilon, S \to (S^*)$, $\varepsilon, S \to a$, $\varepsilon, S \to b$, $\varepsilon, S \to \widetilde{\varepsilon}$, $\varepsilon, S \to \emptyset$ とする.

第 6 章

6.1　ヘッドの移動が $\{L, R, S\}$ で表される TMM で $\delta(q, a) = (q', a', S)$ と指定されていると き，この 1 ステップを，$\{L, R\}$ と限定されている TMM' は，2 ステップで模倣する．そのため に，M' の δ' を新しい状態 p を導入した上で，次のように指定する．

- $\delta'(q, a) = (p, a', R)$.
- 任意の $b \in \Sigma$ に対して，$\delta'(p, b) = (q', b, L)$.

ここに，導入する p は，$\delta'(q, a)$ のペア (q, a) ごとに新しい状態とする．

6.2　任意の決定性 TM$M = (Q, \Sigma, \Gamma, \delta, q_0, q_{accept}, q_{reject})$ より，ヘッドの移動の向きが遷移先の 状態により決定される $M' = (Q', \Sigma, \Gamma, \delta', q_s, q_{accept}, q_{reject})$ を次のように定めると，M と M' は 等価となる．まず，Q' を

$$\{q_L, q_R \mid q \in Q - \{q_{accept}, q_{reject}\}\} \cup \{q_s, q_{accept}, q_{reject}\}$$

と定める．このように，M の状態 $q \in Q - \{q_{accept}, q_{reject}\}$ に M' の 2 つの状態のペア $\{q_L, q_R\}$ を対応させ，これらの状態には等価な動きをさせる．すなわち，M で $q \xrightarrow{a/a'} q'$ の遷移が起きる ときは，M' で $\{q_L, q_R\} \xrightarrow{a/a'} \{q'_L, q'_R\}$ の遷移が起こり，しかもヘッドの移動の向きに関する条 件を満たすようにする．具体的には，$\delta(q, a) = (q', a', L)$ のときは，

$$\delta'(q_L, a) = (q'_L, a', L),$$
$$\delta'(q_R, a) = (q'_L, a', L)$$

と指定し，$\delta(q, a) = (q', a', R)$ のときは，

$$\delta'(q_L, a) = (q'_L, a', R),$$
$$\delta'(q_R, a) = (q'_L, a', R)$$

と指定する．なお，詳しいことは省略するが受理状態や非受理状態は次の遷移が定義されていない ので，ヘッドの移動の向きに関する条件も課さないとする．M' の開始状態 q_s から M の開始状態 に相当する q_{0L} や q_{0R} へは ε 遷移するように δ' を指定し，この場合もヘッドの移動の向きに関す る条件は課さないこととする．

6.3　M_1 は状態 $(q_R, 1, 1, 0, L, L, R)$ で左端に置かれたヘッドの右移動を繰り返しながら更新する．こ の場合，初めに現れるトラック 2 の ^ の箇所に状態の 6 項組 $(q_R, 1, 1, 0, L, L, R)$ の 3 番目の項目で ある 1 を書き込む．また，6 番目の項目の L はトラック 2 のヘッドポジションの記号の移動の向き を表しているので，^ を 1 コマ左に移動する．そのため，それまでは右移動中であるが，いったん 左方向に 1 コマ戻り，そこにあった 0 を 3 番目の項目に上書きすると同時に，これでトラック 2 の 更新と情報収集が完了するので，6 番の項目を # とする．その結果，状態は

$$(q_R, 1, 1, 0, L, L, R) \xrightarrow{*} (q_R, 1, 0, 0, L, \#, R)$$

と遷移する．このように更新を続け，最後の 3 項目分のポジションに # が 3 つ揃ったら，すべての トラックの更新が完了したことになる．

6.4　簡単のため，問題 6.1 のようにヘッドの移動が $\{L, R, S\}$ であるような TM で模倣すること にする．(1) と (2) に示すように，$\{L, R, S\}$ に一般化して模倣したものを，問題 6.1 の解答で示 した変換により，ヘッドの移動が $\{L, R\}$ のものに等価交換すればよい．

(1)　$\delta(q, a) = \{(q_0, a_0, D_0), \ldots, (q_3, a_3, D_3)\}$ の指定を新しく状態 p_0，p_1 を導入して次のように 指定して模倣すればよい．

$$\delta(p, a) = \{(p_0, \varepsilon, S), (p_1, \varepsilon, S)\}$$
$$\delta(p_0, \varepsilon) = \{(q_0, a_0, D_0), (q_1, a_1, D_1)\}$$
$$\delta(p_1, \varepsilon) = \{(q_2, a_2, D_2), (q_3, a_3, D_3)\}$$

(2)　$\delta(q, a) = \{(q_0, a_0, D_0), \ldots, (q_{i-1}, a_{i-1}, D_{i-1})\}$ であるとき，m を $i \leq 2^m$ となる最小の整数とする．(1) を一般化して，M の 1 ステップを遷移先が 2 通りに限定された TM の m ステップで模倣することができる．ただし，$i < 2^m$ のときは，同じ (q_j, a_j, D_j) を遷移先として重複して指定して見かけ上は $i = 2^m$ となるようにする．同じ理由で $|\delta(q, a)| = 1$ のときも，重複して指定すれば $|\delta(q, a)| = 2$ とすることができるので，$|\delta(q, a)|$ が 2 または 0 の TM で模倣することができる．

6.5　**場合 1**：$b_1 \cdots b_n = 1 \cdots 1$ のときは，$next(b_1 \cdots b_{n+1}) = 00 \cdots 0 \in \{0, 1\}^{n+1}$.

場合 2：$b_1 \cdots b_n \neq 1 \cdots 1$ のときは，$b_1 \cdots b_n$ の 0 となる最小桁を j 桁とすると（すなわち，$j = \max\{i \mid b_i = 0\}$），$next(b_1 \cdots b_n) = b_1 \cdots b_{j+1} 10 \cdots 0 \in \{0, 1\}^n$.

第 7 章

7.1　話を簡単にするため，アルファベットが $\Sigma = \{a_1, a_2, a_3, a_4\}$ の決定性 TM M をアルファベットが $\Sigma = \{0, 1\}$ の決定性 TM M' で模倣できることを示し，この模倣の仕方は任意のアルファベットの場合に一般化できることを導く．模倣のポイントは，$\{a_1, \ldots, a_4\}$ を $\{0, 1\}^2$ でデコーディングし，M の $\delta(q, a_i) = (q', a_j, D_j)$ による 1 ステップの遷移を，M' の 6 ステップの遷移で模倣することである．M の記号は，隣接する 2 つのコマの 2 ビットの系列として表し，隣接する 2 コマの左のコマを模倣のときの基準ポジションとする．M' の 6 ステップの最初の 2 ステップで右移動を 2 回繰り返し，読み込んだ 2 ビット $b_1 b_2$ から M の記号を識別し，帰りの 2 回の左移動で，M の δ から決まる新しい記号 a_j に対応する 2 ビットを書き込み，最後の 2 回の遷移で，移動方向の D_j が L か R かにより，左移動を 2 回繰り返すか，右移動を 2 回繰り返すと共に新しい状態 q' へ状態遷移する．これが，M の 1 ステップを M' の 6 ステップで模倣するサイクルである．M のアルファベットが一般の $\Sigma = \{a_1, \ldots, a_i\}$ の場合も，$i \leq 2^m$ を満たす最小の m を決め，$\Sigma = \{a_1, \ldots, a_i\}$ を $\{0, 1\}^m$ の系列としてコーディングすれば，同様に模倣することができる．

7.2　命令記述部の 6 項組は長さ $2m+3$ の 2 進列で表される．万能 TM U による模倣では，命令記述部の各 5 項組を探索したり，探索した項目の内容をコピーしたりする際には，5 項組 $(p_i, b_i, p_i', b_i', D_i)$ の長さが $m+1$ の (p_i, b_i) や (p_i', b_i') をひとまとめにして実行する．この場合の探索やコピーの動作は時点記述部の ⊦ と ⋉ の間の長さ $m+1$ を基準にしている．そのため，命令記述部も時点記述部も m に応じてその長さが決まるようになっているため，任意の m の値に対して，7.1 節の万能 TM は働くようになっている．そのような意味のない行があっても，すべての TM を網羅してさえすればよい．

7.3　対角線論法では，表 7.12 の各行はすべての TM を尽くすように並べられていることが必要となる．この前提がないと，矛盾を導くためにつくった M_k がいずれかの行として現れるということが言えなくなって，したがって，矛盾が導けない．一方，定理 7.1 の証明でも表 7.12 の？のポジションに注目して矛盾を導いてはいるが，この表を前提とはしていないので，行が TM を尽くすという事実を用いる必要はない．なお，TM に限らずすべてを尽くすように並べることを**列挙**と呼ぶ．TM M を万能 TM U の命令記述部のような系列で表すことにすると，U のテープアルファベットを Γ で表すことにして，Γ の記号の系列を長さの小さいほうからすべてを尽くすように並べれば，TM の列挙となる．このように系列を並べると，TM と解釈できないような系列も並べられるが，それは構わない．

7.4

条件 1　否定ゲートの入出力の関係より，$(a, b) = (1, 0)$，または，$(0, 1)$.

条件 2　a と b がラインで結ばれていることより，$(a,b) = (1,1)$，または，$(0,0)$. これらの 2 条件が同時に満たされることはないので，矛盾する.

7.5　表の文の真偽と裏の文の真偽をペアにして表すことにする.すると，表の文より，(真, 真)，または，(偽, 偽) の 2 通りの可能性しかない.一方，裏の文より，(偽, 真)，または，(真, 偽) となる.したがって，2 つの条件がどちらも満たされることはないので，矛盾が導かれる.

7.6　一般の停止問題は空テープ停止問題に帰着できることを導くことができれば，帰着の否定的な適用により，後者の問題は決定不能となる.一般の停止問題のインスタンスを $\langle M, w \rangle$ と表す.一方，TM M_w を，テープに $w = w_1 \cdots w_n$ を打ち出した後，万能 TM U に動作を引き渡すような TM とする（w_1 から w_n までを打ち込む動作は M_w の状態遷移図に組み込まれている）.すると，インスタンスが $\langle M, w \rangle$ のときの一般の停止問題は，インスタンスが $\langle M_w, \varepsilon \rangle$ のときの空テープ停止問題に帰着される.

7.7　gf を計算するチューリング機械 M_{gf} を次のように構成する. M_{gf} では，w を M_f に入力して $f(w)$ を計算させ，その後 $f(w)$ を M_g に入力して $g(f(w))$ を計算させる. M_f の計算時間は $|w|$ の多項式関数で与えられる.すなわち，そのステップ数は，$|w| = n$ とおくと，cn^q で抑えられる.ここに，q や c は定数.同様に，M_g の計算のステップ数は $|w| = n$ とおくと，$c'n^r$ で抑えられる.ここに，r や c は定数.ところで，M_f のステップ数が cn^q で抑えられるということは，$f(w)$ の長さ $|f(w)|$ も cn^q で抑えられる（計算時間のすべてを $f(w)$ の打ち出しに使ったとしてもこうなる）.したがって，M_{fg} の計算時間は，$c'(cn^q)^r = kn^{qr}$ で抑えられる.すなわち，多項式関数で抑えられる.ここに，$k = c'c^r$.ここでは，計算時間は大まかに議論したが，厳密な議論のためには定義 8.1 や 8.2 が必要となる.

7.8　(1)

タイプ 1 :
$$\left[\begin{array}{c} \sharp \\ \hline \sharp q_0 01 \sharp \end{array}\right]$$

タイプ 2 :
$$\left[\begin{array}{c} q_0 0 \\ \hline 1q_1 \end{array}\right], \left[\begin{array}{c} 0q_0 1 \\ \hline q_1 00 \end{array}\right], \left[\begin{array}{c} 1q_0 1 \\ \hline q_1 10 \end{array}\right], \left[\begin{array}{c} 0q_0 \sqcup \\ \hline q_1 01 \end{array}\right], \left[\begin{array}{c} 1q_0 \sqcup \\ \hline q_1 11 \end{array}\right],$$
$$\left[\begin{array}{c} 0q_1 0 \\ \hline q_A 00 \end{array}\right], \left[\begin{array}{c} 1q_1 0 \\ \hline q_A 10 \end{array}\right], \left[\begin{array}{c} q_1 1 \\ \hline 0q_0 \end{array}\right], \left[\begin{array}{c} q_1 \sqcup \\ \hline 0q_1 \end{array}\right]$$

タイプ 3 :
$$\left[\begin{array}{c} 0 \\ \hline 0 \end{array}\right], \left[\begin{array}{c} 1 \\ \hline 1 \end{array}\right], \left[\begin{array}{c} \sqcup \\ \hline \sqcup \end{array}\right], \left[\begin{array}{c} \sharp \\ \hline \sharp \end{array}\right]$$

タイプ 4 :
$$\left[\begin{array}{c} \sharp \\ \hline \sqcup \sharp \end{array}\right]$$

タイプ 5 :
$$\left[\begin{array}{c} 0q_A \\ \hline q_A \end{array}\right], \left[\begin{array}{c} 1q_A \\ \hline q_A \end{array}\right], \left[\begin{array}{c} q_A 0 \\ \hline q_A \end{array}\right], \left[\begin{array}{c} q_A 1 \\ \hline q_A \end{array}\right], \left[\begin{array}{c} \sqcup q_A \\ \hline q_A \end{array}\right],$$
$$\left[\begin{array}{c} q_A \sqcup \\ \hline q_A \end{array}\right]$$

タイプ 6 :
$$\left[\begin{array}{c} q_A \sharp\sharp \\ \hline \sharp \end{array}\right]$$

(2)

♯ q_0 0 1 ♯ ♯ 1 q_1 1 ⊔ ♯ 1 0 q_0 ⊔ ♯ 1 q_1 0 1 ♯ q_A 1 0 1 ♯ q_A 0 1 ♯ q_A 1 ♯ q_A ♯ ♯

♯ q_0 0 1 ♯ 1 q_1 1 ⊔ ♯ 1 0 q_0 ⊔ ♯ 1 q_1 0 1 ♯ q_A 1 0 1 ♯ q_A 0 1 ♯ q_A 1 ♯ q_A ♯ ♯

第 8 章

8.1 (1) G の点の次数はすべて偶数と仮定する．G の任意の点から始めて同じ辺を通らないようにして進み続けると最初の点に戻る（途中で進めなくなったとすると，その点の次数が奇数となり仮定に矛盾）．この操作を辺が残っている限り続けると，目的の分割が得られる．

(2) ⇒ の証明：G をオイラー閉路に沿って 1 巡すると，各点を通った回数の 2 倍がその点の次数となる（通過するとき，入りの辺と出の辺を通る）．

⇐ の証明：(1) より，G の辺集合は閉路の辺でできたブロックに分割される．G は連結しているので，図 8.1 の例で説明したように交わっている閉路間の合併を繰り返し，オイラー閉路をつくることができる．

8.2 (1)

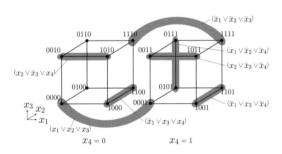

$x_4 = 0$ $x_4 = 1$

(2) $(x_1 \vee \overline{x}_2 \vee x_4)$

8.3

$(s \vee t)$ は充足可能である $\Leftrightarrow$ 「$\overline{s}$ のとき，t」かつ「$\overline{t}$ のとき，s」

$\Leftrightarrow$ $\overline{s} \Rightarrow t$ かつ $s \Leftarrow \overline{t}$

8.4 (1)

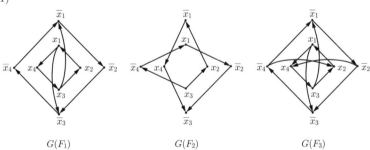

$G(F_1)$ $G(F_2)$ $G(F_3)$

(2)　割り当てをリテラルの集合 $T \subseteq V_F$ で表すことにする.
　　F_1：充足する割り当ては，$\{\overline{x}_1, \overline{x}_2, \overline{x}_3, \overline{x}_4\}$.
　　F_2：充足する割り当ては次の 4 通りである.

$$\{x_2, \overline{x}_1, x_4, \overline{x}_3\}$$
$$\{\overline{x}_1, x_4, \overline{x}_3, \overline{x}_2\}$$
$$\{x_4, \overline{x}_3, \overline{x}_2, x_1\}$$
$$\{\overline{x}_3, \overline{x}_2, x_1, \overline{x}_4\}$$

$G(F_2)$ における 2 つのパス $x_3 \to x_2 \to \cdots \to \overline{x}_3$ と $x_3 \to \overline{x}_4 \to \cdots \to \overline{x}_3$ に注目する. 割り当てを表す $T \subseteq V_F$ に，たとえば，x_3 を加えたとすると，$x_3 \to x_2$ の関係にある x_2 も加えなければならない. なぜならば，$x_3 \in T$ でかつ $x_2 \notin T$ とすると（すなわち，$x_3 = 1$, $x_2 = 0$），F_2 の節 $(x_2 \vee \overline{x}_3)$ が充足されないからである. 一般に，注目するパスを川の流れにたとえると，T にあるリテラルを加えると，それより下流にあるリテラルもすべて T に加えなければならない. この条件から，F_2 を満たす割り当ては上の 4 通りとなる. 割り当てのつくり方は，まず，$x_3 \to x_2 \to \overline{x}_1 \to x_4 \to \overline{x}_3$ の下流の 4 点からなる割り当てをつくり，次いで，この割り当てから上流の 1 点の x_2 を除き，代わりにもうひとつの流れ $x_3 \to \overline{x}_4 \to x_1 \to \overline{x}_2 \to \overline{x}_3$ の下流のほうからの 1 つ $\overline{x}_2$ を加えるということを繰り返すと，上にあげた 4 通りの割り当てが得られる.
　　F_3：充足不能である.
場合 1：$\overline{x}_1 \in T$ のとき. $G(F_3)$ より，$\overline{x}_1 \to \overline{x}_2 \to x_4 \to x_3 \to x_2$. したがって，矛盾する.
場合 2：$x_1 \in T$ のとき. $x_1 \to x_4 \to x_3 \to \overline{x}_1$. したがって，矛盾する.

8.5　(1)　$\Rightarrow$ **の証明**：背理法により導く. T は F を充足し，$E(T) \neq T$ が成立すると仮定する. この仮定より，$G(F)$ の枝 $s \to t$ が存在して，$s \in T$ かつ $t \notin T$. $s \to t$ が枝であることより，F には節 $(\overline{s} \vee t)$ が現れる. しかし，$s \in T$ と $t \notin T$ より，T は $(\overline{s} \vee t)$ を充足しない. したがって，F も充足しないので，矛盾.

$\Leftarrow$ **の証明**：F の任意の節 $(s \vee t)$ に対して，$G(F)$ では $\overline{s} \to t$ の枝と $s \leftarrow \overline{t}$ の枝が張られている. 一方，$E(T) = T$ より，$\overline{s} \in T$ ならば $t \in T$ となり，$\overline{t} \in T$ ならば $s \in T$ となる. したがって，T は任意の節 $(s \vee t)$ を充足するので，F を充足する.

(2)　$G(F)$ では，F の節 $(s \vee t)$ より，$\overline{s} \to t$ の枝と $s \leftarrow \overline{t}$ の枝が張られる. $\overline{\overline{s}}$ を新しく s で表すことにすると，これらの枝は $s \to t$ と $\overline{s} \leftarrow \overline{t}$ となる. $G(F)$ の枝はこのように対になって張られているので，(2) が導びかれた.

(3)　$\Rightarrow$ **の証明**：背理法により証明する. F は割り当て T により充足し，かつ，x_i が存在して，x_i から $\overline{x}_i$ に至るパスと $\overline{x}_i$ から x_i に至るパスの両方が存在すると仮定する. $x_i \in T$ とすると，$E(T) = T$ より，x_i から $\overline{x}_i$ に至るパス上のすべての点は T に属する. したがって，$\overline{x}_i \in T$. これは T が割り当てであることに矛盾する. $\overline{x}_i \in T$ の場合も同様に矛盾が導かれる.

$\Leftarrow$ **の証明**：等価関係の右辺を仮定し，F を充足する T をつくる. 初め，$T = \emptyset$ とおいてスタートし，T にリテラルを追加することをすべての変数のリテラルが加えられるまで繰り返す. その手順は次の通りである.

T の決定：$|T| < n$ なら，
条件 1　$t \notin T$, かつ，$\overline{t} \notin T$,
条件 2　t から $\overline{t}$ に至るパスは存在しない,
の 2 条件を満たす t を選び，t から始まるパス上のすべてのリテラル（t を含む）を T に加える.
　　このようにして加えたリテラルには矛盾するものは存在しない. なぜならば，t から始まり s に

至るパスと t から始まり $\bar{s}$ に至るパスが存在したとすると，(2) より，$\bar{s}$ から始まり $\bar{t}$ に至るパスが存在することになる．t から $\bar{s}$ に至るパスにこのパスにつなぐと，t から $\bar{s}$ を経由して $\bar{t}$ に至るパスとなる．これは条件 2 に矛盾する．また，T のつくり方から，$E(T) = T$ が成立するので，(1) の等価関係より，T は F を充足する．

(4)　2 和積形論理式 F から $G(F)$ を構成し，すべての変数 x に対して，x から $\bar{x}$ に至るパスか，$\bar{x}$ から x に至るパスの少なくとも一方は存在しないという条件が満たされるかどうかを判定すればよい．この条件判定には例 8.6 の到達可能性問題を判定する多項式時間アルゴリズムを用いる．

8.6　(1)

---

f_{search} を計算するアルゴリズム：

入力：w:

1. $u \leftarrow \varepsilon$

2. $|u| < p(|w|)$ が成立する間，次を繰り返す．

> $f_{decide}(w, ub) = \text{YES}$ となる $b \in \{0, 1\}$ が存在すれば，
> そのような b を任意に選び，
>> $u \leftarrow ub$,
>
> 存在しない NO なら，**4** へジャンプする，

3. u を出力する．

4. NO を出力する．

このアルゴリズムでは，$|u| < p(|w|)$ の条件判定のために，$p(|w|)$ を計算する必要がある．いろいろの計算の仕方があるが，たとえば，例 6.6 の掛け算のアルゴリズムはそのひとつの方法である．$|w|$ の掛け算を $k - 1$ 回繰り返せばよい．ただし，$p(n) = n^k$．このためのこのアルゴリズムの計算時間も多項式時間となる．このアルゴリズムは条件を満たす $b \in \{0, 1\}$ を任意に選ぶようになっているため，出力に任意性がある．

(2)　$\Rightarrow$ の証明：(1) のアルゴリズムの計算時間は多項式時間なので，$f_{decide}(w, u0)$ や $f_{decide}(w, u1)$ の呼び出しのたびに多項式時間がかかるとしても，全体の計算時間は多項式時間となる．

$\Leftarrow$ の証明：$f_{search}(w, u)) \in \{0, 1\}^*$ のときは，$f_{decide}(w, u)$ として YES を出力し，$f_{search}(w, u)) = \text{NO}$ のときは NO を出力すればいい．

8.7

8.8　定理 8.10 より，$\text{P} \subseteq \text{NP}$．また，$\text{NP} = \text{P} \cup (\text{NP} - \text{P})$ より，$\text{coNP} = \text{coP} \cup \text{co}(\text{NP} - \text{P})$ より，$\text{coP} \subseteq \text{coNP}$．一方，定理 8.11 より，$\text{P} = \text{coP}$ なので，$\text{P} \subseteq \text{coNP}$．したがって，$\text{P} \subseteq \text{NP}$ かつ $\text{P} \subseteq \text{coNP}$ より，$\text{P} \subseteq \text{NP} \cap \text{coNP}$．

第 9 章

9.1　(1)　図 9.13 の状態遷移図より，$\delta(q_0, \sqcup) = (q_2, \sqcup, L)$ と指定されている．したがって，右上の $(q_0, \sqcup)$ が左に 1 コマシフトするので，$g(1, 1, (q_0, \sqcup)) = (q_2, 1)$.

(2)　$\delta_1(q_0, \sqcup) = (q_2, \sqcup, L)$ より，$g(1, (q_0, \sqcup), \sqcup) = \sqcup$.

(3)　$g'(y, z)$ は，$g(x, y, z)$ の x が欠落したものとして定義される．この場合は，$\delta_1(q_2, 1) = (q_2, 0, L)$ より，$g'(1, (q_2, 1)) = (q_2, 1)$.

(4)　(3) より，$g'(1, (q_2, 1)) = (q_2, 1)$ であり，また，図 9.13 より q_2 は受理状態であるので，

$$
\begin{aligned}
g_{out}((q_2, 1)) &= g_{bin}(g'(1, (q_2, 1))) \\
&= g_{bin}((q_2, 1)) \\
&= 1
\end{aligned}
$$

9.2

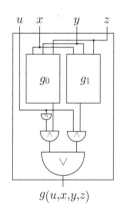

9.3

$$
\begin{aligned}
x &= x \vee (y \wedge \overline{y}) \vee (z \wedge \overline{z}) \\
&= x \vee ((y \vee z) \wedge (y \vee \overline{z}) \wedge (\overline{y} \vee z) \wedge (\overline{z} \vee \overline{y})) \\
&= (x \vee y \vee z) \wedge (x \vee y \vee \overline{z}) \wedge (x \vee \overline{y} \vee z) \wedge (x \vee \overline{y} \vee \overline{z})
\end{aligned}
$$

9.4　チューリング機械と論理回路という 2 つの計算モデルの違いは，TM は任意の長さ n の任意の系列 $w \in \Sigma^n$ に対して働くのに対し，論理回路は固定された長さ n の任意の系列 $w \in \Sigma^n$ に対してしか働かないことである．この違いをなくすため，1 つの TM が回路族 $\{C_n\}$ のすべての回路の記述を出力できるという条件を課すようにすると定義することもできる．すなわち，長さが n の系列（たとえば，1^n）が入力されたとき，$\langle C_n \rangle$ を出力するような TM が存在しなければならないという定義である．このように定義される $\{C_n\}$ は，1 つの TM が任意の n に対して C_n の記述を計算するので，**一様回路モデル**と呼ばれる．

10.1

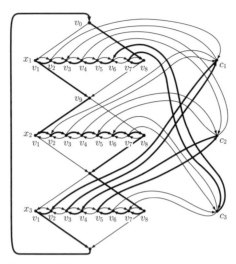

　なお，x_2 に対応する横パスは，右向きにとっているが，左向きでもよい.

10.2　巡回セールスマン問題（TSP）が NP に属することは，証拠として与えられた閉路が条件を満たすかどうかが多項式時間で検証できることから導かれる．また，すべての辺 e のコスト $g(e)$ を 1 とし，$k = |V|$ をしたときの巡回セールスマン問題は，ハミルトン閉路となることより，$HAMCYCLE \leq_{poly} TSP$ が成立する.

10.3　$CLIQUE \in$ NP となることは，入力 $\langle G, k \rangle$ のグラフ G を $G = (V, E)$ とするとき，k 点からなる $S \subseteq V$ を非決定的に選び，S のすべての 2 点間に辺が存在するかどうかをチェックすれば検証できることよりわかる.

　F を k 個の節からなる 3CNF 論理式とする．ここで，F から定められる $3k$ 個の点からなるグラフ G_F を次のように定義する．F に現れる $3k$ 個のリテラルを点とする．ここで，同じ節の 3 個のリテラルの点をひとまとめにして配置することにするとイメージしやすい．まず，各節に対応する 3 点の間には辺は存在しない．また，異なる節に対応するリテラル ℓ_i と ℓ_j は，$\ell_i = 1$，かつ，$\ell_j = 1$ とする割り当てが可能なとき，辺で結ぶ．これが不可能なのは，$\ell_i = x_k$，$\ell_j = \overline{x}_k$ のように，ℓ_i と ℓ_j が同じ変数の正リテラルと負リテラルとなっているときのみである．このように G_F を定義すると，

$$F \text{ は充足可能である} \quad \Leftrightarrow \quad G_F \text{ に } k \text{ クリークが存在する.}$$

が成立することを，以下のように導くことができる．この等価関係が成立すれば，帰着関数 f を $f(F) = G_F$ と定義すると，f は多項式時間で計算可能であるので，$3SAT \leq_{poly} CLIQUE$ が成立する.

$\Rightarrow$ の証明：F を充足する割り当てを $\ell_1, \ldots, \ell_k$ とする．ここで，ℓ_i は i 番目の節を充足するリテラルとする．この割り当てが F を充足することより，$\ell_1 = 1, \ldots, \ell_k = 1$ とすることができるので，$\ell_1, \ldots, \ell_k$ の任意の 2 つは辺で結ばれ，これらは k クリークとなっている.

$\Leftarrow$ の証明：$\ell_1, \ldots, \ell_k$ を G_F の k クリークとすると，$\ell_1, \ldots, \ell_k$ はすべての節に関して対応する 3 点から 1 個ずつ選ばれている．また，$\ell_1, \ldots, \ell_k$ が k クリークとなっていることより，$\ell_1 = 1, \ldots, \ell_k = 1$ とすることができるので，この割り当ては F を充足する.

文　　献

(a)　計算理論を学ぶために

　[1][2][3][4][5] は本格的な専門書. 特に，計算の複雑さに焦点を合わせた [4][5] は大書で，ハードルが高い. [6][7][8][9][10][11] はトピックスを選んで，コンパクトにまとめてある.

[1]　M. Sipser, 太田和夫，田中圭介 監訳，計算理論の基礎 原著第 2 版，共立出版，2008.

[2]　J. Hopcroft, R. Motwani, and J. Ullman, 野崎昭弘，高橋正子，町田元，山崎秀記 訳，オートマトン言語理論計算論 I, II [第 2 版], サイエンス社，2003.

[3]　M. Minsky, 金山裕 訳，計算機の数学的理訳，近代科学社，1970.

[4]　C. Papadimitriou, Computational Complexity, Addison-Wesley, 1993.

[5]　S. Arora, B. Barak, Computational Complexity, Cambridge University Press, 2009.

[6]　富田悦次，横森貴，オートマトン・言語理論 第 2 版，森北出版，2013.

[7]　米田政明，広瀬貞樹，大星延康，大川知，オートマトン・言語理論の基礎，近代科学社，2003.

[8]　岩間一雄，オートマトン・言語と計算理論，コロナ社，2003.

[9]　丸岡章，やさしい計算理論—有限オートマトンからチューリング機械まで—，サイエンス社，2017.

[10]　A. Maruoka, Concise guide to Computation Theory, Springer, 2011.

[11]　小林孝二郎，計算論，コロナ社，2008.

(b)　計算理論への導入のための一般読み物

　[12] は，最近の成果まで紹介した啓蒙書で，説明が丁寧でわかりやすい. [13] は，チューリング機械という数学的なトピックスを冒険物語として語るという，異色の啓蒙書. [14] は，P 対 NP 問題を一般読者向けに解説した書である.

[12]　渡辺治，今度こそわかる P ≠ NP 予想，講談社，2014.

[13]　川添愛，精霊の箱 上, 下: チューリングマシンをめぐる冒険，東京大学出版会，2016.

[14]　L. Fortnow, The Golden Ticket: P, NP, and the Search for the Impossible, Princeton University Press, 2013.

(c)　この本で取り上げたことに関連するトピックス

　[15] は I-言語と普遍文法について，[16] はコンピュータアーキテクチャについては，[17] はいくつかの章末問題について説明してある.

[15]　N. Chomsky, Language and Mind, Cambridge University Press, 2006.

[16]　丸岡章，コンピュータアーキテクチャ—その組み立て方と動かし方をつかむ—，朝倉書店，2012.

[17]　丸岡章，情報トレーニング：パズルで学ぶ，なっとくの 60 題，朝倉書店，2014.

(d)　計算理論の発展の歴史を知るために

　[18][19][20][21][22] は計算理論の誕生と発展について述べており，[23][24] は，P 対 NP 問題の歴史について専門家向けにまとめている. [25][26] は NP クラスを始めて定式化した論文.

[18]　B. Poonen, Undecidability in Number Theory, Notices of the American Mathematical

Society, Volume 55, Number 3, 2008.

[19] L. Valiant, Nature's Algorithms for Learning and Prospering in a Complex World, Basic Books, 2013.

[20] A. M. Turing, On Computable Numbers, with an Application to the Entscheidungsproblem, Proceedings of the London Mathematical Society, Ser. 2, 42, 1936.

[21] R. J. Lipton, The P=NP Question and Gdel's Lost Letter, Springer, 2010.

[22] Y. Matiyasevich, Hilbert's Tenth Problem, MIT press, 1993.

[23] M. Sipser, The history and status of the P versus NP question. In Proceedings of the Twenty-fourth Annual ACM Symposium on the Theory of Computing, 1992.

[24] D. S. Johnson, A Brief History of NP-Completness, Documenta Mathematica, Extra Volume ISMP, 2012.

[25] S. A. Cook, The complexity of theorem-proving procedures. In Proceedings of the Third AnnualACM Symposium on the Theory of Computing, 1971.

[26] L. Levin, Universal search problems (in Russian). Problemy Peredachi Informatsii 9, 3, 1973.

おわりに

　今回の改訂では，新しい節を加えるなどして，初版を全面的に書き直した．新しく加えた節の中には，この本の内容が現代のコンピュータの基盤となることを説明している 8.5 節も含まれる．

　出版までには，いろいろの方々にお世話になった．会津大学名誉教授の大川知さんには原稿をすみずみまで読んでいただき，読みやすい本にするためのご指摘をいただいた．山形大学准教授の内澤啓さんにはこの分野が初めての人も読み進められるようにするためのご指摘をいただいた．九州大学教授の瀧本英二さんには，原稿の取りまとめにあたりさまざまのご助力をいただいた．山口大学名誉教授の高浪五男さんには，改訂版のとりまとめについていろいろのご意見をいただいた．また，サイエンス社編集部長の田島伸彦さんには，今回の改訂を勧めていただき，終始さまざまなご配慮をいただいた．同じサイエンス社の足立豊さんには，細心の注意を払って校正していただいた．これらの方々の協力なしにはこの本は完成し得なかった．ありがとうございます．

　最後に，妻麗子には，非専門家の視点で原稿に目を通してもらい，気が付いた箇所を指摘してもらった．二人の子供達，淳と玉枝はいつも原稿の執筆を気にかけてくれた．淳には，この本の図をつくってもらった．ありがとう．

索　　引

著者略歴

丸 岡　章
まる　おか　　あきら

1965 年　東北大学工学部通信工学科卒業
1971 年　東北大学大学院博士課程修了
1985 年　東北大学教授
2006 年　石巻専修大学教授
現　在　東北大学名誉教授　工学博士

主要著書
「やさしい 計算理論」（サイエンス社，2017 年）

Information & Computing = 122

計算理論とオートマトン言語理論 ［第 2 版］
—コンピュータの原理を明かす—

2005 年 11 月 25 日 ⓒ	初 版 発 行
2021 年 9 月 10 日	初版第 8 刷発行
2021 年 11 月 25 日 ⓒ	第 2 版 発 行
2023 年 9 月 25 日	第 2 版 2 刷発行

著　者　丸 岡　章　　　　発行者　森 平 敏 孝
　　　　　　　　　　　　印刷者　小宮山恒敏

発行所　　株式会社　サ イ エ ン ス 社

〒 151–0051　東京都渋谷区千駄ヶ谷 1 丁目 3 番 25 号
営業　☎ (03) 5474–8500　(代)　振替 00170–7–2387
編集　☎ (03) 5474–8600　(代)
FAX　☎ (03) 5474–8900

印刷・製本　小宮山印刷工業（株）

《検印省略》

ISBN978–4–7819–1521–0

PRINTED IN JAPAN

サイエンス社のホームページのご案内
https://www.saiensu.co.jp
ご意見・ご要望は
rikei@saiensu.co.jp　まで.